The Money Trap

金錢陷阱

LOST ILLUSIONS INSIDE THE TECH BUBBLE

阿洛・薩瑪——著　張嘉倫——譯

ALOK SAMA

獻給我深切懷念的父母

小說家的運氣沒那麼好吧？現實中發生的事，能那麼剛好敘事連貫、充滿轉折，而且還有機會大賣，而他們只需要簡單地把它記下就行了？

——馬丁・艾米斯（Martin Amis）

《倫敦戰場》（London Fields）

作者序

寫給臺灣讀者

書和企業一樣，也可能被「顛覆」，尤其當主題關乎科技時。這正是我在撰寫《金錢陷阱》時的其中一項顧慮。

原本的故事是以孫正義為主軸、典型的「興衰起落」敘事。然而，在願景基金接連受挫後，連孫先生都一度認為自己已經出局，這時 ChatGPT 卻於二〇二三年十一月橫空出世，掀起了新一波人工智慧熱潮，帶動安謀控股躋身市值突破千億美元的俱樂部，也為軟銀帶來史上最可觀的投資收益，甚至超越阿里巴巴投資案所實現的七百三十億美元獲利。孫正義東山再起，聲勢更勝以往。這是件好事，像孫先生這樣立志以科技改善人類生活的願景家，正是這個世界所亟需的。不過，就本書而言，我不得不匆匆改寫終章，以反映全新的現實，也提醒讀者：**現實世界，往往無法依照希臘悲劇或莎士比亞劇本那般循規演出**。

自《金錢陷阱》英文版於二〇二四年九月上市以來，人工智慧熱潮持續升溫，而軟銀與孫正義正站在這場浪潮的核心。我在書中提到，孫先生早在二〇一六年底首次與美國總統當選人川普會晤時，便承諾在美投資五百億美元，創造五萬個就業機會。二〇二四年十二月，這兩位備受矚目的人物再度同台，氣勢更盛，地點選在川普位於佛羅里達的海湖莊園（Mar-a-Lago）。這回，孫先生的承諾升級為一千億美元投資與十萬個工作機會！一個月後，孫正義與川普再度會面，這次選在白宮。軟銀當場宣布將攜手OpenAI、甲骨文（Oracle）等合作夥伴，共同推動總規模高達五千億美元的「星門計畫」（Project Stargate）。不久後，軟銀又領投了OpenAI新一輪融資案，規模高達四百億美元，成為史上對民營科技公司最大的一筆投資，OpenAI的估值也一舉攀升至三千億美元。這項交易的架構同樣極具孫正義風格，一如書中所描述。軟銀與OpenAI同意成立合資企業，專門服務日本企業市場。

許多人問我，這一切接下來將如何發展？對此，我通常有兩點回應。首先，無論是投資星門計畫還是OpenAI，都展現了孫正義的一貫作風——他總是大膽押注於自己深信不疑的科技巨浪與企業家。如同書中所述，早在二〇一四年，孫先生便已一心投入人工智慧的願景；而這一次，他支持的對象正是OpenAI創辦人山姆・奧特曼（Sam Altman）。其次，星門計畫正是軟銀多項核心實力的集中體現——包括透過持股安謀所建立的半導體技術優勢（安謀亦是該計畫的技術夥伴）、鮮為人知但專業深厚的太陽能技術，以及財務工程專長。

我相信這些賭注的方向正確，因為對運算能力與企業代理式人工智慧（agentic AI）應用的需求，正是當前時代的主題，亦是OpenAI的前行路徑。當然，未來也許會出現重挫或經濟衰退，引發市場質疑投資的估值或進展，但這正是科技產業的常態——即便方向無誤，過程仍難免動盪起伏。例如，DeepSeek發表時，我其實反倒認為這是推動產業發展的契機，全球各地的人工智慧部署也許有望加速，進而帶動對資料中心與邊緣運算的需求。

半導體產業與孫先生淵源深厚，自然也與臺灣息息相關。我在《金錢陷阱》書中提及，孫先生第一次在雜誌封面上看到英特爾微處理器的照片時，感動得熱淚盈眶。正是這份熱愛，最終促使他收購了安謀（書中詳述了相關歷程），並投資輝達。巧合的是，兩家公司後來都成為「星門計畫」的技術夥伴。臺裔的輝達創辦人黃仁勳與孫正義惺惺相惜，這點在黃先生最近造訪東京時，已為全球所見證。此外，孫先生與臺灣還有另一重關係——他與鴻海創辦人郭台銘是多年摯友。我曾有幸在東京與郭先生會面，親眼見證兩人之間的互動，默契十足，令人著迷。值得一提的是，郭先生亦是願景基金最早期的投資人之一，並堅持稱呼孫先生為「老闆」！

當然，我的書不只是關於軟銀。我一直渴望從事寫作，也曾以為自己會走上小說創作之路。實不相瞞，我目前正進行一個小說計畫。然而，與外界常見的想像不同，我當初就讀紐約大學並取得創意寫作碩士學位，並不是為了撰寫這本書。然而，隨著不斷嘗試創作，我逐漸意識到，自己的人生歷程，加上孫正義非凡的傳奇故事，交織出了一段引人入勝的人性敘事——而這，正是我在《金錢陷阱》中試圖捕捉的核心。對於期待讀到一本典型金融專書或孫正義傳記的讀者，或許會感到失望，因為這些從來不是我寫作的初衷。《金錢陷阱》是一部極私人的回憶錄，講述一個誤闖入金融世界的局外人，如何涉入一些史上最大型交易，並與政治、金融與科技巨擘為伍的歷程。但在這段過程中，我也逐漸迷失自我，直到有一天明白，搭乘私人飛機、啜飲高價葡萄酒的歡愉，從來不是通往幸福的道路。畢竟，這世上永遠會有更大更快的飛機、更精緻昂貴的酒。我向來對試圖說教、灌輸道理的書敬謝不敏；但如果《金錢陷阱》真有什麼訊息可言，絕非是頌揚財富或生意場上的風光或神話，而是指出那看似光鮮的追逐，往往終究是一場虛無。所幸，這樣的訊息，永遠不會過時。

阿洛・薩瑪

二〇二五年四月二十日

目錄

第II部

The Money Trap

|序幕|

腦洞大開

有人想除掉我，而且十分迫切地想讓我消失。我不曉得是誰，也不知道原因，但我會找出答案。

走出辦公室，我踏上格羅夫納街，並豎起了風衣的領子，想抵擋清晨這種灰濛濛又冷冽的空氣。我快步穿過鵝卵石鋪成的艾弗里街，這條小巷讓人不禁聯想到狄更斯筆下那些陰暗、充滿秘密的場景。十八世紀時，艾弗里街最著名的地標是一家聲名狼藉的妓院，但如今妓院已被星巴克取代，人們來此只是為了滿足平凡的渴望。

我經過倫敦兩個我最愛的藍色牌匾[1]，兩者相隔兩百年與一堵牆，分別標示著吉米・亨德里克斯[2]和喬治・弗雷德里克・韓德爾[3]的故居。我想像亨德里克斯即興彈奏著〈紫色迷霧〉，而韓德爾指揮〈哈利路亞〉，前者酖溺於迷幻藥，後者則沉浸於上帝的恩典。無論是迷幻藥還是信仰，我都未曾嘗試，但每次經過這裡，我的內心總會自然而然地感受到興奮與愉悅。

我的目的地是克拉里奇飯店，一個你可能會帶著八十歲長輩去享用英式下午茶的地方。

我欣賞著那氣勢恢宏的紅磚外牆，一路穿過鋪著白色大理石的裝飾藝術風格大廳，隨後在下午茶用餐區預訂了一張四人桌。一盞奇胡利（Dale Chihuly）吊燈成為這個華麗空間中最引人注目的焦點，管狀玻璃宛如蛇髮女妖梅杜莎的髮絲，向外盤旋延伸。邱吉爾在離開唐寧街十號後，曾居住於克拉里奇飯店。我不禁想像著，當他坐在下午茶用餐區，那副垂垂老矣且陰鬱的神情，一邊將雪茄浸入干邑白蘭地，一邊舔舐著自己的傷口，如同一頭負傷的雄獅，而周圍的人渾然不知，仍悠閒地喝茶吃蛋糕。但我來此並非為了抽雪茄或吃蛋糕，也不覺得自己像頭雄獅。**不，我不是獵食者，而是獵物**。一小時前，我收到了一則短訊，指示我在上午十點抵達飯店大廳。我請了公司法務長布萊恩陪同，倘若有什麼重大內幕，我希望他能作為證人。況且，我也需要朋友的陪伴。我傳了焦急的訊息給他：「你在哪裡，兄弟？」

1 倫敦藍色牌匾計畫（Blue Plaque）始於一八六六年，由計畫團隊於名人故居和知名歷史事件發生地掛上藍色牌匾，以紀念曾在該地居住或工作的傑出歷史人物，目前倫敦有超過一千塊藍色牌匾。此項計畫最初由皇家藝術學會（Royal Society of Arts）發起，現由英國遺產委員會（English Heritage）負責維護。

2 吉米・亨德里克斯（Jimi Hendrix，一九四二～一九七〇），是一位著名的美國吉他手、歌手以及音樂人，是二十世紀最著名的音樂家之一，被譽為「吉他之神」。亨德里克斯的倫敦故居位於梅菲爾（Mayfair）布魯克街23號，與韓德爾故居相鄰，現為韓德爾與亨德里克斯博物館（Handel & Hendrix in London）。

3 喬治・弗雷德里克・韓德爾（George Frideric Handel，一六八五～一七五九），德裔英國作曲家，生於德國哈勒（Halle），後來移居英國，以宏偉明晰的巴洛克音樂風格著稱，作品涵蓋歌劇、清唱劇、器樂與合唱曲等，其中最著名的作品包括《彌賽亞》（Messiah），《水上音樂》（Water Music）和《皇家煙火音樂》（Music for the Royal Fireworks）；〈哈利路亞〉（Alleluia）合唱曲是《彌賽亞》中最廣為人知的一曲。韓德爾的倫敦故居位於梅菲爾布魯克街25號，現為韓德爾與亨德里克斯博物館（Handel & Hendrix in London）。

兩名男子走近，皆為中等身材，年紀約莫中年。其中一人禿頭，身形精瘦，身穿黑色窄管牛仔褲和合身的黑色高領毛衣，打扮像是附近亞曼尼精品店的店員。他伸出手自我介紹，阿夫蘭是我一直透過私密通訊軟體（Signal），用自動銷毀訊息的方式聯繫的前摩薩德（Mossad）人員。我已查證過他的背景，確認身分屬實。阿夫蘭認識某個人，而這個人知道是誰在找我麻煩，但對方堅持我們必須親自會面。他問我是否願意支付他們倆從台拉維夫飛到倫敦的旅費。我勉為其難地答應了。

阿夫蘭雖面帶微笑，但皮笑肉不笑，目光依然冷漠。我們在網路上聯繫時，他顯得友善很多，但說到底，誰不是呢？

他的同伴壯碩結實、方臉、理著軍人的平頭，自稱詹姆斯。這名字就像他身上的寬鬆粗花呢外套一樣，與他不太相稱。他為何不挑個像里奧或澤夫這樣優雅的希伯來文名字？詹姆斯聽起來像個衣著寒酸的警察，完全與他那穿著時尚的同伴形成鮮明對比。根據阿夫蘭所言，詹姆斯也是前摩薩德成員，並掌握了我想要的答案。

我們一邊等著布萊恩，一邊聊起了天氣和他們從台拉維夫飛來的航班。兩人都點了黑咖啡，這選擇似乎很符合他們的調性。我則是出於對所處環境的尊重，點了克拉里奇飯店特調茶，搭配牛奶和糖。身穿白色夾克、打著黑色領結的胖服務生讚許地點了點頭，隨後問我是否需要搭配司康佐鮮奶油和果醬。我禮貌性地婉拒，心中卻萌生一股無法置信的荒謬。這種違和感讓人困惑，彷彿湯姆．克蘭西（Tom Clancy）的驚悚小說情節被硬生生地置入了《唐頓莊園》的場景。

我問他們為何選擇克拉里奇飯店。

「離你辦公室近，而且只有觀光客才會來這裡，沒人會認出你。」阿夫蘭說道，語氣中透露著自信，彷彿一切都在他的掌控之中。

我沒告訴他，我們其實大可隨便挑一家有對外開放的社區餐館而不被認出。投資界這些人的活動範圍通常僅限於私人會所或俱樂部，例如：赫特福德街五號、喬治俱樂部、哈利酒吧等。**我們心甘情願地遵從穿著規範的約束，並支付高額年費，只為了享受能夠支付更昂貴餐飲費用的特權**。不過，他對觀光客的看法倒是準確無誤。

布萊恩終於到了。他步伐悠閒，面容和善，一身律師打扮，深色西裝搭配領帶。然而，從他浮腫的臉龐和充血的雙眼，明顯透露出剛起床的樣子。我知道他昨晚才從舊金山飛過來。

自稱為詹姆斯的間諜接管了局面。他站起身，要求我們交出手機。布萊恩轉頭看向我，尋求指示。這舉動雖然有些過於戲劇化，但我只是聳了聳肩，點頭表示同意。詹姆斯將我們的手機關機，然後放在距離我們約二十英尺遠的一張桌子上。

難道他不知道第三代的 AppleWatch 幾乎能完成 iPhone 8 大部分的工作嗎？發現自己懂得比摩薩德特工還要多，讓我心裡暗暗得意。

「我有個壞消息。」詹姆斯重新坐下，神情嚴肅地說道。他的語氣喚起了我遙遠的記憶：哈雷街上一位慈祥的心臟科醫師透過他的老花眼鏡看著我，說出了一句聽來像判決而非診斷的話：「你患有冠狀動脈疾病。」

我交叉雙臂，準備迎接接下來的消息。

「有人想搞你，讓你丟飯碗。」詹姆斯宣布完後，身體往後靠，顯然在等待我的反應，彷彿他剛告訴我貓王就在這家飯店裡一樣。

我深吸了一口氣，不耐煩地點了點頭。每天早晨醒來，我都準備好迎接任何被打擊的時刻。一個冷酷的間諜告訴我有人想辦法要對付我，就像剛剛的服務生建議我司康配鮮奶油和果醬一樣，毫無用處。

詹姆斯從他的公事包裡拿出一台 iPad，放在我們面前的咖啡桌上，開始展示一組照片。

第一張照片是一座白色灰泥外牆的維多利亞式住宅，位於一排房子的最後面。住宅外圍是黑色鍛鐵圍欄和紫杉樹籬形成的邊界，一棵山楂樹環繞點綴著入口。灰色的大門敞開著，從裡面走出一名高䠷的女子，身穿時尚又合身的紅色外套，一副大鏡面的太陽眼鏡隨性地架在頭上，將她深棕色的髮絲自然地向後梳去。另一名女子與她在一起，年約二十歲，穿著藍色牛仔外套、黑色運動褲和白色運動鞋。她手裡握著一條狗牽繩，牽著一隻黃金獵犬，奶油色的皮毛在陽光下閃閃發亮。黃金獵犬彷彿受到了某種犬類第六感的引導，直直地盯著鏡頭。

那是我家、我的妻子瑪雅、女兒艾莉亞和我們的狗愛麗。

接下來的照片顯示她們兩人一狗沿著阿蓋爾路散步，穿過荷蘭街，一路走到了肯辛頓公園，愛麗在此處被解開了牽繩。接著，還有更多照片——瑪雅走進一輛深藍色捷豹轎車，然後來到一棟公寓外，我認出那是她父母位於達利奇的家。

邪惡的鏡頭將原本悠然閒適的畫面轉變為令人害怕的場景。但還不止於此，畫面一轉，場景立刻橫跨了整個大西洋。照片中的我正走出一棟褪色的戰前紅磚公寓，我在舊金山普西迪歐高地的家門外。那是一個霧濛濛的早晨，我穿著海軍藍連帽衫、黑色T恤和運動褲，腳上穿著一雙灰色的百鳥牌羊毛運動鞋。

儘管這些照片令人不寒而慄，但我仍仔細檢視了它們一番。**我是不是努力過了頭？**

攝影機捕捉到我沿著家附近的薩卡門托街步行，隨後走進一家咖啡館。我一眼認出那是舊金山精緻又時髦的「引述咖啡館」（As Quoted）。店內的裝潢白得和它的客群一樣，員工的穿著彷彿是牙齒矯正醫師，若你的飲食習慣稍有可能威脅到任何動物，店家恐怕會立刻警鈴大作。照片中的我從店裡走出來，手裡拿著看似一大杯咖啡，但我清楚那其實是加了少許椰糖的薑黃拿鐵。

阿夫蘭和詹姆斯緊盯著我，而布萊恩現在已完全清醒，嘴巴張開像一條金魚似的。

「抱歉，我知道這讓人難以接受。但我只是想向你證明，我手裡握有重要資訊。」詹姆斯說道。

我向前傾身，用力點頭。

「我需要你支付二十萬美元作為預付金。四週內，我會給你證據，告訴你幕後藏鏡人是誰。事成之後，你必須再支付一百萬美元作為酬金。」

「這些照片是怎麼來的？是你拍的嗎？」我問。

「你付錢給我，就會得到答案。」他答道。「但你得明白一點，我做的某些事在許多地方可能會違法，所以你不能在法庭上用我提供的資料。」

「我不能涉入任何非法行為，我的雇主也一樣。」我告訴他。

他聳聳肩。

「你能至少給點線索，告訴我這背後是誰在搞鬼嗎？」我問道。

「現在說還不合適。我會找到證據交給你。」他回答。

我深吸一口氣，將身體沉入後方的沙發，肩膀無力地垂下。我無權期待他們會同情我，也不指望他們體諒我父母雙亡。但我感到害怕，有人想傷害我。我感受到一股陌生的情緒：我為自己感到可憐。

「他們為何要如此對我？」我終於開口。

阿夫蘭和詹姆斯交換了眼神，似乎不曉得該作何反應。

「因為你掌控著數十億美元。」阿夫蘭最後回道。

掌控？這簡直是天大的錯覺，我連自己的膀胱都掌控不了。**金錢無法讓你掌控，只能幫你買件更好看的外套**。但我明白他們的意思，劇情永遠如此老套：金錢、權力以及人們為此不擇手段。這是一場高風險的遊戲，而我膽大無畏的老闆孫正義（Masayoshi Son，簡稱 Masa）推出了規模龐大、高達千億美元的軟銀願景基金（SoftBank Vision Fund）。我們正在靠近約翰．馮紐曼[4]在一九五七年臨終時所說的「本質奇點」（essential singularity），一旦超越了這個奇點，人類社會將無法以現有方式繼續運作。■[1] 馮紐曼認為，神是必要的存在，但祂們的光芒已然褪色，唯一能填補這個空缺的是科技。

4 約翰．馮紐曼（John von Neumann，一九〇三～一九五七），匈牙利裔美國數學家、物理學家、電腦科學家與經濟學家，對數學邏輯、博弈論、量子力學、電腦架構等領域貢獻良多。他提出了現代電腦架構「馮紐曼架構」，奠定了現代電腦運作模式。馮紐曼的數學貢獻也對現代理論物理學、運算科學和人工智慧研究影響深遠，被譽為二十世紀最具影響力的數學家之一。

拉丁片語「Deus ex machina」意指來自機器的神。

當機器之神終於來臨，孫正義的野心是成為這科技神話的大祭司，一個擁有千億美元祝福的祭司。

我受夠了。對這兩個陌生人來說，我不過是個目標。「詹姆斯」說不定就是那個監視我家人的卑鄙小人，一個遊走在法律邊緣的傭兵。我下意識有股衝動想要立刻走人，但立刻想到，我還得為他們的咖啡買單。

我結了帳，然後離開。但一想到辦公室可能已被竊聽，就打消了回去的念頭。快要下雨了，最近的心情總讓我感覺山雨欲來。不論如何，我決定步行回家，這段45分鐘的路程會穿過海德公園。天空飄著典型的英國毛毛雨，不急不躁，卻也沒有停下來的意思，而倫敦皇家公園的雄偉樹木正以千變萬化之姿，展現秋日的風采。

我打了電話，沒有心情觀賞周圍的景色。

我先撥了電話給我的律師馬克．麥克杜格爾，此時，美國東岸還很早，但我要馬克會面結束後立即聯繫我。他立刻接了電話，耐心地聽完我的敘述，問了一個不太律師的問題：

「你還好嗎？」

我承認自己有些驚魂未定。

「可以理解，阿洛。」他回道。「晚點我們安排人去你家檢查一下，讓你更安心點。」幾小時後，一支技術團隊抵達我家，仔細檢查每個角落是否被安裝了竊聽設備，並對所有電子裝置進行檢測，確認是否被植入了惡意軟體，然後宣布我家已經徹底「清理乾淨」。

「但我要你想一想這件事，」馬克繼續說道。

他停頓了一下，接著說：「有人想抓你的小辮子，但他們頂多只拍到你買咖啡的照片。我們沒有什麼見不得人。打起精神，好好做你的工作。我們會渡過這次難關。」

不，馬克，那是一杯不含咖啡因、鹼性的阿育吠陀飲料——但或許這根本無關緊要。

我沿著海德公園的九曲湖漫步，在麗都咖啡館停下來買了杯咖啡——一杯沒有任何清腸排毒噱頭的真正咖啡。

接著，我在一塊紀念碑前駐足。我知道上面寫了什麼，因為我曾讀過：「緬懷庫柏上尉（Captain J.O. Cooper），陣亡於大戰，享年二十歲……他為英國犧牲了自己寶貴的青春。」這是一位哀慟的父親對兒子的追悼與致敬。**他的兒子是如何戰死的？年僅二十歲便成為上尉？**這當中肯定有故事。我總能隨處發掘故事，希望有朝一日，我能將這些故事記錄下來。

出於習慣，我停留在湖邊的伊希斯雕像旁，它就在麗都咖啡館附近，緊鄰黛安娜紀念噴泉。我曾在這裡看到一隻黑天鵝優雅地滑過湖面，幾乎近在咫尺。我思考著策劃這場監視行動的主謀者，當他拿到我家的狗正在追逐松鼠的照片時，不知會作何反應？我想著，忍不住笑了起來。幽默無所不在，儘管有時它就像黑天鵝一樣難以捉摸。

我的下一通電話是打給妻子。

瑪雅出奇冷靜。她耐心地聽著，然後問了一個讓我禁不住微笑的問題：「結果你吃到克拉里奇飯店的司康了嗎？」但隨後她給出了一個發人深省的結論。

「我討厭這些事。你得離開那裡，這份工作會毀掉你的。」

她說得沒錯。

我的 Apple Watch 不斷發出令人驚慌的通知——心率過高、睡眠不足、走路的步數不夠，**這些無謂的數據彷彿形成了惡性循環，帶來不斷升高的焦慮，讓人感到疲憊不堪、喘不過氣。**崩潰的瞬間似乎近在眼前。

The Money Trap

I

我本該退出，但我沒有。
沒有人會退出，
沒人能逃離金錢的陷阱。

|01|
生來出逃

希夫．古普塔博士笑了，那是帶著寵溺的笑聲，彷彿聽到了什麼，讓他回憶起年輕往事。古普塔博士的光頭閃閃發亮，戴著一副圓形無框眼鏡，讓他看起來有幾分像印度國父甘地，但他吃得比較多、穿得也比較多，並且擁有古怪的幽默感。他在華頓商學院教授統計學，第一堂課總會以一個有趣方式開場：請學生想想如果美國人平均只有一顆乳房和一顆睪丸。

那是一九八三年的冬天，他因私事返回德里，並應家父的要求與我見面。我父親是從事學術研究的腸胃病學者，但他顯然認為自己必須求助他人，才能引導自己浪蕩不羈的兒子找到人生方向。

我們坐在聖史蒂芬學院的咖啡館裡，當時我正在此處攻讀數學學士。不過，咖啡館（Cafe）在此的發音與「安全」（safe）押韻，沒人知道原因，也許只是因為聽起來很酷罷了。我們的桌上擺滿了咖啡館的招牌餐點：滑嫩鬆軟的炒蛋，混著大量炸洋蔥和碎番茄，搭配碎肉餅以及滴著奶油的厚切白吐司。我們用加奶的立頓紅茶將這些食物沖下肚。出於對古普塔博士的尊重，我並未抽煙，否則我飯後通常會來上一根「原創牌加大濾嘴香煙」，還會瀟灑地模仿電影《牆》（Deewaar）裡的阿米塔・巴昌（Amitabh Bachchan），用拇指和食指捏著煙屁股，享受那種快樂似神仙的滋味。不過，我們周圍的人倒是全都在吞雲吐霧——身穿印度手織棉傳統上衣「庫塔」的比哈爾共產主義者偏愛無濾嘴的印度捲煙；另一邊，一個想裝酷的文青穿著褪色的Levi's牛仔褲，炫耀似地亮出一包免稅的萬寶路香煙。

古普塔博士笑出來的原因，來自我對一個問題的回答，那是讓每個二十歲青年都感到如坐針氈的提問。

「你這輩子想做什麼呢，年輕人？」他問道，身子向後靠到藤椅上，椅子在他的重心移動時發出抗議般的嘎吱聲。

「先生，我正在研究如何解掉費馬最後定理，我想我辦得到。」我回答，順手推了推自己那頭濃密烏黑但可惜有點膨鬆的頭髮。

我指的是皮耶・德・費馬（Pierre de Fermat）在一六三七年版的《算數》（Arithmetica）書頁空白處隨手寫下的神秘謎題，直到一九九三年才被破解。對於我們這些數理阿宅而言，破解費馬定理就如同成為第一個登上聖母峰的人——那是一場憾動人心的心靈獨旅，最終讓人得以俯瞰前所未見的風景，並沉浸於這份無與倫比的喜悅之中。

然而，**解決棘手的數學問題，如同在雪山頂峰插旗一樣，支付不了帳單**。

馮紐曼的美麗心靈雖帶給世人偉大的賽局理論，但他也計算出在日本古樸的傳統建築上空，產生毀滅性爆炸的最佳距離。這正是我那憂心忡忡的父親請古普塔博士（也是一名數學家）來開導我的原因。

「我和你的教授談過。他告訴我，你即便拿到了全校最高分，仍然對成績提出了申訴？」他問道。

「沒錯，我對傅立葉級數的收斂性（convergence of Fourier series）有不同看法，他們大概是不懂。」我不以為然地答道。

我並非有意諷刺，可能正因如此，古普塔博士大笑了起來——這次笑得更大聲，整個人前仰後合，藤椅在搖幌中發出一陣刺耳的嘎吱聲。

「你對美國有何看法呢，孩子？」他問。

我怎麼會知道？我對美國的了解僅限於圖書館那些被翻爛的《時代》和《生活》雜誌，以及通過了過度嚴格審查的好萊塢電影，比如《愛的大追蹤》（What's Up, Doc?）。此外，還有巴布・迪倫（Bob Dylan）、保羅・賽門（Paul Simon）和布魯斯・史普林斯汀（Bruce Springsteen）的音樂。

「我不太確定，先生。」我答道。「有一首巴布迪倫的歌，敘述一位本來可能成為世界冠軍的拳擊手，卻因為是黑人而被關進了監獄。」

古普塔博士向前傾身，這時連他那飽受創傷的藤椅也安靜了下來。

「**遠走他鄉本來就不容易，孩子。**」他語重心長地說，語氣裡流露出歷盡艱辛後才獲得的智慧。「你必須改變，穿得跟他們一樣，行事像他們一樣，說話像他們一樣，有些人甚至改了名字。你知道嗎，我每週五都會帶一小群印度學生出去用餐，我們一起吃披薩、喝紅酒，這是我每週最期待的時刻。但有時候，我也會懷疑。當我回到德里，卻感到無比難過，看看他們對這個國家做了什麼！也許你在這裡會更快樂，但你能做什麼？」

他說得有道理。我們的國家印度，被尼赫魯（Nehru）和他的繼位者推行的費邊社會主義給扼殺了，連開一家販售檳榔的小店都需要他們許可。就像美國前總統喬治 布希（George W. Bush）說過「法文裡沒有企業家（entrepreneur）這個字」一樣，印度英文裡也沒有。在如此嚴苛的「牌照制度」下，一切都殘破不堪——人們沒有工作、沒有社會保障，電力斷斷續續，甚至連性（在印度這個壓抑的社會中）也同樣匱乏。史普林斯汀的歌詞說得沒錯，如果你生在一九七〇或一九八〇年代的印度，還有幸接受教育，那麼，「寶貝，像我們這樣的遊子，生來就注定要遠走他鄉。」

古普塔博士建議，以我的背景，非常適合攻讀華頓商學院財務金融專業的企業管理碩士學位。我想他指的是我的數學能力，而不是我常吸大麻的習慣——他大概不清楚我有這個嗜好。不過事後回想，兩者似乎同樣重要。

他用極具說服力的語氣對我說道：「費馬定理已經存在三百五十年了，它可以等，往後你隨時可以攻讀博士，任何一所大學都會給你獎學金，畢竟美國人害怕數學，而我們非常擅長，但企管碩士學位能讓你擁有更多選擇。」

■

一九八四年，賓州大學秋季學期開學，槐樹大道兩旁的樹冠如拱門般環繞著，秋色明媚動人。樹葉染成橙、紅、紫、黃等各種層次，彷彿絢麗的調色盤。我從未見過如此景象——在德里，葉子要麼是綠色，要麼是棕色，一切都簡單得多。

那個燦爛的午後，我走在槐樹大道上，活脫脫就是一個行走的模板——戴著眼鏡的棕膚色數學家，熱愛板球和閱讀。雖然我把頭髮剪短了，但仍在「V」和「W」的發音之間掙扎（時至今日，我還是時不時會把「West Village」唸成「Vest Willage」）。我邊走邊四處張望，一臉迷茫，這時有人遞給我一張傳單，上面寫著一位名叫麥克·米爾肯（Michael Milken）的人當天下午六點將在賓大會議廳演講。

米爾肯年約四十，中等身材，穿著普通的商務西裝，既不威風，也沒有什麼特別的個人魅力。他偶爾會講幾句俏皮話，比如「當時，一億元可是真正的錢」。雖然這些話略顯不自然，甚至有些不合時宜，但在場的觀眾卻很捧場。「他的年收入超過十億美元，」有人低聲說道。所以，就算他長得不像影星湯姆·克魯斯（Tom Cruise），也沒有搖滾樂手米克·傑格（Mick Jagger）那樣的風采，那又有什麼關係？在那個時候，我們正處於「貪婪是好事」（greed is good）的年代，雷根時期的美國高喊拒絕毒品，卻放任金錢遊戲瘋狂上演，絲毫無視其中的矛盾與諷刺。

和我一樣，米爾肯在剛進入華頓商學院時，也是個瘦弱、充滿阿宅氣息的二十一歲股市分析高手。他的研究顯示，評等低於投資級的多元化債券投資組合實際上具有極大價值，原因是高殖利率可系統性地抵銷高違約率帶來的損失。購買這些「垃圾債券」就相當於在輪盤賭桌上持續押紅色，而且保證會贏。

米爾肯的主張挑戰了金融界神聖不可侵犯的原則——效率市場假說[5]。根據此一精簡的假說論點，聰明的交易員會在極短時間內消除市場中的任何異常，因此，市場價格始終代表所有參與者的集體智慧。如果你相信這些專家的說法，市場就像是全知的人工智慧體系。這是一種虛無主義的投資觀，暗示即使是矇眼猴子對著報紙的財經版面射飛鏢，也能達到華爾街精英的水準。

但米爾肯證明了那些獲得諾貝爾經濟學獎的知識分子錯了，他們的假設並不成立。他的成就不僅賺到了巨額財富，還推翻了此一論點——這一點，就像破解費馬最後定理般令人折服。

米爾肯的研究還有另一個吸引人的面向：購買高收益債券並非以犧牲他人利益為代價來賺取巨大的財富。米爾肯創造了一個規模高達九兆美元的資本市場，為美國（後來是全球）的中小企業、甚至部分國家，提供了更容易獲取資本的管道。雖然我對美國中小企業的興趣不大，但在這場偏頗的資本主義遊戲中，我十分樂見融資能發揮一定的平衡作用。

這一切讓米爾肯成為了英雄。然而，若當時的我讀過經典文學，或許看得出一場希臘悲劇正在醞釀。因為英雄總有缺陷，而且往往致命。五年後，米爾肯經歷了一場大審判，宛若奢華過度的一九八〇年代縮影，他最終因勒索和證券詐欺被起訴。我完全沒有預見此事，在我眼裡，只看見了一個飛得比費城七六人傳奇球星「J博士」還高的人。

■

投資銀行並非不勞而獲的行業。所謂的「忙碌」，意味著平日每天工作十六小時，週末再加上十六小時。我並不介意，如同所有移民，我來美國不是為了享樂的。那時我才二十三歲，新婚不久，急需綠卡，也渴望擁有微波爐和彩色電視。

我很幸運能加入摩根士丹利（Morgan Stanley）。這家公司以謹慎保守的避險文化，成功避免了當時困擾多數同行的醜聞。在我任職時，摩根士丹利主要從事投資銀行業務，是一家歷史悠久的傳統精英機構，擁有令人稱羨的藍籌股[6]客戶名單。若說廣受追捧的高盛（Goldman Sachs）是氣勢非凡的保時捷，摩根士丹利則更像溫文爾雅的奧斯頓馬丁。我的同事多半來自那些擁有綠茵校園、宏偉尖塔和袋棍球場的常春藤名校，他們的社交圈從耶魯的秘密社團自然連結到格林威治的鄉村俱樂部。儘管這些同事態度友好，還是能感覺出有些距離。他們身上展現出美國上流社會特有的低調，在樸實的教養下，隱藏著令人印象深刻的職業道德和過人的智

5 效率市場假說（Efficient Market Hypothesis，EMH）由尤金．法馬（Eugene Fama）於一九七〇年正式提出，認為金融市場上的資產價格已充分反映所有可獲取資訊，因此在有效市場中，無法透過技術分析或基本面分析持續獲取超額報酬。該假說基於三個基本假設：(1)投資人是理性且追求利潤極大化的，能正確評估所有可用資訊，且不相互影響；(2)即使有些投資人非理性，市場競爭與套利行為將糾正價格偏差；(3)新資訊的到來是隨機的，因此價格變動也是隨機的。雖然效率市場假說在現代金融學中佔據核心地位，但行為金融學提出了市場非理性行為的證據，對其假設提出挑戰。

6 藍籌股（Blue Chip Stocks）亦稱績優股或權值股，常指歷史悠久、財務穩健、且具長期獲利能力的大型企業股票。此術語最早由奧利弗．金戈（Oliver Gingold）於一九二三年在《華爾街日報》中提出，靈感來自撲克牌遊戲最高價值的藍色籌碼，後來被套用在股市，代表規模較大或權值較重的股票。典型藍籌股包括美國的蘋果（Apple）、微軟（Microsoft）與可口可樂（Coca-Cola）等。

商。我既無法比他們更聰明，或許也無法比他們更努力了。

我記起了古普塔博士的建議——**穿著像他們，行事像他們**。一位巴尼斯百貨的店員告訴我，藍色最適合我的膚色。這位友善的黑人店員自己身穿一套講究的藍色西裝，成功說服我買下了一套我根本無力負擔的藍色西裝。也因此，我第一次接觸到了信用卡債，瞬間覺得自己變得「很美國」。

「從我有記憶以來，就想成為一名銀行家。」我認識的人，從未有人如此說過。唯有電影裡那些油頭滑腦的黑幫份子才會這麼想，其實我們多數人同樣可以選擇律師或會計師等其他穩定的專業工作。我曾熬夜準備一家公司首次公開募股（IPO）的銷售備忘錄，只為隔日一早能放在上司的辦公桌上。結果，第二天備忘錄被放回我的座位，沒有一句稱讚或認可，只有在附錄裡有個錯字被紅筆圈了出來。

創造收益的壓力總是如影隨形，正如業界盛傳的真言——一定要成交（Always Be Closing，簡稱ABC）。但我們賣的可不是二手車或公寓，而是道道地地的問題解決方案。例如：有家銀行需要資本來滿足新的監管要求，但又不能稀釋股東利益；或一家有線電視公司因一九九〇至一九九一年的經濟衰退，業務受到影響，需要進行債務重整；抑或是一家美國電話公司在國內發展受阻，想要開拓海外市場。

一九九三年，摩根士丹利頗負盛名的策略師巴頓・畢格斯（Barton Biggs）宣稱他「極度看好」亞洲市場。於是我自願參與亞洲業務，先是在香港開發公司擔任資本市場業務，隨後前往印度拓展投資銀行業務。雖然這不算什麼衣錦還鄉，但我父母非常高興能更常見到我。

摩根士丹利執行長麥晉桁（John Mack）的辦公室詢問我，最近董事會新增了一名成員是前國防部長、後來成為副總統的迪克・錢尼（Dick Cheney），他是否能對我的業務有所助益？我認為他的人脈或許有助於我們拓展政府相關業務，例如：公營事業民營化。因此，我邀請錢尼部長與我一同前往德里。我被告知由於他最近經歷了心臟方面的疾病，所以行程需要「分散安排」，這代表每天只能有四場會議。然而，這位即便對飯店員工也不苟言笑的錢尼部長，似乎非常樂意與我共度空閒時間。看似冷靜且頭腦清晰的錢尼部長，意外地分享了他偏執的世界觀，包括「推翻伊拉克強人海珊」此一未竟的事業。他還是寶僑公司董事會成員，該公司最近因涉足複雜的金融投資商品，慘烈地損失了一・五七億美元，於是他對衍生性金融商品提出了諸多疑問。■[1]就這樣，我在德里歐貝羅伊飯店悠閒地享用南印度早餐，一邊品嚐著熱氣騰騰的蒸米漿糕和辛辣的扁豆湯，一邊向錢尼解釋「大規模（金融）毀滅性武器」。

他還邀我一同前往美國大使的官邸參加晚宴。在返回飯店的路上，我提到了大使（作為職業外交官）對摩根士丹利的熱情讓人印象深刻。

這是這兩天以來，錢尼部長首次露出笑容。

「我猜，他是想退休後到你們公司找份工作，阿洛。」他答道。

當然，誰不想在華爾街分一杯羹呢？

我任職摩根士丹利期間，曾為辛辛那提的消費品公司、倫敦的媒體公司、德國的網路公司、香港的企業集團、澳洲的電信業者、印度的飯店和中國的銀行進行交易。從平凡無奇的薩吉諾假日飯店到充滿奇人異事的首爾卡拉OK酒吧，再到精緻奢華的巴黎勒布里斯托飯店，我走遍全球。在三十三歲那年，歷經這樣一段充實精彩卻又筋疲力竭的旅程後，我贏得了夢寐以求的桂冠，晉升為常務董事。

■

一九九五年八月九日，全球首款網路瀏覽器開發者——網景公司（Netscape）首次公開募股（IPO），上市首日股價飆漲超過一倍，掀起了一場投資熱潮。而領銜承銷網景上市的公司，正是摩根士丹利。

接下來五年裡，那斯達克指數飆升了八倍，而創業投資的資金規模更增長了十倍以上。那些早早進場的人因此身價一夜暴漲，其中還包括一位當時鮮為人知的日本新銳企業家——孫正義。他在一九九六年向雅虎（Yahoo!）投資了一億美元，後來增值超過三百億美元。一九九九年時，他聲稱自己持有7%~8%的全球上市網路公司股份[2]，一度成為全球首富。

當時，投資銀行家的收入達到了史無前例的巔峰，甚至超越了一九八〇年代的黃金時期。二〇〇〇年，我們全家搬到倫敦，我仍在摩根士丹利工作，並買下了第一棟房子——位於時尚的肯辛頓區，一棟六層喬治亞風格的排屋。這棟房子配備了微波爐和四台彩色電視，地下車庫停著保時捷911和賓士運動休旅車，而鄰居是《哈利波特》的作者J. K.羅琳（J. K. Rowling）。

這原本該是令人稱羨的生活，但事實並非如此。**銀行家的自滿，向來源於清楚知道沒人賺得比他們更多，除了電影明星和足球明星以外**。但後者擁有真正的才華，所以理應賺得更多。然而，我們如今親眼目睹那些年輕的新創公司創辦人在公司上市後一夜暴富成為億萬富翁，而交易員只需押對網路股，每日便能輕鬆獲利翻倍。當周圍沒人扮演那個吃力不討好卻又關鍵的「失敗者」角色時，身在其中的你又怎麼會覺得自己是個贏家？更何況，當賺錢變得如此簡單又毫無困難可言時，為何還要忍受每週七十小時、往返於三個國家之間的工作？這一切著實令人感到無力。

二〇〇〇年四月某日，我難得沒有出差，同事馬丁敲了敲我辦公室的玻璃門，說他需要我幫他搞定一位他笑稱「奧客」的人。

馬丁自己就是優秀的銀行家，我不禁納悶為何他認為我更適合處理這件事。然而，當他告訴我這個客戶的名字是倪凱．奧羅拉（Nikesh Arora）時，我立刻明白原因為何。有趣的是，即便是統計學上被歸屬於成就非凡的人，依然會認為，全球十億的印度人口中，有兩個印度人很可能恰巧彼此認識。更奇特的是，在我的圈子裡，這種假設往往成立，活躍於紐約、倫敦或香港等國際金融樞紐的印度專業人士社群，確實關係密切且過從甚密。

「當然，樂意之至。我剛好數週前在一場雞尾酒會上短暫見過倪凱。」我告訴馬丁，但也提醒他，印度人有時就像桶子裡的螃蟹，習慣互相牽制，不見得有辦法合作。

當時，倪凱是德國電信龍頭「德國電信」（Deutsche Telekom）旗下行動通訊公司T-Mobile的高階主管。我發了封電子郵件向他重新自我介紹，然後我們約在日本料理餐廳「信幸」（Nobu）共進午餐。信幸位於倫頓梅菲爾區的時髦地標（至少當時如此）——大都會酒店二樓。

我提前抵達，選了靠近落地窗、可以俯瞰海德公園的位置坐下。每次來到信幸餐廳，我總會想起網球神童鮑里斯．貝克（Boris Becker）因雜物間的風流韻事而捲入損失慘重的監護權訴訟。這次會面，我心情十分輕鬆。所謂的「執行長影響力」（CEO impact），也就是「打動那些手握權勢的人」（當時主要是男性）是投資銀行家的核心技能之一。對我而言，這意味著多聽少說，避免拿出募資計畫或做任何筆記，而且絕不直接推銷。當他們離開時，會因為你讓他們得以展現自我而對你留下深刻印象。不過，女性通常要求更高，她們還期望你能提供獨到的見解——我很快發現，倪凱也是如此。

我看到倪凱堅定自信地大步走來，他身材高䠷，舉止挺拔，臉頰上明顯的酒窩是他寶萊塢式俊朗外貌的標誌特徵，鬢角隱約的灰髮暗示我們年紀相仿。他身穿剪裁合身的黑西裝，搭配潔白的襯衫，整個人散發出強大的氣場。他沒打領帶（在倫敦這座金融城市，領帶就如同女性的絲襪般不可或缺），這樣的選擇巧妙地展現出刻意營造的隨性，氣場與穿著相得益彰，散發出迷人的自信與魅力。我向來習慣低調，總是悄然融入會議室，不引人注目，我也偏好這樣；但倪凱完全不同。他一進入這個空間，就能立即吸引所有人的目光，讓人不由得感受到他強烈的存在感與無法忽視的氣勢。

「聽說你見過馬丁？」他坐下後，我微笑著問道。

「不值一提，」他聳了聳肩，不以為然地回應。「沒留下什麼印象。」

可憐的馬丁，根本毫無機會。

隨著信幸餐廳的招牌菜——鰤魚刺身搭配墨西哥辣椒和味噌醃銀鱈上桌，我們便開始了「二十問」的遊戲，這是我們這一代印度人初次見面時的固定破冰套路。

「你是德里人吧，倪凱？」

「是啊！你也是吧？」

我們就這樣一來一往，像在法網公開賽底線發球後持續對打——你讀哪所中學？哪所大學？你父母是做什麼的？你何時離開印度？如此反覆，直到我們將彼此歸入後殖民階級中的印度少數英語教育精英。我們的人生軌跡恰巧有著諸多重疊。兩人都來自印度中產階級，意味著家裡裝的是吊扇，而非空調。我們都在德里完成高中學業，之後倪凱念了工程學系。然後，我們和許多同輩中人一樣，在一九八〇年代中期帶著五百美元的美國運通旅行支票抵達紐約，展開新的生活。當時，非尖峰時段打一通三分鐘的國際電話回印度，已是我們所能享有的最大奢侈。

我們的關係隨時間日益深厚。我倆曾一起帶著十幾歲的女兒們前往溫布利球場觀看泰勒絲演唱會，只是錯過了一個叫小賈斯汀的小夥子開場。我們在高爾夫球場上也是默契十足的搭檔，倪凱「大膽出擊」的球風正好與我謹慎的性格相輔相成。他還邀請瑪雅和我參加他在摩洛哥舉辦的四十歲生日派對。

之後，我們甚至建立了年度傳統——每年新年假期，兩家人一起度假。

少有人真正了解我，但倪凱做到了。他曾在一群朋友面前說：「你們得明白，對阿洛來說，除非能夠證明你不是，否則所有人一律都是chutia（混蛋）。」（Chutia是略帶貶義的印地語詞彙，但遠不如字面翻譯那般冒犯。）倪凱的話並不帶有任何批判，而是敏銳且真實的觀察，直指人的內心深處那些難以面對的不安真相。我對人的不信任並非來自於對方缺乏財富或地位，或聽不聰明，總之原因更為深層。我所身處的世界裡，包括我自己在內，大家都想表現得更富有、更新潮、更友善，而這種行為在那些冗長無趣的慈善拍賣會上尤其明顯，人們忍不住舉手競標，只因為在意其他人的目光（**相較之下，我更偏好王爾德式的善舉——匿名行善，然後由別人發現**）。

■

我認識倪凱時，他的事業正如火箭般蓄勢待發。這傢伙根本無需假裝，他就是那麼酷。身為銀行家，我看見的是商機——每位執行長都是潛在客戶；但在個人層面上，我也欽佩他的智慧與幹勁。

倪凱是行動網路服務業者T-Motion的創辦人兼執行長。在撥接數據機、2G無線網路和諾基亞（Nokia）功能型手機盛行的年代（iPhone還要五年才問世），透過手持裝置上網是充滿未來感但又可預見的趨勢。而我的團隊意識到了這一點，這也是馬丁努力與倪凱建立關係的原因。

我幫助倪凱改善並推展了他的計劃（例如：介紹私募基金投資人），協助他建立起「虛擬行動網路服務公司」（MVNO），以實現他的行動網路願景（虛擬行動網路服務公司主要透過租用現有營運商的網路容量來提供服務，而非自建無線網路。許多有線電視公司的行動服務便採用此種模式）。然而，命運以另一種形式介入——谷歌（Google）當時在矽谷已是聲名大噪的顛覆者，但尚未在國際上有任何影響力。

倪凱在谷歌的面試由共同創辦人賴瑞・佩吉（Larry Page）和謝爾蓋・布林（Sergey Brin）親自主持，他們在參觀大英博物館時進行了這場別開生面的面試。

這兩位堪稱我們這個時代的「法老」，在經過埃及及拉美西斯大帝的雕像時，將谷歌的搜尋演算法比作羅賽塔石碑[7]。

矽谷的創辦人往往難以突破本身程式設計背景的局限，而倪凱為賴瑞和謝爾蓋提供了他們急需的軍事化執行能力。谷歌員工原本只專注於「不作惡」這類宏大卻空泛的目標，但他將責任與預算等務實的概念帶進了谷歌。結果，所有績效指標迅速攀升。到了二〇一四年，倪凱已在矽谷擔任谷歌業務長，據聞年薪高達五千一百萬美元。這個數字相當驚人，尤其在當時的時間點，他的薪資完全取決於他的績效表現，而倪凱也確實為谷歌的股東創造了實實在在的報酬。此外，當有人願意為達米恩・赫斯特（Damien Hirst）的鯊魚標本支付一千萬美元，或為數位藝術家畢普（Beeple）的非同質化代幣（NFT）付出六千九百萬美元時，這提醒了我們，**在自由市場中，無論是藝術還是天賦，價值全然取決於下一位競標者願意支付的金額**。

■

我第一次見到他是在倪凱的婚禮上。

那是二〇一四年七月四日美國國慶週末，地點位於南義普利亞區的博爾戈艾格納齊亞飯

7 羅賽塔石碑（Rosetta Stone）是一塊西元前一九六年刻有古埃及象形文字、埃及草書和古希臘文的花崗閃長岩碑文。該石碑於一七九九年由拿破崙軍隊的法國士兵在埃及羅賽塔發現，後來落入英軍手中，現收藏於大英博物館。羅賽塔石碑的三種文字內容相同，使學者能比對解讀失傳的古埃及象形文字，最終由法國學者尚－弗朗索瓦・商博良（Jean-François Champollion）於一八二二年成功破譯，奠定了現代埃及學的基礎，亦是古文字學研究的一大里程碑。

店，一座仿堡壘式的度假村，座落於一處古羅馬遺址上。珍珠白的風化石牆、帶鐘樓的小教堂和中央廣場，完美營造出地中海村落的氛圍。不過，充滿異國元素的阿拉伯式拱門卻略顯突兀，建築師似乎誤將摩爾風格的安達魯西亞當成了南義風情。所幸整體說來，這座豪華度假村的設計與整體氛圍令人滿意，融合了異國風情與低調奢華，而旁邊那座靠海的錦標賽級高爾夫球場更是有畫龍點睛之效。

倪凱的朋友艾希頓．庫奇（Ashton Kutcher）與他的妻子蜜拉．庫妮絲（Mila Kunis）的出席，為婚禮增添了幾分耀眼的星光。艾希頓本身是極為精明的創投投資人，曾投資Spotify、Airbnb和Uber等知名公司。在亞得里亞海的月光映照下，戴著頭巾的他與聖荷西芭蕾舞團的首席女舞者共舞，合作演出了一段熱鬧的舞蹈，伴隨著寶萊塢熱門曲目《辛格為王》（Singh is Kinng）。演出期間甚至出現了一次類似珍娜．傑克森（Janet Jackson）在二○○四年超級盃演出中的服裝失誤，為整場表演增添了幾分意外的趣味。

婚前派對在飯店的海灘俱樂部舉行，以「純白」為主題，背景播放著氛圍浩室音樂，無人機在上空捕捉名流與時尚人士在夕陽餘暉下的互動。我的女兒艾莉亞和兒子薩米爾當天早上才從紐約飛抵，我們也趁此機會享受了難得的闔家團聚時光。

我環顧四周，目光短暫地停留在一位亞洲紳士身上。他身穿一套白色商務西裝，衣著優雅，與他人保持著一點距離。他看起來身形結實、精神矍鑠，但後退的髮線和笑開時顯露的皺紋暴露了他的年齡，應該在五十五歲至六十歲之間。他的頭部比例相對身材稍大，讓他看來有些像《星際大戰》中枯瘦睿智的尤達大師——後來我得知，他自己也頗喜歡這樣的比擬。他站得筆直，雙臂自然下垂，既未交叉於胸前，雙手也未插入口袋，整個人散發著一股安靜而穩重的氣質。

他獨來獨往，在婚禮這種喜慶場合並不多見，大家多半會熱情地交際互動。**也許他不認識其他客人？又或是語言隔閡？**

然而，立刻就有跡象顯示他並非只是害羞。時不時地，就會有人主動走向他，恭敬地向他鞠躬致意。他也大方回禮，並給予熱情的微笑，讓這種正式的問候多了一分彷彿擁抱般的親切感。而且只有真正的重量級人物才會接近，像是谷歌與德意志銀行的執行長、《金融時報》主編以及印度電信帝國的創辦人，甚至連艾希頓．庫奇都像粉絲般，主動向他自我介紹。

此人一定是孫正義。

軟體銀行對號稱「中國亞馬遜」的阿里巴巴投資了二千萬美元，如今其價值至少高達五百億美元，■[3]堪稱史上最成功的創投案例之一。當時阿里巴巴正籌備於九月上市，屆時孫正義將擁有更大的財務彈性，有機會逢高賣出股票，實現鉅額報酬。在這個個人價值取決於最後一筆交易的世界，他的地位無疑至高無上。

見到孫正義在場，我並不意外，因為我知道一些少有人知的內情。倪凱曾經成功促成了一項商業協議，讓軟銀控股的日本雅虎得以使用谷歌的搜尋技術來支援其入口網站，這讓孫正義對他印象深刻。因此，在嘗試合併斯普林特（Sprint）與T-Mobile失敗後，孫正義便意識到，他需要倪凱卓越的執行力與廣泛的全球人脈。數週前，兩人在比佛利山莊的四季飯店會面，並達成協議——倪凱將以業界有史以來最豐厚的薪酬加入軟銀，擔任總裁，年薪高達七千三百萬美元。[4]

他們還達成一項額外約定：孫正義承諾倪凱將成為他的接班人，在他退休後接任軟銀執行長。根據孫正義公開的生涯規劃，他計劃在「六十多歲」時退休，而當時距離他六十歲生日僅剩三年。

那個週末，我又再度見到孫正義。我們參加了一場為賓客安排的高爾夫球活動，除了倪凱和孫正義之外，參加者還有避險基金傳奇投資人史丹利．朱肯米勒（Stanley Druckenmiller）和科技私募基金巨頭艾根．德班（Egon Durban）。

倪凱和史丹利人高馬大，兩人都比孫正義高出不少。但孫正義憑著寬幅的上桿，球桿遠遠越過平行線，同時雙腳依然穩踩在地面上，來產生足夠的桿頭速度，表現毫不遜色。即使隔著一段距離，我仍能感受到他揮桿時專注而強大的氣場，彷彿絕地武士的能量場。當他成功推球入洞時，沒有浮誇的擊掌或高聲歡呼，只是輕輕地與旁人擊拳，低調得幾乎難以察覺。

無論在高爾夫球場或投資市場，此人顯然都擁有強大的「原力」。若是低估他，後果自負。儘管如此，我依舊心存懷疑。金融市場對於試圖挑戰這種全知全能地位的「絕地武士」，向來毫不留情。如同米爾肯，孫正義是高瞻遠矚的顛覆者，也是英雄；然而，自古英雄亦非完人。三十年過去，我明白到這一點，也理解了何謂驕矜自大。

|02|

極樂小藥丸

一切始於一顆藥丸。

帕查夜總會是伊比薩島的狂歡聖地，而大師級DJ大衛・庫塔（David Guetta）則是今晚的派對主角。帕查的地理位置有些出人意料，甚至略顯俗氣。周邊的街區讓人聯想到美國衰敗的郊區購物中心，對街還是一片大型停車場。其建築本身是一座寬敞的倉庫，若掛上好市多的標誌也不會太突兀。然而一進門，入口兩側矗立著人造棕櫚樹，還有一塊巨大的霓虹招牌，閃爍著庫塔傳遞的博愛訊息：「X我吧，老子超有名！」（F*** ME, I'M FAMOUS）。到了裡面，更炫目的招牌、少數人身著的T恤標語，以及眾人揮舞著陽具般的粉紅迷幻螢光棒，無時無刻都將這句口號烙印在你的腦海。這句訊息與電音節奏一樣響亮、荒謬但無所不在——「X我吧，老子超有名！」。

那是倪凱婚禮後幾天，我、瑪雅以及一小群來自倫敦的朋友，一起加入了新婚夫婦倪凱和阿亞莎的伊比薩之旅。那一天行程滿檔，我們先是在烈日下乘船前往福門特拉島，在復古的海灘餐廳「胡安與安德里亞」享用午餐，搭配著清爽的粉紅酒，品嚐西班牙海鮮燉飯，隨後又跳入湛藍的海水，感受片刻清涼與放鬆。晚餐則前往奇普亞尼餐廳用餐，正好見識到名媛派瑞絲・希爾頓（Paris Hilton）與她那群俊男美女友人，彼此間眉來眼去，空氣中瀰漫著撩人而炙熱的情慾。最後，我們前往當晚壓軸的帕查夜總會，這裡的重頭戲要到午夜後才真正展開。然而，直到凌晨一點，那位「充滿性暗示」的知名主角——大衛・庫塔仍未現身。

我的朋友喬第是一位身材魁梧的前南非陸軍軍官，曾親自護送南非前總統曼德拉離開羅本島。他顯然注意到了我試圖壓抑的呵欠，於是靠近我並搭著我的肩膀，用他那嘶啞的荷裔南非腔在我耳邊低聲說：「兄弟，你需要這個。」邊說邊將一顆小藥丸塞進我的手裡。「別待在這個狗屁貴賓包廂了，我們下去舞池搖擺一下吧。」

喬第活力四射，伊比薩更是不在話下。他揮舞著一根印著「X我吧，老子超有名！」的粉紅螢光棒，臉上戴著電影《大開眼戒》中那種威尼斯風格的黑色面具，穿過一片搖擺的人海，將我帶到舞池中央的應許之地。搖頭丸的藥效開始發作，震耳欲聾的電音節拍在我腦中由緩而急，逐漸放大，最終轟然爆發。

我是不是少了什麼？有人似乎讀懂了我的心思，瞬間遞來一根粉紅螢光棒。揮舞這根棒子似乎啟動了我某種沉睡中的尼安德塔[8]基因，而那印著「X我吧，老子超有名！」的粉紅棒子所被賦予的象徵力量，大概唯有佛洛伊德能解釋了。我感覺自己就像電影《2001：太空漫遊》開場中那隻充滿力量的猿猴，與舞池中成群的「靈長類」融為一體，所有人一起跳上跳下，揮舞著粉紅色的「棒錘」，彷彿在敲擊著無形的釘子。

我依稀記得，清晨時分被人拖離現場，手中仍緊握著那根粉紅棒子。倪凱邀請我們到他在伊比薩大飯店的露台套房看日出，正如伊比薩派對應該以這種儀式作結一般。我們躺在露台躺椅上，俯瞰著碼頭以及遠處達特維拉古城如剪影的堡壘。清晨五點多，我的目光被碼頭一早的忙碌景象吸引。我猜他們是漁夫，為了生計日復一日地辛勤工作，而在大飯店這端的世界，一群享樂主義者則正躺在頂級織品品牌芙蕾特（Frette）的絲滑床單下酣睡。

「阿洛，你覺得自己還能回到以前的生活嗎？每週工作六十個小時，還得四處奔波？」倪凱問道。

他語氣中似乎意有所指，讓我從沉思中猛然驚醒。和倪凱對話就像下棋，你得先設想好後面幾步的應對之策，以我此刻的狀態著實不易。

「我不確定，兄弟。我已經是過來人了。」我答道。

我們相視一笑，彼此心照不宣。

不久後，我回到飯店房間，倪凱種下的那顆種子開始萌芽。

「我認為倪凱可能會給我一份工作。」我告訴瑪雅。

「認真的嗎？你考慮去日本銀行工作？」她難以置信地回應。

「那不是一般的銀行。」我笑著說，雖然瑪雅的反應在我預料之中，但我仍然感到好笑。我們在一起三十年了，她是減輕我人生重擔的關鍵，她的正直聰慧和燦爛笑容總能照亮我內心最陰暗的角落。雖然她偶爾會說些令人不耐的老套金句，比如「你就是你」（讓人不禁心想，我他媽的還能是什麼？）；不過，當你最愛的歌是滾石樂團的《將一切染黑》（Paint It Black）時，像她這樣明亮的存在顯得不可或缺。瑪雅從來不喜歡華爾街，她總是勸我放棄賺錢，換過簡單一點的生活。她自己放棄了華頓商學院的錄取機會，選擇攻讀藝術管理學位，並在紐約愛樂樂團工作。拜她所賜，順帶提升了我的「文化地位指數」。

我向她解釋了軟銀和孫正義獨特的商業模式，他們的業務結合了全球電信營運與高風險科技投資。軟銀的名稱源自其早期作為「軟體銀行」（即軟體經銷商）的起點。孫正義甚至不是日本人，而是韓裔。他在矽谷和華爾街的名聲與在東京的地位不相上下，東京剛好只是公司總部所在地罷了。

8 尼安德塔人（Neanderthals，Homo neanderthalensis）是已滅絕的古人類，生活於約四十萬至四萬年前，主要分布於歐洲及西亞。他們擁有比現代智人（Homo sapiens）更粗壯的骨骼與較大的顱容量，並展現出工具製作、狩獵行為、社會合作和埋葬死者的文化特徵。尼安德塔人與現代人類曾發生基因交流，今日非洲以外的人類基因組中約有1～2%的尼安德塔人DNA。

「或許值得考慮看看，我明白你這段時間有些焦慮。」她疲倦地回答，並準備就寢。

■

我坐在露台上，反覆思索這件事。**除非狀況很明確，否則我總是想太多，從推桿時桿頭指部的下垂角度，到二手車價格過高等瑣事，更多時候是一些陰暗面的念頭，偶爾也會觸及更深刻的問題。但這種無時無刻想太多的狀態，實在令人心累。**

此時的我早已離開摩根士丹利，掛在衣櫥的義大利名牌西裝和愛馬仕領帶，就像是前半生剝落的舊皮。

投資銀行家就像岩燕（martlets），又稱無足之鳥，注定一生要不斷飛翔。許多人最終自毀，有些則被無情擊落。**幸運者或許能悄然迎來新生；唯有極少數天之驕子能永遠翱翔天際。**但不論是誰，在飛行的過程中，無一例外都是受到難以抗拒的金錢力量所驅策。

我第一次收到獎金通知（也就是我的「數字」）時，那是充滿戲劇性的時刻。當天並未有任何事先安排或通知，但大家都心知肚明，這天是大日子。我坐在自己的崗位上，躬著身子，緊盯著笨重的彭博終端螢幕，這時同事邁克輕輕拍了拍我的肩膀。

「文森請你到他的辦公室。」他說道。

文森是一位英俊且語調溫和的法國人，畢業於哈佛大學，總是身穿西裝搭配吊帶。他負責管理我們的部門。我從未見過姓氏裡帶有連字號的人，所以感到些許壓力，而且文森的姓氏前還加了一個「de」，彷彿暗示著歐洲的貴族血統。他邀請每位團隊成員到他辦公室，在小型紅木會議圓桌會談。平時，兩扇大落地窗得以俯瞰熙熙攘攘的四十八街，那是洛克斐勒中心所在，但此時百葉窗被拉下，燈也關了，唯一的光源來自旁邊紅木捲蓋式書桌上的一盞小黃銅燈。綠色燈罩在天花板和牆壁投射出蛛網般的陰影。整個場景感覺彷彿回到了中世紀，像是文森過去封建時期的祖先在微弱燭光下，向可憐的法國農民徵收地租——只是這次資金的流向剛好反了過來。

他鄭重地請我坐下，並遞給我一張紙，上面寫著……好吧，我承認，我只注意到自己的獎金數字——整整十九萬美元。**「萬分感謝，先生。」我在心底默默地用法文說道。**

這筆獎金匯入我經常透支的華友銀行（Chemical Bank）帳戶時，帶來了一股奇特的快感，混雜著自我肯定、感激之情和不可置信的震撼。如果當時有網路銀行，我大概會不停地更新頁面。我買了一條寶格麗金手鍊給瑪雅，但她覺得太庸俗，從未戴過。而我對自己的奢侈之舉，則是在薩克斯第五大道上的精品百貨買了六件訂製襯衫（當時正好有「買五送一」的促銷），全為雙色設計，搭配繡上了名字縮寫的法式袖口。一個本該在幫人修電腦的印度籍小伙子，卻打扮得像好萊塢貴族般光鮮亮麗，看上去該有多荒唐可笑，只可惜當時的我還無法理解。

我的薪資越來越高，甚至是最初的數倍，只是人在擺脫貧窮之後，往往會越來越貪心。十多年後，當我的倫敦老闆（一位性格開朗、身材魁梧的波士頓人，我們稱他「大猩猩」）對我揭曉我有史以來最高的獎金數字時，他問我為何笑不出來。原因不外乎是那幾個。談到獎金，幾乎每個銀行家都有各自不滿的理由，其中一種常見的抱怨是：別處能賺得更多，而這正是「大猩猩」和我的情況；另一種不滿則是發現隔壁的蠢貨賺得比你還多。此外，還有那種對於身分地位揮之不去、難以言喻的焦慮——**你什麼都不缺，卻總是想要更多。也許是視野更佳、鳥瞰中央公園的共同產權公寓（co-op），或是更靠近漢普敦海灘的度假別墅，甚至是在乘坐頭等艙的同時卻渴望擁有私人飛機旅行卡**。

貪婪會有終結的一天嗎？我曾問過我的一位導師——布萊德，他有著灰藍色雙眼，頭髮剪得極短，總是穿著似乎短了一吋的長褲，看來像個退役的海軍陸戰隊員，但他不是。他是那種「衝鋒陷陣」的行動派人物，讓人不禁心生欽佩，渴望追隨。

在我們無數次往返香港的其中一趟國泰航班上，我邊喝著紅酒，邊問布萊德，我們那位積極進取的老闆到底哪來的動力？他是華爾街的傳奇人物，總是穿著印滿黃色美元符號的黑色絲質吊帶，看起來不像銀行家，倒更像是在扮演銀行家的演員。

布萊德側過頭，目光如炬地直盯著我。

「阿洛，對他來說，這就是一場比賽，誰死的時候擁有最多，誰就贏了。」語畢，布萊德旋即收起他那如絕地武士光劍般的銳利目光，轉過頭去不再看我。

這是個警告，但他永遠不會用告誡的方式來表達。選擇權始終在我手上。

每次領到獎金，我都會買一件昂貴的小首飾送給瑪雅。她欣然接受，但那份開心，大概也就如同希望我幫她洗碗時的心情差不多。而清晨的航班和深夜的電話會議卻一點一滴地消耗著我，讓我身心俱疲。直到有一天，我終於醒悟：**我已經見識過夠多的金錢財富，卻不熟悉自己的孩子**。這無止盡的追逐就像永無休止的輪迴，總會有更棒的房子、更快的車子，甚至是更大、更豪華的飛機。

我本該退出，但我沒有。沒有人會退出，沒人能逃離金錢的陷阱。反之，我做了岩燕絕對不會做的事——我放慢了速度。除此之外，加上後來的網路泡沫化，代表著我註定失敗。我最大的客戶是歐洲有線電視業者ＮＴＬ——後來更名為維珍媒體（Virgin Media）。二〇〇〇年時，ＮＴＬ市值接近一千億美元，為摩根士丹利創造了一億多美元的收入。然而，到了二〇〇二年時，NTL申請破產保護。

當獎金預算緊縮，養不活那麼多張嘴時，他們就會拿你開刀——那些你視為朋友和鄰居的夥伴，那些你敬仰如兄長的導師。**我確實有些在意，難道你不會嗎？**但很快地，我便原諒了他們。在華爾街，自憐就像午餐一樣，只有弱者才需要。再者，如果換作是我，也會做出相同選擇。在金融圈裡，這是唯一的生存法則。

■

那時，伊比薩已經清晨六點。我一時心血來潮，決定打電話給我二十一歲的長子。薩米爾從十歲開始，就能邊玩《決勝時刻》（Call of Duty）邊下棋，並在十五步以內將死我的國王。時至今日，他已蛻變成為處事精明的人生導師。幾週前，他在健身房裡用批判的眼光審視著我日漸消瘦的手臂，然後遞給我一對我幾乎舉不動的啞鈴。

「爸爸，二頭肌就是男人的乳溝，你得練練手臂，」他說。

薩米爾是耶魯大學即將升大四的學生。他的主要興趣並不在金融，讓他深受啟發的是電影《征服情海》的運動經紀人傑瑞．馬奎爾（Jerry Maguire），而不是銀行家傑米．戴蒙（Jamie

Dimon）。那年夏天，他在精品投資顧問公司雷恩集團（Raine Group）實習。這家公司與全球頂尖經紀公司威廉莫里斯奮進娛樂（William Morris Endeavor）有著密切關聯，而雷恩集團最大的投資銀行客戶正是軟銀。

當時紐約已是深夜，但他作息向來晚，馬上接起了電話。

「老弟，我們整晚都在狂歡，簡直瘋狂極了，」我先吐為快，帶著一絲自豪。大約在一個不太恰當的年紀（據他聲稱是八歲），我讓薩米爾成了《謀殺綠腳趾》（The Big Lebowski）的粉絲。他第一個電子郵件地址就是theminidude@hotmail.com，從那時起，我們父子之間就開始互稱「老兄老弟」（dude）。

「你說什麼？老兄，你在哪？」他問道。

「我跟倪凱一起在伊比薩島，」我回答。

「倪凱？我一直在會議上旁聽他和孫正義的談話。媽媽跟你在一起嗎？我知道那裡發生什麼事，拜託別告訴我老媽在嗑藥。」

「她沒有。不過，老弟，那地方可真夠瘋的，就是那個『X我吧，老子超有名！』派對……」

「什麼派對？」

「沒事，改天再說。跟我說說倪凱和軟銀的事吧。」

薩米爾當時參與了一項軟銀正在評估的交易。他沒有透露細節，但傳達的訊息很明確。

「老兄，我認為他們需要像你這樣的人。而且他們在做一些超酷的事。你應該加入。」

他說的話多半是重述上級同事的意見，但其中的重點是：軟銀基本上是電信公司，想要轉型成投資管理公司的話，必須建立內部的交易機制，這正是我能大展身手的機會。

以軟銀高管的身分參與「超酷的事」（約莫是大規模且複雜的科技交易案），對我來說頗具吸引力。離開摩根士丹利後，我與杜拜政府合作，聯合創辦了一家聚焦印度市場的投資公司。方向正確，但時機卻非常糟糕。金融危機摧毀了杜拜的財政，這項業務從未達到我預期的規模。

此外，對於科技投資人來說，此時也是令人振奮且充滿機會的時刻。三年前（二〇一一年），創投家馬克・安德森（Marc Andreessen）發表了「軟體將吞噬世界」（software will eat the world）的文章，預告了新一波創新浪潮。最近，臉書（Facebook）和推特（Twitter）先後上市，而阿里巴巴首度公開募股則定在九月。第四代無線網路和智慧型手機的普及促使了優步（Uber）等新型態商業模式的誕生，徹底顛覆了運輸等僵化的傳統產業；網飛（Netflix）則翻轉了媒體業，從線性播出轉變為隨選服務。如今，一切活動都遷移至雲端，所有事物全受到顛覆，甚至包括愛情與性愛在內。各種趨勢在在預示著一九九〇年代末期網路熱潮的重演，而那正是我作為交易狂人最為興奮的時期。

我懷念那種刺激的過程，但也僅僅是像個改過自新的癮君子，偶爾耐不住時才來一劑那樣的程度。然而，子女離家後的空巢期，總會為每個家長留下某種空虛和失落。我時常看著孩子們小時候的照片，感慨那些時光已不復存在。當時的我沒有時間陪伴他們，如今他們早已長大，離家遠去。或許做些能讓孩子（或至少其中一個孩子）刮目相看的事情，能幫助我找到繼續前行的動力？想要獲得薩米爾的尊敬並不容易，他的標準很高，在伊比薩嗑藥顯然行不通；但也許單手伏地挺身或是去軟銀工作會有效果？

■

隔天中午，我們在伊比薩大飯店的泳池畔享用午餐。一如預期，倪凱邀我單獨聊聊。我們穿著短褲和亞麻襯衫，戴著太陽眼鏡，手裡拿著粉紅酒，一邊在庭院泳池邊散步，一邊聽他闡述孫正義成為全球電信龍頭的願景，以及他自己對科技和媒體投資的見解。

那些數字令人印象深刻：透過變現阿里巴巴的股份，軟銀擁有的資產負債表實力甚至超越了全球最大私募基金公司的旗艦基金——資金規模超過五百億美元，若再加上槓桿，金額將更為可觀。

他說：「我不想將交易委外給投資銀行。我需要可以信任、能代表軟銀的人。你是我認識數一數二聰明的人，聰明人不難找，但誠信與經驗兼具的人才卻非常罕見。我需要你的幫助，兄弟。」

「對於我們一起共事這件事，我確實充滿期待，倪凱。我想我們會合作無間，」我誠懇地回應他。「也許會像昨天一樣有趣。」我笑著補充道。喧鬧的伊比薩夜店與狂熱的牛市確實有些相似。「我不確定自己能否勝任，如果不是和你合作，我甚至不會考慮這件事。不過，我還需要一些時間來處理目前的生意。」

我提議以彈性的顧問身分進行合作，但也做好了他會要求我全身心投入的心理準備——畢竟這是大多數人都會抓住的機會。他答應了，也許是因為他自己也不確定未來會面臨什麼樣的挑戰。

■

那天晚上，瑪雅和我離開伊比薩，飛往倫敦。

我在飛機上時，總會陷入沉思，也許是出於習慣，源自於那沒有無線網路且機上娛樂極其有限的年代，因頻繁出差而留下的後遺症。我從未真正理解伊比薩的魅力，顯然如果沒有那顆神奇小藥丸（不論你叫它搖頭丸、莫莉、快樂丸、E，或其全名「亞甲基雙氧甲基安非他命」），伊比薩對我不過就是另一個地中海小島，有著礫石沙灘和收費高昂的餐廳。不光在伊比薩島，迷幻藥顯然釋放了矽谷諸多創新潛力；迷幻藥的使用已廣泛融入矽谷的創業和創新文化，而非僅限於馬斯克（據報導）使用K他命治療憂鬱症的案例而已。■[1] 新創公司BuildBetter.AI的執行長史賓塞．舒勒姆（Spencer Shulem）為了提升心理韌性而定期服用LSD[9]，並表明來自創投投資人的壓力與他用藥息息相關。他表示：「他們不想要普通人或普通公司，他們要的是非比尋常。但沒有人生來就卓越非凡。」■[2] **真是非比尋常的坦白，史賓塞——希望你真的能打造出更優越的人工智慧**。

我既非矽谷的創業者，也不是千禧世代的狂歡者，而毒品也從未出現在我的選單上——除非布洛芬（ibuprofen）對你而言也算毒品（這是我為了防範未然而經常服用的止痛藥）。不過，伊比薩的那顆藥丸確實讓我回想起我有多懷念無拘無束且無需偽裝的狀態。大學時期，一日當中的亮點通常是與好友共享精心捲好的大麻煙，那是充滿男性情誼的儀式。每抽一口，我們總會點頭認可地說一句：「天啊，這玩意兒真棒。」我們的賣家是一位骯髒、多毛的錫克教徒，在當地經營一家乾洗店。至於他到底給了我們什麼，我毫無頭緒，看起來像羊糞，而且很可能真的就是羊糞。但我們確實嗑得很嗨，同時又異常清醒，伴隨著巴布・馬利（Bob Marley）的音樂，我們大笑不止，並試圖想像更美好的世界。

那真是無與倫比的時光。天啊，那玩意兒確實很棒。

---

9 LSD（Lysergic Acid Diethylamide，麥角二乙胺），俗稱「迷幻藥」，是一種強效的致幻劑，最初由瑞士化學家阿伯特・霍夫曼（Albert Hofmann）於一九三八年合成。近年來，LSD在科技界被部分人士用於提升創造力與專注力。例如，BuildBetter.ai 執行長史賓塞・舒勒姆每三個月使用一次LSD，認為這有助於增強專注力和創意。然而，LSD的使用存在法律和健康風險，需謹慎對待。

|03|

機場測試

紐約是我初次接觸美國這塊自由之地與雙車庫別墅的城市。一九八四年，一輛從甘迺迪國際機場出發的大都會運輸管理局（MTA）的巴士將我丟在那看似世界上最可怕的地方——紐新航港局客運總站。前總統雷根（Ronald Reagan）口中的「美國之晨」[10]並未出現在第八大道上，該處依舊籠罩在陰暗之下。將近四十年過去，我仍清楚記得當時的畫面，甚至氣味。那情景宛如蘇聯冷戰時期宣傳片中的一幕：擁擠人群、流浪漢、汙穢不堪的環境，讓人想起印度的貧民窟，還多了一層明顯不友善的氣氛。我並未期待看見迪士尼樂園般的夢幻場景，但身為異鄉遊子，我渴望能看見更美好的畫面。

然而，我也無法確定自己究竟在期待什麼。或許是更國際化、更前衛版本的哥本哈根？但我根本從未去過哥本哈根——事實上，我還不曾去過任何地方。

10 「美國之晨」（Morning in America）是美國前總統雷根於一九八四年競選連任時推出的政治宣傳廣告，由政治顧問哈爾・雷尼（Hal Riney）操刀，以溫暖的旁白與樂觀的影像描繪經濟復甦、家庭幸福與美國繁榮的景象。廣告成功塑造了雷根政府經濟政策帶來繁榮的形象，使其在當年大選中以壓倒性優勢擊敗民主黨候選人。

青少年時期的我瘋狂熱愛打板球，總是悉心照料每一支新球棒。為了做好準備，應對從二十二步外投擲而來的堅硬紅色球體，我會小心翼翼地替球棒塗上一層亞麻籽油，接著用木槌不斷敲打球棒表面，留下一道道明顯的痕跡。紐約也是如此，不斷敲打和磨練著我——在東村遭遇持刀搶劫、時代廣場上遭受種族歧視謾罵，以及那輛被偷的二手紅色福斯捷達，最終在上城找到時，輪胎都不見了，但仍以可敬的姿態承受著這一切。

■

我應倪凱的要求來到紐約。他在伊比薩之行的三週後來電，向我說明兩項有關墨西哥電信業的併購案，兩個案子雖各自獨立卻彼此相關，內容十分複雜。我們簡短討論完薪酬後，我提出一套拿捏得「恰到好處」的條件，倪凱也認為合情合理。不過，他希望我再接受一項額外考驗：與軟銀管理團隊的資深幹部進行線上面試，此人正是羅納・費雪（Ronald Fisher），被譽為昔日的蘇丹宮廷宰相。

費雪年近七十，和藹可親，宛如一位慈祥的長者。他看起來精神奕奕，我後來得知，這要歸功於他嚴謹的晨間運動習慣：通常綁著頭巾，進行一連串的鍛鍊，最後以深呼吸的冥想作結。羅納是個溫和的人，他那氣定神閒的外表之下，隱藏著過人的智慧、敏銳的觀察力，以及對孫正義堅定不移的忠誠。在面對軟銀如火如荼的交易熱潮時，他保持理智的一大秘訣就是恪守安息日[11]的作息。羅納與我一見如故，隨著頻繁的晚餐聚會，我們的關係逐漸深化，發展出溫馨而深厚的陪伴與友誼，而每次餐桌上，自然少不了一瓶上等紅酒相伴。

我和羅納進行視訊面試時，我們討論了一篇我最近撰寫的部落格諷刺文章〈十年之癢〉（The Ten Year Itch）。羅納非常欣賞這篇文章，甚至轉發給他從事投資管理的兒子。文章探討的主題是印度，而我的核心論點在於：每隔十年紐約總會湧現一批對印度滿懷期待的投資經理人，原因總是如出一轍——人口結構年輕、受過教育且日益壯大的消費階層、民主制度和基礎建設發展機會。而這種不斷重燃的熱情，恰巧與全球流動性週期和金融市場高漲的樂觀情緒不謀而合。

這讓我想到了一個長久以來一直令我好奇的問題。

「羅納，你曾與Masa一同經歷網路泡沫化，對嗎？當時情況如何？」

「哈！Masa嗎？他有自己一套思維，阿洛。我無法清楚解釋，等你見到他時就會明白了。」他笑著回答。

11 安息日（Shabbat）是猶太教最重要的宗教節日之一，從星期五日落開始，持續至星期六日落，是一週六天辛勞工作後的「休息日」。根據《創世記》（Genesis），上帝在創造世界的第七天休息，因此猶太人遵守安息日以示紀念。

他稍事停頓了一下。

「我認為倪凱會帶來改變，我從未見過Masa如此賞識一個人，他絕不會做倪凱不同意的事。」羅納的話裡絲毫沒有怨懟，他向來為人謙遜且從不自負，我十分敬重他這一點。

視訊通話的最後，羅納問我，需要什麼條件才能說服我全職加入軟銀。我回答說，與他暢談一番後，我加入的意願已相當高。羅納的氣度與格局深深令我折服，而他身上那種淡然知足的氣息，也讓我對衰老少了幾分恐懼。

■

我對墨西哥的了解僅止於一次週末前往卡波參加姪女的婚禮，以及偶爾品嚐的克斯阿蘇爾金龍舌蘭酒。這兩者對於準備深入墨西哥市場的幫助，就如同觀賞塞吉歐・李昂尼（Sergio Leone）的義大利式西部片來了解美國一樣，毫無用處。然而，憑藉我多年在亞洲工作的經驗，新興市場的電信業併購正好是我的專業領域。當時墨西哥億萬富翁卡洛斯・史林（Carlos Slim）因墨西哥美洲電信公司（América Móvil）的持股比重過高，應墨西哥監管機構的要求，必須將部分出售，而軟銀正是其中一位潛在收購者。■[1]同時，軟銀也在與另一家墨西哥媒體集團協商收購其電信業務，最終目標是合併兩家的業務，打造一個全國性的、能與強大的墨西哥美洲電信抗衡的競爭對手。

雙方首次召集的會議在佳利律師事務所位於紐約公園大道的豪華總部內，一間以木造裝潢的會議室舉行。主要議程由史林的銀行團隊（花旗集團）向我們介紹此次的收購機會，墨西哥美洲電信的管理團隊也在場。他們負責賣，而我們則有意買。

會議大部分時間裡，倪凱那雙心不在焉卻充滿睿智的眼睛始終盯著他那支過大的安卓智慧型手機，幾乎無視銀行團隊精心製作的繽紛簡報。他可能在玩《糖果傳奇》（Candy Crush），誰也說不準。時不時地，他會抬起頭，伴隨著食指輕輕一揚，提出他的見解，並以閃電般具破壞力的精準度，毫不留情地擊破簡報者費心準備的論點。例如：「你們真的認為五兆赫的頻譜足以支援一億名用戶嗎？……你們的營業利潤率（EBITDA margin）簡直荒謬，沒有任何一家營運商能做到60%。」諸如此類。

這種場面頗有意思，未來我還會見識更多，而這一天則是我初次見到華爾街的精英們在犀利的考官面前變得結結巴巴，宛如手足無措的小學生。

我不禁深深慶幸，自己坐在倪凱這一邊。

在摩根士丹利工作時，我身邊盡是才思敏捷的精英。即便我已經歷十多年的專業訓練，並與無數能力卓越的同事共事過，但與倪凱一起開會，仍讓我有種與短跑名將卡爾．路易斯（Carl Lewis）同場競賽的感覺，完全望塵莫及。他的分析能力罕見而精闢，令人無比折服。這樣的才智，有如中樂透般難得，足以讓人心甘情願以每年超過五千萬美元的薪資「租用」他的才能。他和我一樣，天性難以容忍笨蛋，但我們的應對方式截然不同。我往往選擇沉默地生悶氣，偶爾容許自己用諷刺來表達不滿。但倪凱不是——**若你毫無準備地現身，他會毫不留情地將你逐出場外**。

會後，倪凱要我一起旁聽一場電話會議（我們當時仍在佳利律師事務所的公園大道辦公室），而內容是協商以三十四億美元收購夢工廠動畫（DreamWorks Animation）。■[2] 夢工廠原本是由媒體界的「聖三位一體」——導演史蒂芬．史匹柏（Steven Spielberg）、前迪士尼集團主席傑佛瑞．卡森伯格（Jeffrey Katzenberg）和庇護所唱片公司（Asylum Records）創辦人大衛．葛芬（David Geffen），三人大張旗鼓共同創立。後來卡森伯格帶領的夢工廠動畫被分拆出來，成為一家專注於動畫內容的上市公司，其最成功的作品便是《史瑞克》系列。

通話結束後，倪凱邀我和他一起往西邊散步，前往位於第五大道與五十五街轉角的半島酒店。我雖喜愛半島酒店（出色的服務、熱鬧的露台酒吧、玻璃落地窗的室內泳池），但走進大廳時仍懷著些許忐忑，這與飯店哥德式外牆上的怪獸裝飾無關，而是我上一次住在這裡是二〇〇一年九月。若非行程突然更動，我應該九月十一日上午九點在世貿中心參加會議。後來我被困在半島酒店長達三週，精神因極度驚嚇而受重創，一心渴望回到倫敦與家人團聚；但我卻只能遙遙無期地等待英國航空的班機，反覆聽著飯店的主題曲——德利伯（Delibes）的《花之二重唱》（Flower Duet），來自歌劇《拉克美》（Lakmé）的動人曲目。曲子雖然動聽，但我對《拉克美》充滿厭惡。我和許多印度人一樣，對於文化挪用（例如：艾希頓．庫奇戴著錫克教頭巾模仿搞笑）就算覺得戲謔，態度也向來寬容。印度人經常沉浸於自身的聰明才智與文化的優越感中，不太容易因這類挪用而感到被冒犯。然而，德利伯在《拉克美》中卻美化了殖民時期英國軍官對年輕婆羅門少女的誘惑，這觸碰了連我自己也未曾察覺的底線。

我們來半島酒店是為了與傳奇影業（Legendary Pictures）創辦人湯瑪斯．塔爾（Thomas Tull）會面。這家公司曾製作《黑暗騎士》三部曲、《全面啟動》和《醉後大丈夫》等片。此外，塔爾也擁有億萬富翁的標配——球隊，他的球隊是匹茲堡鋼人隊（Pittsburgh Steelers）。

隨著《花之二重唱》的甜膩旋律在耳邊響起，我跟著倪凱進入湯瑪斯俯瞰第五大道的豪華套房。他請我們坐在一張略顯俗麗的軟墊沙發，自己則安坐在正對我們的厚實皮革扶手椅中。湯瑪斯年約四十，身形結實，態度友善，顯然很想與軟銀合作，尤其在倪凱提及我們正在收購夢工廠之後更是積極。這場會面由倪凱主導協商，我偶爾插話補充，不到一小時，我們便敲定

了一項協議——向傳奇影業投資二．五億美元，並成立合資公司，以運用傳奇影業在亞洲市場的內容。■3

這是一筆典型的軟銀交易——持有美國科技或媒體企業的少數股權，同時建立合作夥伴關係，用來開發被投資公司在日本和亞洲其他地區的智慧財產權。早在二〇〇〇年，孫正義便將此種模式稱為「時光機管理」（time machine management）策略，其理念是「將美國創投業務發現的卓越商業模式，推廣至全球其他市場」，■4 而靈感正是來自於軟銀對雅虎的投資。當時軟銀與美國雅虎合資成立日本雅虎，將美國雅虎的成功模式移植到日本。後來，日本雅虎最終成為上市公司，其市值還大幅超越了美國母公司。

接著，我們與印度從事第三方支付的金融科技新創企業 Paytm 創辦人維杰．謝哈爾．沙爾瑪（Vijay Shekhar Sharma）共進午餐。地點選在哥倫布圓環的文華東方飯店三十五樓空中大廳，中央公園面向東北方的壯麗景色為這場會議提供了絕佳的背景。維杰和藹可親、真誠坦率，但他同樣經歷了典型的「倪凱考驗」，結果與那些銀行家並無二致——他未能說服我們相信他的支付事業能發展為更全面的金融服務公司。我有點同情維杰，他吃素，而酒廊菜單上唯一適合的選項只有薯條和可樂餅，全都離不開馬鈴薯。維杰的提案一如他的餐盤，略顯單調，未能達到我們的預期。我們最終選擇放棄這筆交易。

四年後，華倫・巴菲特（Warren Buffett）的波克夏海瑟威公司（Berkshire Hathaway）以一百億美元投資了Paytm。[5]維杰成了億萬富翁，不再需要資金或同情。我倆再次見面時，聊起了倪凱、錯失的機會和那些馬鈴薯。

那天下午，我們在第七大道的雷恩集團辦公室迅速完成了一項收購，標的是串流服務平台劇熱（DramaFever），[6]該平台向全球觀眾提供韓國連續劇。無論是《魷魚遊戲》還是《寄生上流》，韓國的文化軟實力都展現得淋漓盡致。即使由國家贊助，動員像抖音（TikTok）或臉書這樣能操縱人心的「心靈駭客」影響輿論，也無法比得上流行文化在形塑公眾認知方面的影響力。**那為何印度這個電影產業如此繁盛的國家，卻在這方面表現得如此差勁？**

■

我終於明白薩米爾試圖告訴我什麼了。我和倪凱在曼哈頓中城散步了一下，竟然就撒了一大筆錢，而這還只是開始。此外，我們現在還擁有了部分《蝙蝠俠》的版權。這令人感覺振奮又新潮，但同時也讓人隱隱感到不安。或許聽來微不足道，但我在二〇〇八年的金融危機中學到了一個教訓——無論從個人層面或總體層面而言——風險的絕對水準固然重要，但風險累積的速度才是預測系統性風險的關鍵指標。

當時，Masa將全部重心放在他的電信策略上。他希望藉著智慧型手機革命的浪潮，透過一連串的收購來建立全球性的通訊事業。在此之前，沃達豐（Vodafone）等公司也曾懷抱類似的雄心壯志，但最終都未能成功。舉例而言，雖然手機的規模經濟優勢顯而易見，但由於各國的監管制度與技術差異，讓這樣的全球電信願景難以實現，步履維艱。

相較之下，倪凱似乎對電信業興趣不大，反而對數位世界的影視內容更為熱衷，像是夢工廠和傳奇影業等。任職於谷歌期間，他積極在內部鼓吹併購仍在草創時期的網飛，可說是獨具慧眼。若網飛能結合由用戶生成內容的YouTube，將有潛力打造出終極數位媒體平台。

不過，對於這兩種策略我都難以完全信服。沒人希望自己的業務淪為低附加價值的「笨水管」[12]，但對於電信公司及其循規蹈矩的執行長來說，嘗試結合經銷與內容的做法向來都是徒勞無功。例如，美國電話與電報公司（AT&T）收購時代華納媒體（Time Warner Media），讓「貝爾老媽」和「兔八哥」[13]同處一室，最後讓股東損失了四百七十億美元。■[7]

■

我在文華東方飯店的會議空檔中抽空與艾莉亞聯繫。她現在是哥倫比亞學院的大二生，主修能讓逝去世界重現的古代語言。希臘神話對我而言，就像是「赫克托的腳踝」（Hector's ankle）——我的致命弱點[14]。不過，因為艾莉亞的緣故，我開始閱讀荷馬和索福克里斯的作品，而艾莉亞研讀的想必是希臘原文版。艾莉亞對軟銀毫無興趣，但她很好奇我與她暱稱「倪凱叔叔」的人共事的經歷。

「我都快忘了他有多聰明了。和他在一起時，感覺完全不像在工作，非常有趣。」我回答道。這一天的最後，我與倪凱一起在西村的中澤壽司（Sushi Nakazawa）共進晚餐。這間餐廳的風格簡約不失現代感，主廚中澤先生是傳奇壽司大師小野二郎（Jiro Ono）的徒弟，而小野二郎正是紀錄片《壽司之神》的主角。倪凱的幕僚長、同樣來自谷歌的強納森・「傑比」・布洛克（Jonathan "JB" Bullock）也加入晚餐。傑比是劍橋畢業的英國人，性格沉默寡言，但旋即就被倪凱的提問推到了風口浪尖。

12 「笨水管」（Dumb Pipe）是行動通訊產業獨有的比喻，形容電信業者僅提供數據傳輸服務，而不參與內容或應用層的加值服務。此概念常與「智慧水管」（Smart Pipe）相對，後者指的是電信公司透過數據分析、內容控制或附加服務來提升獲利。「笨水管」一詞源於電信業者在網路時代的挑戰，即其基礎建設雖然承載龐大的數據流量，但主要收益卻被谷歌、網飛或臉書等科技公司獲取。

13 「貝爾老媽」（Ma Bell）是美國電話與電報公司的暱稱，因為該公司在二十世紀幾乎壟斷了美加大半電信市場，此稱源於它旗下的貝爾系統（Bell System），該系統曾控制美國幾乎所有電話通訊業務。「兔八哥」（Bugs Bunny）則是美國華納兄弟於一九四〇年創造的經典動畫角色。作者意在諷刺這是兩個完全不同產業別的企業，卻硬是合併在一起。

14 應為阿基里斯之踵，作者以幽默方式錯用典故。或臉書等科技公司獲取。

「傑比，你覺得阿洛通過機場測試了嗎？」他問道。

機場測試是什麼鬼？如果我早知道，或許會預先準備。據說這是谷歌共同創辦人布林提出的想法，他認為谷歌聘用的人必須夠有趣，萬一不巧必須滯留機場，同事會願意和你共度數小時。相較之下，華爾街的招聘標準似乎比較單一，智力和野心就足矣，但谷歌要求的更多元。我非常喜愛這個理念，在我們打造軟銀團隊時也融入了這種精神。我最欣賞的新人之一是肯亞裔的哈佛畢業生舒．尼塔（Shu Nyatta），他曾獲羅德獎學金（Rhodes Scholarship），過去在摩根大通（J.P. Morgan）專門從事科技投資，同時還被評為美國最潮的靈魂樂藝術家之一。

至於傑比，他只是對我禮貌微笑，然後恭敬地朝他的老闆點了點頭。在此之前，我們僅有數面之緣，通過幾封電子郵件，他還能說什麼呢？

無論如何，我想我通過了測試。下一步，就是與孫正義會面這件「小事」了。

|04|

人人幸福

飛行時間共十二小時，搭乘英國航空，目的地是東京。航班號碼對一個帶著使命出發的人來說也頗為應景——BA007。

座艙長來到我身邊，是位身材苗條的中年女士，身著剪裁合身的海軍藍西裝外套，頭戴寬邊帽。她依慣例地表示歡迎，看我沒什麼反應，便湊過來壓低聲音神秘地說：

「您知道嗎，約翰．梅傑爵士也在今天的班機上。」

我瞥見前英國首相就在對面，正將他的行李放進上方的置物箱。

「好吧，他可以加入我的『高空快活俱樂部』，」我說。

她眼神疑惑地看著我。

「布萊德利．庫珀、艾瑪．史東、昆汀．塔倫提諾、傑米．福克斯、約翰．古德曼，最棒的是辛蒂．克勞馥。這些都是我在英國航空上『一起睡過』的名人。」我向她解釋。

她試圖忍住笑，維持英國人一貫的保守矜持，但最終還是忍不住失態。她再也顧不得皇室與國家的顏面，往後一靠，笑得前仰後合。

「我會確保記下您這些個人偏好的，先生！」她說。

我考慮繼續扮演龐德的角色，順帶點了一杯伏特加馬丁尼（用搖的而非攪拌），但最終還是放棄了。年輕時，不論坐著還是站著，我都能輕鬆熬過這種過夜的洲際航班，幾杯黃湯下肚也毫無壓力。但現在，我需要一張能平躺的床、眼罩、降噪耳機、不打擾的機組人員、不喝酒，而且這次我還需要一顆五毫克劑量的安眠藥。

■

孩提時，我深深著迷於儒勒·凡爾納（Jules Verne）的小說《環遊世界八十天》和國際換日線的奇蹟。當時，國際旅行猶如一場科幻冒險，一架波音747如同維珍銀河（Virgin Galactic）的太空船一般，充滿異國情調。然而，摩根士丹利徹底改變了這一切。投資銀行家就像鯊魚，必須不斷移動才能生存，不停歇地在全球客戶的辦公室間穿梭。我有位上司曾經這樣測試我們：**每次造訪一家公司的執行長辦公室時，他都會詢問同行的同事洗手間的位置，若你還需要接待人員帶路，那就表示你去得不夠頻繁。**

在紐約工作的那些日子，我偶爾會出差到東京，但經歷往往並不令人愉快。正如比爾・默瑞（Bill Murray）在電影《愛情，不用翻譯》精準詮釋的迷惘，十二小時的時差宛如睡眠剝奪的酷刑工具。每次造訪，我與那些一板一眼的日本電信公司高管之間的互動始終不太熱絡，關係難以深化。相比之下，從我一九九〇年代常駐的香港飛往東京的航班則是另一種痛苦。當時，香港與東京來回的航班是少數幾條仍允許吸菸的國際航線之一。五小時的飛行中，我被困在一個狹窄的鐵盒子裡，與身穿棕色西裝的商人為伴。他們吞雲吐霧，喝著三得利威士忌，刺鼻的菸味滲透到每個角落。即便是前往大都市東京，必須忍受這樣的環境對我依然是巨大的心理挑戰。

二〇〇四年一次悠閒的家族旅遊讓我對日本大為改觀。我們在櫻花盛開的季節體驗到了京都無與倫比的靜謐之美。這份寧靜深具療癒效果，而日語中「真誠感謝」（domo arigato）所傳遞的感激之情更是極具感染力，這種感謝文化讓我不由自主地想對新幹線驚人的準時表達感激，由衷地鞠躬致意。

多年來，日本獨樹一幟的美學與怪誕前衛的特質，已逐漸在我心中扎根，成為對這個國家的整體印象。

例如，村上春樹與多和田葉子的超現實小說，巧妙顛覆了西方敘事的慣例與架構。在日本，若貓開口說話、魚從天而降[15]，你不會深究原因，而是坦然接受，彷彿一切本該如此。

或許我對日本的理解仍難免流於表面，就如同某些人僅因造訪過泰姬瑪哈陵、讀過薩曼·魯西迪（Salman Rushdie）的小說、愛上印度瑪薩拉香料雞，便自詡熟知印度文化一般——這類浮光掠影的認知，總令我不以為然。但無論如何，我對日本文化的「不落俗套」始終抱持極高的期待與標準。

對我而言，Masa是一個陌生的存在，也未曾有像華特·艾薩克森（Walter Isaacson）那樣的傳記作家深入挖掘過他的生平。在他為數不多的媒體曝光中，有一篇刊登於《哈佛商業評論》的訪談引起了我的注意。■[1]「Masa坦率地承認，**活在未來總有代價相循**。他說道，世人都認為他太「瘋狂」，但他以此為榮，並希望作為「那個押注未來的狂人」而被世人銘記。

Masa所談的「瘋狂」究竟為何？矽谷的英雄們雖能突破技術、領導創新，為世界帶來電動車與可重複使用的火箭，但有時卻也讓自己淪為笑柄。而另一類人如亞當·紐曼[16]和伊莉莎白·霍姆斯[17]，則展現出另一種扭曲現實的領導能力，恰如他們慣穿的黑色T恤和高領毛衣，充滿神秘魅力卻又陰暗。

但Masa似乎並不關心政治或生活方式的選擇，而是全心投入於事業與目標。雖然「願景家」一詞在現代經常被濫用，但對Masa而言，這樣的稱號無疑是實至名歸。他預見了他所謂

「資訊革命」的重大趨勢，認為這場革命將超越工業革命，成為歷經數十年的轉型力量。軟銀公司最初以軟體經銷業務起家，順勢搭上了一九八〇年代的個人電腦革命浪潮。隨後，公司進行了兩次成功的自我改造：先是在一九九〇年代抓住更為強大的網際網路浪潮；接著在二十一世紀初，又迎來智慧型手機的全面興起。在Web 1.0時代，透過桌上型電腦存取的網頁僅具瀏覽功能（read-only），到了Web 2.0時代則推動了行動裝置上的無縫互動（seamless interactivity），讓使用者能流暢地交流和協作。Masa早早便看到了這兩波浪潮的潛力，他果斷投資了雅虎和日本沃達豐，並且大獲成功。

但究竟是什麼驅動著他？媒體似乎樂於接受刻板而老套的敘事，即Masa異於常人的動力

15 貓開口說話、魚從天而降是日本超現實主義文學與民間傳說中常見的奇異現象。村上春樹的小說《海邊的卡夫卡》中，貓能與人交談，而魚與水母從天而降，這些事件雖毫無科學解釋，卻是故事世界的自然現象。作者提到貓開口說話、魚從天而降，充分體現了日本文化對非理性與神秘性的包容，這種態度也與作者自身態度轉變相呼應，反映出作者對日本文化的接受與理解。

16 亞當・紐曼（Adam Neumann，一九七九～）是以色列裔美籍創業家，WeWork共同創辦人暨前執行長。他於二〇一〇年與米格爾・麥凱維（Miguel McKelvey）共同創立WeWork，並將其打造為全球知名的共享辦公空間品牌。WeWork曾迅速擴張，市值一度高達四百七十億美元。二〇一九年該公司計劃上市，由於財務問題、管理風格及紐曼的奢侈行為而遭到投資人質疑，導致IPO失敗，最終被迫辭職。他的故事也被改編為影集《新創玩家》（WeCrashed）。

17 伊莉莎白・霍姆斯（Elizabeth Holmes，一九八四～）是Theranos的創辦人兼執行長。Theranos成立於二〇〇三年，聲稱研發出能透過少量血液進行快速、低成本、多項檢測的微量血液檢測技術，一度使霍姆斯成為全球最年輕的女性白手起家億萬富豪。然而，二〇一五年《華爾街日報》踢爆Theranos的技術造假，隨後美國監管機構與聯邦調查局介入調查。二〇二二年，霍姆斯遭到法院判決四項電信詐欺和共謀罪，被判處十一年三個月監禁，成為美國創業史上最轟動的企業詐欺案件之一。她的故事被改編為書籍《惡血》（Bad Blood）與影集《新創大騙局》（The Dropout）。

主要源於他作為韓國移民之子的貧困童年。身為移民，我深知慾望是強大的驅動力。然而，世界往往將逆境與突破性成功之間的因果關係描述的過於浪漫。尼采那句「凡殺不死我的，必使我更強大」的陳腔濫調，其實並非總是奏效。麥爾坎・葛拉威爾（Malcolm Gladwell）在《異數》（Outliers）一書中曾提到「必要性的困難」[18]這個概念，但這種觀點往往會落入倖存者偏差的邏輯陷阱。我們常聽到那些克服童年創傷、最終創業成功或成為國家元首的勵志故事，但卻忽略了那些一生默默無聞、甚至命運乖違的孤兒和閱讀障礙者的經歷。

軟銀網站上的企業願景是「讓人人都幸福」，■[2]這句話聽來就像是迪士尼樂園廣告牌上的老套標語，如此普通到甚至不覺得矯情。**這種理想主義是 Masa 的動力來源嗎？對一個科技億萬富翁而言，何謂幸福？家庭、金錢，還是十億位元的寬頻？**

如果在華爾街或倫敦金融城，這個提問可能會引來過度偏激的回應，但此處可是貓會說話和天降甘魚的國度。

■

「倪凱跟我說你十分聰明。」Masa 微笑說道，並邀我在他的餐桌對面入座。

雖然他的語氣十分有禮，但這句話一半是陳述、一半是質疑，像是暗示我必須證明自己的能力。

「倪凱過獎了，」我同樣笑著回應。

議程已經確立，在這頓一小時的午餐裡，我必須向這位各界公認的天才證明自己是「聰明人」。倪凱已經替我鋪好路，接下來就看我如何發揮了。

我們的午餐安排在上午11點，對我來說這個時間有些過早，但這是Masa的習慣。幸運的是，我的航班準時抵達，而Masa其中一位助理文子小姐為我安排了接送車輛，直接送我到東京康萊德飯店。

東京擁有許多世界級的飯店，例如：安縵或許就是全球各大城市當中最棒的飯店之一，但康萊德有一項無可比擬的優勢，就是它與軟銀辦公室位於同一棟大樓。如同許多頂級東京酒店，康萊德的接待櫃檯也設在高樓層，位於28樓，擁有挑高的雙層大廳。

軟銀辦公室有獨立的出入口。上午10點45分，我準時在一樓大廳見到了文子小姐。她身材修長而優雅，穿著印花連身裙和高跟鞋，臉上帶著和煦的笑容。她帶領我走向一部專為Masa

18 必要性的困難（desirable difficulty）的概念，指的是某些挑戰或障礙雖然短期內令人困擾，但長期來看能促進個人成長與成功。葛拉威爾在書中引用閱讀障礙為例，提及學習困難可能促使個體發展出更強的應變能力與解決問題的技巧。例如：打贏微軟反托拉斯案官司的律師大衛・波伊（David Boies）因閱讀障礙而懂得更專心聆聽，細心覺察，而練就了雄辯的口才。

和他的客人準備的電梯，一位穿著卡其色制服、戴著滑稽紅色郵差帽的保全人員正幫忙開著電梯門。

電梯上樓時，我注意到最高樓層是26樓。既然康萊德飯店的接待櫃檯位於28樓，那27樓呢？也許是村上春樹式的平行宇宙？我問了文子小姐。她微微一笑，帶著那種日本人難以理解外國人行為時的典型神情。

「我不清楚，」她用輕快的語調回答。

我避免與陌生人交談是有原因的，他們似乎總覺得我很奇怪。

電梯抵達26樓時，一名普通商務打扮（深色西裝、白襯衫、紅領帶）的年輕男子站在電梯外。他鞠躬並燦爛地微笑著，恭迎我走出電梯。

「歡迎來到軟銀，薩瑪先生，」他說。「我是田中，希望您的旅途一切安好。」

這位充滿活力的田中先生是Masa的幕僚長。他走起路來，不像在行走，反倒像在輕快地蹦跳。引導我前往Masa餐廳的路上，他一路不斷鞠躬，與身邊的每個人打招呼。抵達餐廳後，他請我脫鞋稍等，向我保證Masa很快就到。

他離開前，我向他詢問27樓到哪裡去了，他的笑容消失了，接著吸了一口氣，很明顯的「嘶」了一聲，同時用手揉著自己的頭。

「很抱歉，我不知道，薩瑪先生。」

Masa的私人餐廳眺望著風景如畫的濱離宮恩賜庭園，遠處是東京灣。下方是水景與綠地，抬頭可見藍天，如此的組合總是令人賞心悅目。

餐廳佔了整個樓層的三分之一，大部分空間都用來打造精美的傳統日式庭園，所有盆栽都是藝術品，這些景觀全都成為這場超現實的用餐體驗中，不可或缺的精華。面向室內庭院的露天涼亭展示了Masa珍貴的日本書法收藏，我後來才得知這些藏品價值不斐。餐桌是傳統的下沉式被爐座位（horigotatsu），想必是為了我們這些肢體僵硬、無法盤腿而坐的外國人所設計。

Masa像新幹線一樣準時在上午11點現身。我出於敬意，誠摯地向他鞠躬。要知道，與巴菲特共進一頓私人午餐，可是曾經在慈善拍賣中賣出了一千九百萬美元的天價呢。

我在倪凱婚禮上曾遠遠見過Masa，但這次近距離接觸讓我注意到了他的舉止和穿著。五十多歲的他精神抖擻，走起路來彷彿是拖著腳步移動，而非行走，雙腳幾乎未離地。儘管室內溫度設定在令人略感悶熱的攝氏二十五度（華氏七十七度），他仍穿著一件栗紅色的喀什米爾毛衣，外搭棕色羊毛西裝外套（這確實需要一段時間適應。在這樣的溫度下，我們通常穿著T恤，但他卻經常披著橄欖綠的優衣庫滑雪外套）。相較之下，我則是全副的正式服裝，以典型的高管形象準備迎戰，還穿了一件陳舊但帶有法式袖口並繡著姓名縮寫的襯衫，似乎略顯浮誇。在腎上腺素和咖啡因的共同作用下，我感覺自己體溫逐漸升高。於是，我禮貌地向Masa請求允許脫下西裝外套，隨後便將它放在自己身邊的墊子上。

我們入座後，雙腿自然地伸入桌下。Masa邀我坐在背對著開放式室內庭院的座位，而他則坐在我的對面，背後是大片玻璃窗。這樣的安排其實有違東北亞傳統的待客之道，通常主人會讓自己暴露在潛在的突襲風險中，而非客人。但對我來說，這完全沒問題，我既不感到被怠慢，也不擔心會被忍者攻擊。

Masa的貼身侍者加藤先生突然現身，他一身黑西裝、白襯衫，搭配細領帶，整體服裝俐落而優雅。他的舉止如行雲流水，彷彿是小說家佩勒姆．格倫維爾．伍德豪斯爵士（Sir Pelham Grenville Wodehouse）筆下的管家吉福斯（Jeeves），不過是更簡約的日式風格。或許，加藤先生在空閒時也會閱讀斯賓諾莎[19]的哲學著作？他向我鞠了一個躬，右手握著一瓶已開封的麗絲玲白酒（Riesling），為我倒了一杯，隨即用流利的英語詢問我是否想品嚐紅酒，同時展示了左手掌心中一瓶未開封的勃根地紅酒——羅曼尼康蒂酒莊（Domaine de la Romanee-Conti）出品的拉塔希特級園紅酒（La Tâche）。

我從未品嚐過拉塔希紅酒，這種每瓶要價超過五千美元的佳釀，即使對於那些最浮誇的費用報銷帳戶來說，仍是難以企及的奢侈。但此刻的場合顯然不適合放縱，所以我婉拒了，選擇與Masa一樣，品嚐一小杯精緻而清爽的麗絲玲（Riesling）即可。

加藤先生悄然退出，他的應對進退宛如一場完美執行的秘密行動。

「昨晚我和薩帝亞共進晚餐。」Masa微笑著說。

薩帝亞？我猜是納德拉（Satya Nadella）。

這是用來破冰的話題，但從Masa的語氣聽來，像是我每週末都會和這位微軟執行長打橋牌似的。

「真的，薩帝亞非常了不起！」我立刻熱情地回應。我其實從未見過他，也沒一起打過橋牌，但如果Masa認為我和薩帝亞・納德拉是好友，那也無妨。我也並未說謊——「Satya」在梵文中的意思是「真話」，如果談薩帝亞時撒謊，就顯得格外諷刺了。我在全國廣播公司商業頻道（CNBC）上看過他，他對微軟的領導確實非常出色。

Masa滿臉笑容，認同薩帝亞的卓越能力顯然為我的可信度加了分。

「謝謝你遠道而來，希望你的旅途還愉快。」Masa親切說道。

「孫先生，謝謝您抽空見我，我十分榮幸。」我說著，他禮貌地點了點頭。我接著向他

19 巴魯赫・斯賓諾莎（Baruch Spinoza，一六三二～一六七七）是荷蘭黃金時代的哲學家，亦是理性主義與泛神論的重要代表。生於阿姆斯特丹的猶太社群，但因其對傳統宗教教義的批判性見解，一六五六年遭猶太會堂驅逐。其著作《倫理學》（Ethica）主張「上帝即自然」（Deus sive Natura），挑戰了傳統神學觀。斯賓諾莎獨特的哲學觀影響深遠，啟發了德國唯心論、現代無神論，並在政治哲學與心理學領域留下重要遺產。

概述了自己的背景，重點敘述了我在一九九〇年代末和二〇〇〇年代歷經電信和科技景氣循環的專業經歷。既然Masa格外注重電信產業，我便特別強調了自己協助中國聯通（China Unicom）上市、推動韓國電信（Korea Telecom）民營化，以及在亞洲和歐洲收購及出售電信公司的經驗。

「孫先生，大家都很欽佩您早年從事網路投資的成就。當時您如何看待網際網路？如果可以重頭來過，您會有不同做法嗎？」我問道，試圖引導他開口。

加藤先生再度出現，端上了四道菜中的第一道。首先是一碗清湯，接著上了一道義大利麵，主菜是鱸魚，甜點則是微甜的果凍。每道菜的分量恰到好處，食材新鮮，醬汁清淡，調味細膩而精緻。

「希望你吃得還習慣，」他說道，「我剛換了新的義大利主廚。」

加藤先生輕聲離開後，Masa回答我的問題。

「網路商業模式對我來說，理論上就是有無限觸及且變動成本趨近於零的平台，」他說道，並再次強調：「**無限觸及和零變動成本**。」

他的話簡潔俐落地描述了網路的顛覆力量。

過去二十年裡，最成功的科技企業多半都是投入成本極低的「平台」，透過促進用戶間的互動來創造巨大價值。這類商業模式通常具有強大的「網路效應」（network effects）。隨著參與人數增加，平台對所有用戶的價值也隨之提升。軟銀後來投資的優步正是一個經典案例。隨著司機數量增加，乘客的等待時間縮短，乘車選擇更多，進而吸引了更多乘客，而更多乘客又帶來更多司機，形成典型的「網路效應」或「自我強化飛輪」[20]。此種商業模式還有另一特徵，就是「贏者多拿」（winner take most）」，原因是當平台發展到一定階段，根基變得無比穩固，競爭對手就幾乎無法撼動其地位。

「我老早就預見到這一點，也知道我們必須積極投資，這是千載難逢的機會，」他繼續說道。「我唯一的遺憾就是自己當年的資金不夠多，無法投資更多。」

嗯，這就像伊卡洛斯[21]希望自己能飛得離太陽更近。

二〇〇〇年二月，軟銀正值巔峰，市值接近二千億美元。然而，隨著網路泡沫化，軟銀股價和Masa的個人淨資產暴跌了95%。如此驚人的財富損失也讓他登上了《金氏世界紀錄大全》■[3]，成為史上財富蒸發最多的人，帳面財產損失高達五百九十億美元，此記錄維持了二十多

20 係指一個系統或過程在初期需要投入大量努力啟動，但一旦達到臨界點後，就能透過內部的正向回饋機制持續加速成長。此一概念與吉姆・柯林斯（Jim Collins）在《從A到A+》（Good to Great）中所提出的「飛輪效應（Flywheel Effect）」相關。

21 伊卡洛斯（Icarus）是希臘神話中的人物，工匠戴達羅斯（Daedalus）之子。據神話記載，戴達羅斯為了帶伊卡洛斯逃離克里特島，製作了一對以蠟和羽毛製成的翅膀，並警告他不可飛得過高，以免蠟因太陽熔化，也不可飛得過低，以免海水弄濕羽毛。然而，伊卡洛斯無視勸告，沉浸於飛行的喜悅，最終飛向太陽，蠟融化後墜落於愛琴海中的伊卡里亞海（Icarian Sea）。

年，直到二〇二二年被伊隆．馬斯克（Elon Musk）打破——不過他也在六個月內恢復了大部分財富。無論有意或無意，任何正常人都會因錯失套現獲利的時機而深感後悔。但對Masa來說，「正常」才是最殘酷的侮辱。

「我曾想在亞馬遜公開上市前投資它，」他說。「我見過傑夫．貝佐斯（Jeff Bezos），我們幾乎快要成交了，我想以三億美元的估價投資一億美元，但我的團隊告訴我，我們沒有那麼多錢，」他帶著一絲遺憾的微笑說。「你能想像嗎？我們本可以買下亞馬遜近20％的股份！」

我搖了搖頭，驚嘆於原本可能成真的情況。在二〇二四年，若持股20％的亞馬遜，價值將超過三千六百億美元，相當於哥倫比亞的國內生產毛額（GDP）。**但如果Masa當時真的買下了亞馬遜20％的股份，他還會投資阿里巴巴嗎？**於是，我向他詢問我心中的疑問。

「你知道嗎，我從未想過這個問題。我不認為傑夫會讓我得逞。現在我突然覺得有點安慰！」他大笑著說，笑到眼睛都瞇成一直線了。

「孫先生，那次網路泡沫化讓您幾乎失去了所有財富，而您當時的心情如何？」我接著問道。

他又笑了，這次他向後靠著椅子，雙手揮向空中。「你知道嗎？當我成為世上最有錢的人時，整天都在煩惱該如何花錢，壓力太大了。結果市場幫我解決了這個問題，我就什麼都不用再擔心，因為錢全沒了！」

「沒錯，Masa，」我附和，語氣小心謹慎但略帶一絲幽默，對他的稱呼也從正式的「孫先生」變成更隨意的「Masa」——或許是酒精的影響。「不過您沒有失去一切，還是個億萬富翁啊！」

我們倆放聲大笑。

「沒錯，沒錯，我知道，阿洛。但我從不擔心錢的事情，也許這就是為何人們會認為我是瘋子。小時候，我一無所有，但我依然很快樂。就算失去一切，我仍然很快樂。」

他停頓了一下，補充道：「我的目標是讓大家都幸福，沒人應該難過，我希望科技能為所有人帶來幸福。」

Masa開始談起他最新的計劃，這次的確是名副其實的「寵物」專案——沛博機器人（Pepper the robot）。這是一款配備「情感引擎」的人形機器人，專為陪伴日本的年長者而設計。在這個高齡化嚴重且自殺率居全球之冠的國家，這樣的計劃顯得格外有意義。

我不禁回想起在大廳裡看到的幾幅巨型海報，宣傳著一個看起來像是《星際大戰》中R2-D2與C-3PO混合體的機器人。**我家的黃金獵犬愛麗也有絕佳的「情感引擎」，而且牠溫暖、毛茸茸且討人喜愛。一台冰冷的金屬機器真的能與之相比嗎？**無論如何，Masa似乎對這個「幸福事業」相當認真。雖然我從未聽他談及宗教，但他對科技的信仰堪比傳教士的熱忱，讓人印象深刻。

雅虎在二〇〇〇年的巔峰時期，軟銀的持股價值一度超過三百億美元。然而，雅虎管理層一連串的策略失誤（包括在二〇〇一年錯失以一百萬美元收購谷歌的機會），以及網路估值暴跌，使得這個曾經最具價值的虛擬不動產大幅貶值。最終，軟銀以遠低於高峰時期的估值賣出持股。如今，阿里巴巴在九月首次公開募股後，軟銀所持有的股份價值高達七百億美元，但這同樣引發了外界對類似問題的擔憂。

「Masa，您有考慮賣出阿里巴巴的持股嗎？」我問。

他那令人放鬆警戒的微笑消失了。

「**我永遠不會賣掉阿里巴巴**，」他斬釘截鐵地說。「這是世上最好的投資。你知道，他們在中國擁有八成以上的市佔率，每年成長超過25%。八成市佔率！這是一家多了不起的公司，真的了不起。任何認為我應該賣的人都是笨蛋。他們不懂，簡直愚蠢。」

我下意識地點了點頭，但心中不禁懷疑，是否應該同意與自己觀點相左的看法。Masa是否對阿里巴巴產生了永恆的愛戀？若是如此，希望他別忘了阿里巴巴和其他新興的科技公司一樣，不可能永遠保持在現有的巔峰狀態。而且，還要考慮專制且反覆無常的中國政府所帶來的潛在監管風險。

進行投資決策，需要像《星艦迷航記》中的「史巴克」（Mr. Spock）一樣，冷靜且不帶感情。然而，Masa 顯然對阿里巴巴抱有一種喜愛與崇敬交織的危險情感。也許他在二〇〇〇年對雅虎也是相同態度。如果真是如此的話，他在雅虎巔峰期未出售股份而導致將近二百億美元的機會成本損失，似乎也不曾影響他的思考模式。而這正是倪凱希望我加入團隊的原因。薩米爾也認為，他們需要「像我這樣的人」，我的摩根士丹利背景能從傳統企業融資的視角，為團隊提供冷靜且理性的財務判斷。

談到 Masa 的經典事蹟時，鮮少提及二〇〇六年收購日本沃達豐（Vodafone Japan）的交易，但這筆交易堪稱他的代表作之一，有點像巴布迪倫那首極其出色卻莫名被忽略的《盲眼威利．麥克泰爾》（Blind Willie McTell）。許多人認為，Masa 在二〇〇一年市場崩盤後之所以能復出，完全歸功於阿里巴巴。儘管阿里巴巴的投資大獲成功，但對於當時財富媲美比爾．蓋茲（Bill Gates）的 Masa 來說，那只是一次中等規模的賭注。此外，他對阿里巴巴的投資決策主要基於馬雲那「高瞻遠矚的目光」，以及連結西方企業與中國供應商的計劃不夠明確。相比之下，日本沃達豐的收購是在軟銀岌岌可危之時完成的，這需要**明確的願景、非凡的膽識、無懈可擊的執行力和大量現金**。

為了切入正題，我想到Masa熱愛高爾夫球，於是接著問他是否熟悉維傑．辛（Vijay Singh）。這位來自斐濟的高爾夫球手出身貧寒，卻在老虎．伍茲（Tiger Woods）的巔峰時期成為世界第一。

「當然，」Masa回道。「他非常厲害，是數一數二的好手。」

我告訴他，倪凱和我曾經與維傑．辛共度了一個長週末。那時我問維傑，與伍茲正面對決的壓力感覺如何，他經常與伍茲交手，而且時常獲勝。

「阿洛，我在斐濟的高爾夫球練習場當職業球員時，為了謀生，與遊客對賭一洞贏一百美元，但當時我口袋裡其實只有二十美元，這才是壓力。」維傑笑著說，當時我們在帕洛奧圖的史丹佛大學高爾夫球場邊走邊聊。

「Masa，」我說，「而您收購沃達豐的交易類似，就像維傑口袋裡只有二十美元，卻大膽下注一百美元一樣！」

Masa臉上綻放出燦爛的笑容，他那雙銳利的黑眼炯炯有神，並用手指朝我指了指。

「你說得一點都沒錯！正是如此！」他說。「這的確很瘋狂，但你知道，有時候，想贏就得瘋狂一點。你覺得瘋子和聰明人對打時，誰會勝出？永遠是瘋子贏！永遠都是！」

他以意味深長的語氣說著，我並不完全明白他的意思，但提出質疑有些失禮，所以只是禮貌地笑著點了點頭。

接著，他講了一個關於史蒂夫．賈伯斯的故事，這顯然是他最愛的故事之一，他在接受彭博電視台的查理．羅斯（Charlie Rose）採訪時也曾提及。■[4] 二〇〇五年，距離第一代iPhone發表的一年多前，Masa繪製了一張粗糙的草圖，內容是一款類似於iPod的手持裝置，並帶著這張草圖去見賈伯斯，要求獲得蘋果未來「智慧型手機」的日本獨家經銷權。據Masa回憶，賈伯斯當時一臉困惑，認為這幅草圖太醜，甚至嘲笑了Masa的設計美學。**當時的軟銀並未擁有電信公司，而蘋果也尚未推出手機產品，他們能簽什麼協議呢？**但Masa一再堅持，最後賈伯斯妥協了，對他說：「你真是個瘋子，但我欣賞你。」於是賈伯斯承諾，當Masa擁有電信公司且蘋果推出智慧型手機產品時，將授予他日本的獨家經銷權。

「賈伯斯就像達文西一樣，不僅是科技專家，還是藝術家。他是我的好友，我很難過他離開了。」

我們一起默哀，悼念這位已故的天才。比起賈伯斯，我本想提的是矽谷更多人崇拜的蘋果共同創辦人史帝夫．沃茲尼克（Steve Wozniak），因為沃茲尼克是程式設計師，但那樣顯得有些小氣。賈伯斯雖有種種缺點，但他確實是極少數左右腦平衡發展的天才。蘋果對科技文化的影響既源於其完美的設計，也由於其卓越的技術。

「賈伯斯認為我是個瘋子，」他接著說。「大家也都說我瘋了。沃達豐認為我瘋到骨子裡，甚至願意借錢給我，讓我從他們手中買下公司，」他笑著說。「但我知道iPhone會改變一切。我證明他們都錯了。」

Masa憑著賈伯斯的一次握手承諾，便果斷地押下一百五十四億美元收購日本沃達豐——幾乎是當時市值萎縮的軟銀價值的四倍。[5]他用了90%的槓桿來收購一家用戶大量流失且現金流困難的公司，其中還包括來自沃達豐融資的四十六億美元。[6]賈伯斯信守承諾，智慧型手機改變了世界，而軟銀則靠著在日本獨家販售iPhone，實現了投資史上最偉大的逆轉勝。二〇一九年日本沃達豐公開上市時，Masa最初約二十億美元的股本投資，價值已飆升至近四百二十億美元。[7]

我向Masa總結了我與倪凱在紐約開會時的一些重點。針對是否應該買下夢工廠或投資《蝙蝠俠》系列的疑慮，進一步討論似乎意義不大。反之，我詳細闡述了Masa可以如何規劃一系列的交易，讓軟銀在蓬勃發展的墨西哥電信市場開創有利可圖的業務模式。

他笑得闔不攏嘴，眼角皺紋加深，他那熟悉的手指再次朝我指了指。此刻，他散發出溫暖，甚至還帶著幾分尊敬。

「阿洛！你真聰明，太聰明了！現在我明白為何倪凱如此看重你。」

我並未說出特別有洞見或原創的想法，但或許我讓 Masa 感覺我理解他的天才之處。而我還讓他開懷大笑。

這時，Masa 另一位助理清輝小姐走了進來，她戴著亮色的設計師眼鏡，我後來對這種個人風格也逐漸熟悉。比起熱情洋溢的文子小姐，清輝小姐顯得冷淡些。要讓她露出笑容是一大挑戰，加上她的英語能力有限，讓這件事更難上加難。不過，她掌控著 Masa 的行程，贏得她的好感至關重要。

清輝小姐如同加藤先生般來去無聲，她的任務是遞上一張神秘的黃色空白便利貼。這是 Masa 事先安排好的提示，和許多執行長的習慣類似，表示會議已接近尾聲。

我刻意避開了關於職位或薪酬的話題，這些都是次要的。我想更深入了解孫正義這個人，而我也喜歡自己親眼見識一切。他既富有魅力，又幽默風趣，毫無疑問通過了我的「機場測試」。但不僅如此，他似乎執著於追求讓全人類幸福的宏大願景，而他也在人性層面與我建立了真實聯繫。當他微笑看著我時，那感覺就像《大亨小傳》中，尼克・卡拉威（Nick Carraway）初次遇見蓋茨比，他以我希望的方式理解我，並讓我感到他對我的印象正是我想傳達的。若再配上幾杯拉塔希紅酒，相信必定能保證人人都幸福（或至少愉快）。

「希望你能加入我們的大家庭。」我們起身時，Masa 這麼說。我相信他是認真的。

「我知道我能幫您實現願景，孫先生，希望您能給我這個機會。」我回道。

Masa親自送我到電梯，田中先生已在那裡等候。他臉上的興奮之情幾乎難以掩飾。

「薩瑪先生，我去了一趟康萊德飯店並找出答案了。27樓和28樓已經合併，這棟大樓其實沒有27樓。」他自豪地笑著說。

果然沒有平行宇宙，只有挑高的接待大廳。

Masa看著田中先生的表情，彷彿他說的是多斯拉克語[22]。田中先生顯得有些尷尬，低聲解釋著。Masa帶著禮貌但困惑地聽著，而我則趁機悄然退場。

我背對著他們走進電梯，進入電梯後輕鬆地轉身，隨意向他們揮手道別。尷尬的是，我驚訝地看到Masa和田中先生都雙手放在大腿上，正式地深深一鞠躬。我急忙想調整姿勢回禮，但為時已晚，電梯門已經緩緩關上。

22 多斯拉克語（Dothraki language）是作家喬治・R・R・馬丁（George R.R. Martin）的奇幻小說系列《冰與火之歌》（A Song of Ice and Fire）和電視劇《權力遊戲》（Game of Thrones）裡所使用的虛構語言。作者意指孫正義以為他們在用他不懂的外語交談。

|05|
無邊無際的草莓田

有些人一開始走錯了路，而我則是一開始就坐錯了位子。

數週後，我又回到了東京。據倪凱所言，我與Masa的午餐進展順利。Masa通常將人分為三類：**愚蠢**、**聰明和瘋狂**，最後一類是他為自己和寥寥無幾的人數所保留的終極榮耀。由於瘋狂是難以企及的目標，聰明則是同樣高標，我假設至少我證明了自己並不是個完全的笨蛋。

我和倪凱每月逐漸例行地飛往東京：倪凱會從美國西岸飛往東京，而我則在週一早晨搭乘英航BA007航班，從倫敦希斯洛機場出發，於週二上午八點抵達東京羽田機場。隨後，我會入住康萊德飯店，稍作整理後便直奔Masa位於汐留的26樓會議室報到。

這間精心設計的木質牆面會議室與Masa的餐廳平行，理論上能欣賞到同樣令人驚嘆的景色，但百葉窗總是緊閉。Masa習慣以視覺方式呈現資訊，他偏好使用圖表和投影片輔助討論，以確保焦點集中。也因此，光線和窗外的景色可能成為干擾。

我的目光被一幅顆粒感十足的黑白照片吸引，這張照片正對著會議桌首的位置，也就是

Masa一貫的座位。那是一幅真人大小的肖像照，照片中是一位穿著寬鬆和服、神情嚴肅的男子。他的存在彷彿主宰了整個空間，沒有任何外部干擾。後退的髮線暗示此人已屆中年，但我後來得知他在三十一歲時便已去世。和服上的雙重家徽和腰間佩戴的匕首，透露著他顯然是個行動派人物。或許，他是武士？若是如此，從他簡陋的衣著和樸素的鞋履看來，位階應該不算太高。

不過，他的右手隱藏在和服的衣襟底下，這姿勢看起來似曾相識，讓我聯想到世界另一端的皇家戰士——拿破崙・波拿巴（Napoleon Bonaparte）。肖像畫中的拿破崙經常將右手插入外衣縫裡，此動作長久以來一直是歷史學家爭論和研究的主題。有人認為這手勢象徵著與貴族相關的「紳士風度」，也有人提出更普通的解釋，例如：可能是衣料引起的癢感。此外還有一些說法認為，這是為了掩蓋變形的右手，或用來緩解慢性胃痛。

仔細端詳這幅照片時，我腦海中浮現了另一個我喜愛的偶像。我想像這名武士頭戴牛仔帽，嘴角叼著一根手捲煙，散發出慵懶而隨性的氣質。接著他的和服被斗篷取代，右手輕放在柯特１８５１六發左輪手槍的銀蛇握柄上，《黃昏三鏢客》（The Good, the Bad and the Ugly）的經典主題曲旋律在我的耳邊響起。忽然之間我明白了。無論是橫跨數世紀或各大洲，武士、拿破崙與金髮牛仔之所以擺出相同姿勢，原因無他：這樣看起來酷到爆。

在日本商業文化中，階級制度和禮節佔據了至高無上的地位，這一點在會議的座位安排上尤其明顯。我的首次會議便印證了這一點。當時，我與倪凱一同抵達，卻不經意地坐到與他正對面的位置，緊鄰著端坐於長桌窄邊的 Masa。

Masa 透過老花眼鏡望向我，眉毛微微揚起。

「羅納會坐那裡，」他說，同時指著我的座位。

我頓時感到無地自容，趕緊挪到旁邊一個座位。Masa 滿意地點了點頭。顯然，他兩側的座位專屬於他的左右手——倪凱和首席顧問費雪。基本上，與 Masa 的物理距離反映了你在他心中的地位。每個人都注意到了這一點，並謹記在心。

我急於轉移話題，便詢問了 Masa 關於那幅照片的事。

好奇心成了我的救贖。Masa 看著我，寬容地笑了笑。

「那是坂本龍馬，他是偉人，也是偉大的戰士，」他說。

■

坂本龍馬如同法國名導尚皮耶・梅爾維爾（Jean-Pierre Melville）在電影《午後七點零

七分》（Le Samouraï）中的俊美刺客，是無主的浪人武士。他以勇敢的行動反抗十九世紀強大的德川幕府，反對封建制度，並呼籲日本推動現代化。在一九六六年的暢銷小說《龍馬走天下》（Ryoma on the Move）中，將龍馬描繪成理想主義者和大膽的夢想家，他個性風趣幽默，又有解決問題的能力，這些特質使龍馬成為日本人崇拜的偶像。

Masa體現了所有這些特質，**他的目標大膽創新，有時甚至近乎荒謬，經常帶有理想主義色彩**，投資具有情感的沛博機器人就是一例。作為電信業者，他的目標是擁有十億用戶；作為資產管理者，他則希望管理規模達到一兆美元。如同收購日本沃達豐時一樣，他的目標有時會遠超出自己的資產負債表規模。Masa的幽默極具感染力，常帶著幾分自嘲。有一次，我們準備前往倫敦會見當時的英國首相德蕾莎・梅伊（Theresa May），我事先發了封電子郵件懇請他「降低瘋狂指數」，並以一個笑臉表情符號作結。他回覆我：「但我確實有點瘋啊！」還在結尾多了兩個笑臉符號。Masa不僅是交易高手，更是行動派。他對企業營運也十分執著與專注，堪比馬斯克睡在特斯拉工廠地板上的奮鬥精神，這或許是他最不為人知的一項特質。在一場冗長的斯普林特[23]的「網路會議」中，Masa發現了休斯頓市中心網路的盲點，並提出了解決方案，讓斯普林特的網路團隊顏面盡失。

有一次在印度的高爾夫球活動中，我親眼見識到了Masa對坂本龍馬的執迷程度。我們在德里郊外的DLF高爾夫俱樂部打球。對於高爾夫球手來說，精進裝備是永無止境的追求，每個人都在尋找能讓球從發球處就多飛幾碼的秘密武器。我原以為Masa的一號桿會像電影《追殺比爾》中，烏瑪·舒曼（Uma Thurman）使用的服部半藏刀一樣，帶有神秘色彩。

我問他能否借我看一看。

「這是龍馬的球桿，」他笑著說，邊把球桿遞給我。

果然，這球桿的品牌名稱是龍馬，桿底有個神氣活現的卡通武士圖案。

在第18洞發球處，所有人完成擊球後，我詢問能否試用他的一號桿。我揮桿時，感覺這支球桿略顯輕飄，結果我的擊球距離比第一次開球時短了約15到20碼，不如預期。隨後，Masa興致勃勃地要求試用我的球桿。果然，他的擊球距離比他之前的球都要遠得多。

下一次到東京時，我送了Masa一支全新的卡拉威（Callaway）球桿，與我的一模一樣。數週後，我詢問他用得是否順手。

「我無法用另一支球桿打球，感覺像是背叛了龍馬。」他說。

聽到他略帶羞澀的回答，我們都大笑起來。

23 斯普林特（Sprint Corporation）曾是美國的第四大無線通訊業者，總部位於堪薩斯州歐弗蘭帕克（Overland Park）。該公司最早可追溯至十九世紀的南太平洋鐵路電報公司（Southern Pacific Railroad Internal Network Telecommunications，SPRINT），其名稱「Sprint」即源於此。二〇一三年，軟銀收購斯普林特70%的股份，試圖重振業務。

不僅僅是球桿，軟銀本身也深刻烙印著坂本龍馬的精神。軟銀的品牌商標是看似等號的橫向雙線（＝），象徵軟銀集團擁有解決世界問題的答案。而這個設計靈感，正是源自龍馬創立的貿易公司「海援隊」的旗幟圖案。[1]

Masa喜愛的諸多專案都深受坂本龍馬的精神啟發，帶有理想主義的元素，尤其是軟銀相對低調的替代能源業務。福島核災後，Masa是第一批前往當地勘查的人。他目睹了當地民眾的困境，便向董事會表達了專注於開發替代能源的決心。最終，他與董事會達成折衷協議，成立了隸屬於軟銀集團的軟銀能源公司（SoftBank Energy），其使命是用太陽能取代日本所有核能。之後Masa推論，印度的日照時間是日本的兩倍，建設成本是日本的一半，因此，印度的太陽能發電效率應該是日本的四倍。

儘管實際的計算並非如此簡單，但無論如何，軟銀能源迅速崛起，成為全球數一數二的太陽能發電企業。

由於童年時期頻繁遭遇停電與悶熱夏夜的痛苦回憶，任何與印度能源相關的計劃都特別引起我的興趣。倪凱察覺到這一點，便邀請我加入軟銀能源董事會。我初次參與時，立即被日本太陽能專案的超高股東權益報酬率所震撼到。原本該平淡無奇的個位數報酬，卻因日本金融機構以優惠利率提供90％的槓桿而大幅提升。這種創新的財務手法正是Masa的典型風格。他巧妙地結合財務工程與低成本的中國太陽能板，將原本單調低利潤的專案轉變為利潤豐厚的投資機會，而且不為消費者增加額外負擔。

顯然，不僅科技能讓人人都幸福，槓桿也可以。

■

有一天，Masa、倪凱和我在銀座街頭漫步，看見了日本頂級珍珠珠寶品牌御本木（Mikimoto）的店面，那簡約時尚的美學令人難以抗拒。御本木之於東京，正如蒂芙尼（Tiffany）之於紐約。

店門外，數以百萬計的彩色水晶片精心排列成框，環繞著兩層樓高的巨大玻璃窗；店內則懸掛著一盞圓形吊燈，明亮如金星，四周被珍珠串所環繞，散發出奢華典雅的氣息。

我們走了進去。

這是我首次與Masa一同在汐留總部之外的公共場所現身。我們當天並無特別計劃，只是午餐後隨意的散步。這是倪凱的主意，Masa 雖然猶豫，但勉為其難地同意了。當我們走近銀座擁擠的人行道時，我瞬間理解了他的顧慮——各種指點、低聲耳語、竊笑和智慧型手機偶爾的快門聲交織著，Masa 的崇拜者在東京街頭逐漸熱絡起來（田中先生後來告訴我，Masa 在日本的推特粉絲數甚至超過了當時的首相安倍晉三）。我猜想，除了 Masa 罕見的公開亮相之外，兩位棕膚色的外國人陪伴在側，想必也引發了額外的關注與新鮮感。

在御本木店內，店員服務著三三兩兩的顧客。而我們則漫無目的地閒逛，直到 Masa 轉向我們。

「你們應該買點東西給太座，」他微笑著說。

我原本想解釋瑪雅對昂貴飾品沒有興趣，但忍住了，畢竟我和 Masa 僅限於正式的僱傭關係，算不上有私交。倪凱開始與銷售人員交談時，一位高大、英俊的日本男士突然現身，彷彿聚光燈打在他身上一般。他身穿剪裁合身的黑色西裝搭配高領毛衣。**東京人經常悄然無息地出現，是經過什麼秘密訓練嗎？**他畢恭畢敬地向 Masa 鞠了個躬，然後簡單向我們點頭致意，隨後禮貌地用雙手遞上名片。他自我介紹為店長，並站至櫃檯後方。

接著，他用流利的日語與 Masa 交談，我猜內容不外乎「孫先生，感謝您大駕光臨」之類的客套話。隨後，他轉而用無可挑剔的英語對我們說：

「各位是我們的貴賓，不論購買任何商品，我們都很樂意為您提供20％的折扣。」

御本木的商品屬於炫耀財，就像愛馬仕的柏金包一樣，它們的價格彈性是負數，也就是價格越高，越吸引人。然而，這家店卻選擇為世上最不在意價格的顧客提供折扣，這其中的矛盾真是令人印象深刻。但這其實無關乎金錢，而是經典品牌御本木向另一位日本經典人物致敬的表現。

■

東京的高級餐廳通常只容納十來名客人，這似乎是頂級主廚能夠服務對象的極限。餐廳的裝潢通常採極簡風格，牆壁潔白無瑕，沒有背景音樂，更沒有無線網路，確保用餐體驗毫無外物干擾，客人也全然沉浸於美食饗宴當中。這些主廚的米其林星數加起來，甚至超過了巴黎同業，他們不僅是匠人，更是表演家。

一位壽司界的名廚告訴我，他每天早上四點就會到東京築地市場參加拍賣，確保他的鮪魚來自對的船長，也就是使用正確的技術捕撈、處理和保存。我問他為何幾乎沒看過女性的壽司師傅。我們尷尬的翻譯（有些不情願地）轉述了他直白的回答：「女性的感官在每月某些時候會受到影響，因此無法保證穩定一致的品質。」聽到這番話，我由衷感到不自在。**這人是認真的嗎？**日本人對外國人常抱持著戲謔甚至略微調侃的態度，然而這番話裡似乎隱含了些許令人不適的厭女情節，儘管如此，有一點我從未懷疑——就是他們對魚類的專業態度與無比投入的敬業精神。

參與這些美食之旅的核心成員包括了Masa、倪凱和我。餐廳通常是包場，如果費雪在東京，偶爾也會加入。Masa在日本的密友也會出席，其中包括了迷人的中村先生。他總是坐在Masa的餐桌旁，他的角色對於應對或解決困難事務至為關鍵。中村先生看來像村上春樹短篇故事《沒有女人的男人們》中的一位陰鬱主角，身形瘦削，雙眼警覺，應該五十多歲，但皺紋顯示他的年紀應該更長。我曾問過文子小姐和清輝小姐關於中村先生的事，她們只是含蓄地笑而不答。中村先生的才藝也讓人印象深刻，他的卡拉OK歌唱技巧甚是了得，又是高爾夫球高手，還擅長吹奏小號。

儘管我想與中村先生多親近些，但礙於他有限的英語能力，交流並不容易。不過，當我問他是否喜歡邁爾斯．戴維斯（Miles Davis）時，情況頓時有所轉變。他無法找到適合的英語詞彙來表達自己，於是舉起了雙手，彷彿手裡握著小號。

「塔－拉－拉啊，」他大聲哼著。

〈阿蘭惠斯協奏曲〉（Concierto de Aranjuez）第一句旋律。「《西班牙素描》（Sketches of Spain）！」我驚呼，說的是戴維斯某張專輯名稱，而A面第一首歌便是〈協奏曲〉（Concierto）。

不論我對免稅分割（tax-free spin-offs）有多麼高明的見解，中村先生都未曾有過如此大的反應。我開始向他推薦戴維斯另外兩張專輯《即興精釀》（Bitches Brew）和《泛藍調調》（Kind of Blue），並指出若是熟悉羅德里哥（Rodrigo）的原作，可能會讓人難以欣賞戴維斯版本的《阿蘭惠斯協奏曲》。他點了點頭，但這並未影響他對這首曲目的熱愛。每次見到中村先生，他總會閉上眼睛，用雙手模擬握著小號，深情地哼唱《阿蘭惠斯協奏曲》的開場旋律：「塔－拉－拉啊。」

另一位經常出席的夥伴是軟銀外部法律顧問肯恩．西格爾（Ken Siegel）。他是美國美富律師事務所（Morrison Foerster）的資深合夥律師。美富的英文縮寫不幸地正好是「MoFo」（即英文粗話「Motherfucker」的縮寫）。肯恩年過六十，大半職涯都在東京度過。他精通日語，並為自己開闢了有利可圖的利基市場，成為Masa的首選美國律師。肯恩精明能幹、活力充沛且非常認真，他作為律師的一絲不苟，正好與我對細節的執著不謀而合。我們成為了一支高效的交易執行團隊，透過電子郵件交流，並在此過程中結為好友。

肯恩是日本文化愛好者，我從他身上獲益良多。東京儘管是世界上最擁擠的城市之一，但在新冠疫情期間卻維持了極低的確診率。當全球對此現象感到困惑不解時，我想起了肯恩的觀察——在東京，除了個人物品以外，一個人也許一整天都無需觸碰任何東西。我親自試驗了一下，發現確實如此：我只觸碰了自己的衣物、免洗筷和幾款不可或缺的蘋果產品。自動門、預設的電梯、鞠躬代替握手、先進的智慧馬桶座等，一切都恰如其分地發揮著應有的作用。日本令人羨慕的長壽數據或許證明了，比起折磨人的冷凍療法（cryotherapy）和斷食，安靜的環境與盡可能降低細菌含量才是更容易長壽的可行之道。

■

晚餐時，我們的談話通常聚焦於當日的交易，但有時倪凱會帶頭發起一些輕鬆的遊戲。比如，每人寫下自己喜歡的動物，將紙條摺好放成一堆，然後由某人唸出動物名稱，大家需要猜測誰寫了什麼動物。我對這類遊戲並不熱衷，因為在我看來，想不讓人猜到的壓力往往勝過了內心的真實想法。而倪凱和我就像一對老夫老妻，總能迅速指認出對方的答案。有一次，當紙條上寫著「獨角獸」（矽谷對估值超過十億美元的新創企業的俗稱）時，倪凱立刻指著我說：

「典型的阿洛，總是喜歡賣弄聰明。」他說得一點都沒錯。

當輪到寫下「最愛企業家」這個主題時，我原以為 Masa 肯定會選擇那位生來就是要重新定義「瘋狂」的男人——伊隆．馬斯克。然而出乎意料的是，他卻選了一位謹慎低調的金融工程師，此人更熱衷於追蹤股票，而非探索太空火箭推進器。他寫的正是詭計多端的媒體交易高手約翰．馬龍（John Malone），人稱「有線電視牛仔」（cable cowboy）」。Masa 的選擇耐人尋味，既反映了他對金融煉金術的深厚興趣，也為他後來嘗試推動一樁大型併購案埋下了伏筆。

我們經常獲邀到 Masa 家做客。每次去，幾乎只會見到加藤先生和他的助理阿久賀先生。Masa 的家品味卓越，每塊石頭、每件裝置和藝術品，無一不是 Masa 親自挑選（出於對他隱私的尊重，我不能詳述更多）。我們在 Masa 的書房裡度過了許多愉快的時光，其中最有趣的莫過於乒乓球對戰。倪凱擊敗 Masa 時，Masa 甚至請來了前日本奧運選手來指導他，但無論這位教練教了什麼，都無法破解倪凱那詭譎異常的左手上旋球。最終，Masa 只能靠擊敗我來稍稍釋懷，但我毫不在意。對我來說，光是參與其中就已令人滿足。

我們的聚會通常在晚上八點前結束，但接踵而至的電子郵件顯示，Masa 的腦袋直至深夜都仍在高速運轉。對他來說，睡覺似乎是一種奢侈，畢竟凌晨三點的靈光乍現怎能輕易錯過？唯一一次晚餐拖過八點，是我首次受邀到 Masa 家做客。晚飯後，我們坐在他的陽臺上，俯瞰他那片位於東京市中心花木繁茂且井然有序的花園。Masa 以沉穩的語調向我闡述了支撐他眾多交易的核心原則。

「**奇點即將到來**。」這是他反覆強調的理念，他堅信通用人工智慧（Artificial General Intelligence）將成為全新認知工業革命的驅動力量。

二〇二三年一月，聊天生成型預訓練變換模型（ChatGPT）在短短兩個月內達到了一億活躍用戶的註冊人數，速度超越了臉書、Instagram、抖音、思播或網飛。然而，早在十年前，Masa 就已熱烈談論過這些話題，當時的我聽著，只是認真地點頭，禮貌微笑，然後將鼻子埋進鬱金香形狀的酒杯中，細細品味拉塔希紅酒散發出的勃根地礦石香氣。

當時，我將「奇點」與不適用物理定律的黑洞聯想在一起。為了更了解 Masa 的想法，我閱讀了雷・庫茲威爾（Ray Kurzweil）的《奇點臨近》（The Singularity Is Near）一書。庫茲威爾闡述了加速變化的數學力量及其對機器智慧的影響。隨著運算成本日益低廉，生成、傳輸和儲存數據的成本下降，精密的機器學習演算法能不斷地訓練和「學習」，最終在處理能力和各種認知功能上超越人類大腦。而此一突破性的轉折點就是所謂的「奇點」，也是馮紐曼在一九五〇年代預測的狀態，那時的電腦僅能解決基本的算術問題，而全世界的數位儲存容量甚至不足以容納這本書。

馬斯克等人認為，奇點會對人類存亡構成威脅。他以負責採草莓且能自我修正的人工智慧機器人為例，人工智慧可能會越來越高效，不斷種植和採收草莓，直到地球整片土地都變成了草莓田。■[2]

無邊無際的草莓田似乎沒那麼嚇人。如果我是馬斯克，可能會用《2001：太空漫遊》裡那台殺人如麻的超級電腦「哈兒9000」（HAL 9000）來舉例。不過，馬斯克已經想出了應變計劃，那就是殖民火星。他的策略是在火星兩極引爆核彈，藉此複製地球的溫暖氣候，進而創造大氣溫室效應，■[3]連帶讓奧本海默（Oppenheimer）飽受折磨的靈魂獲得救贖，讓他成為毗濕奴（Vishnu）的另一種化身——不再是主掌毀滅的濕婆（Shiva），而是掌管創造的梵天（Brahma）。

另一方面，Masa是熱衷於加速人工智慧發展的信徒。當馬斯克的腦機介面計劃[24]致力於實現心靈與機器的融合，以達到對機器的直接控制；Masa則將信念寄託於具有「情緒智慧」（emotional intelligence）的人形伴侶機器人，例如：友善的沛博機器人。

■

從早期作為網際網路投資人開始，「時光機」的概念就一直是Masa投資理念的核心。這一概念並不像赫伯特·喬治·威爾斯（Herbert George Wells）的科幻小說或愛因斯坦討論的時間旅行，而是指將美國已證明成功的科技商業模式移植到其他市場，並根據當地情況適度調整。例如，亞馬遜啟發了他支持印度電商平台快購（Snapdeal）、Flipkart，以及韓國電商平台酷澎（Coupang）；優步則是支持中國的滴滴出行（DiDi）、印度奧拉計程車（Ola）和東南亞Grab的範本。然而，無論對軟銀或其他公司而言，這種「時光機」模式甚少能反向操作——這可說是對舊金山灣區這個星系的致敬，而史丹佛大學則是此星系的太陽。

Masa小時候，父母在東京經營咖啡館，但生意一度慘淡。直到Masa說服父親提供免費咖啡，局面才開始扭轉。這個策略非常成功，顧客為了免費咖啡而來，但通常會順便購買價格較高的蛋糕或可頌麵包。此種做法是商學院典型的「犧牲打」（loss leader）策略，竟然出自一名十歲孩子的想法，實在令人刮目相看。不過，此策略並非在所有地方都適用——比如在印度，大家可能只會興高采烈地拿走免費飲品後迅速離開，毫無其他消費。

除了達到了交叉銷售（cross-selling）的效益，此種策略也成功地促進了顧客的忠誠度養成。越來越多訪客逐漸成為固定消費的客群，其中產生的收益遠遠超過了促銷的前期成本。後來幾年，從印度的班加羅爾到美國的巴爾的摩，消費者享受著軟銀的慷慨回饋，例如：免費乘車或免費餐飲。某種程度上，這份慷慨可追溯至Masa年少時從咖啡館經歷獲得的啟發。

著名創投家雷德．霍夫曼（Reid Hoffman）在其同名書籍中將這種「不惜代價成長」的策略稱為「閃電擴張」（blitzscaling）。其核心目標是迅速取得市場主導地位，並隨之掌握定價權：一旦達成，就能啟動強大的利潤引擎。對Masa而言，這意味著全力追求80%的市佔率，這個比例正是關鍵的「逃逸速度」（Escape Velocity）門檻。一旦突破，企業便能晉升為市場的價格制定者，享有極大的競爭優勢。

閃電擴張對於亞馬遜、臉書和阿里巴巴等平台模式成效卓著，但用在經濟規模偏向局部且缺乏網路效應的企業時，卻效果有限。這個慘痛的教訓，Masa也將親身領略。

24 腦機介面計劃（Neuralink）是馬斯克於二〇一六年成立的腦機介面研究公司，致力於開發能直接連接人腦與電腦的植入式腦機介面技術。Neuralink的主要目標包括幫助治療大腦或神經疾病（如癱瘓和阿茲海默症），建立人類與人工智慧共生關係，最終實現人類「超智慧」。

除了失敗的領土擴張野心與虛構的民族優越感，二戰時的軸心國成員德國與日本還有另一個共同點——對於集體裸體的特殊愛好。在歐洲德語區滑雪度假村的溫泉，我曾見過一些我寧願從未見過的裸體，也不得不在我想避開的人身邊赤身裸體。而在日本，打完高爾夫球後的浴場亦是類似的挑戰。

在一個悶熱的八月早晨，軟銀集團財務長後藤芳光在讀賣高爾夫俱樂部擔任我們的司儀。和藹可親且永遠打扮正式的後藤先生和我志趣相投，我們每週都會交流，討論 Masa 最新的想法。後藤先生在我們的會議中總會使用翻譯，但我堅稱他的英語比他想像中要好，這成了我們私下的笑話。我最終離開軟銀時，後藤先生鄭重地告訴我，我是他「最要好的非日本朋友」。

這一天，由 Masa、倪凱、後藤先生和我組成了軟銀隊，與對手瑞穗隊展開了一場高爾夫球賽。瑞穗銀行（Mizuho）是軟銀財務上最忠實的支持者，近期更是主導了一筆一百九十億美元的融資，促成了斯普林特的收購計劃。

令人驚訝的是，我被安排與 Masa 以及瑞穗兩位高層代表同組進行四人球賽，其中包括了身材高䠷、彬彬有禮的瑞穗金融集團總裁暨執行長佐藤康博。瑞穗金融集團同時也是瑞穗銀行的控股公司，而瑞穗銀行執行長則是我們的第四名成員。按常理，倪凱應該參加這場比賽，但這次調換顯然不是偶然，而是倪凱有意大方禮讓。

我有些期待加藤先生會像《007：金手指》中那位戴圓頂禮帽的啞僕一樣，為Masa擔任球僮。但我們的球僮全是女性，這在東北亞地區很常見。她們打扮得有如養蜂人一般，身穿寬鬆的淺綠色外套，搭配同色長褲，衣褲塞進靴子裡，頭戴鴨舌帽，但帽緣包裹著一圈白色頭巾，頭巾固定於頸部，只露出眼睛和額頭。看著她們的裝扮，我低頭看了看自己裸露的手臂，心中不禁一陣不安，輕撫了一下自己曝曬中的脖子。

我們的球袋被放上了無人駕駛的高爾夫球車，修剪整齊的草坪兩旁設有車道，這些球車像蜈蚣一樣沿著車道緩緩移動。身穿多層防曬衣物的球僮意外地靈活無比，在球車間輕盈穿梭，準確地將球桿遞給我們。場上不提供碼數，只提供球桿，幾洞過後你就會明白，自己的角色僅限於揮桿，而場上那些鼓勵、歡呼或責備的聲音，全是球僮分內的職責。

九洞結束後，我們停下來，但不是為了休息或喝飲料，而是一頓精心準備的中式午餐，當然，還有熟悉的拉塔希紅酒，而且一如既往地，由加藤先生為我們提供。

Masa打出了精彩的73桿，他原本有機會達成69桿的佳績，只可惜幾次推桿就像金融市場一樣頑固，拒絕順從他的意志。我全力以赴，最終還是輸給Masa六桿。至於來自瑞穗的對手，他們的表現雖不如人意，但根據這種應酬性質的高爾夫球比賽，一貫的傳統顯然是樂見我們不僅獲勝，還如此享受整場過程。畢竟，我們總共打出了五個小鳥球[25]（三個由Masa完成，兩個由我完成），而整場比賽的氛圍則完美呼應了東京那始終如一的主題——人人幸福，皆大歡喜。

比賽結束，晚餐之前，迎來的便是先前提及的例行活動。浴場沒有傳統的淋浴間或隔間，而是一大間寬敞的房間，裡面散落著一些高約一英尺的木凳，赤裸的球員們坐在凳子上，毛巾隨意搭在肩膀，手持蓮蓬頭用力地清洗自己。我和倪凱也加入了這場儀式，小心翼翼地坐在相鄰的凳子上。我們裸著身體，內心感到不自在又好奇。我們迫不得已地參與了這場特殊的異國文化體驗，默默觀察著如此矛盾的景象——在各方面總是拘謹有禮的日本人，卻在如此私密的行為時顯得坦然無比。

佐藤先生在我們附近，悠然自得地清洗著自己的身體。他一邊洗著，一邊用日語與Masa交談——兩名王者之間赤裸裸的對話，竟是如此自然又微妙。此刻，他忽然轉向了我。

「阿洛，你認識傑米．戴蒙嗎？」他問道。

顯然，作為Masa的高爾夫球搭檔賦予了我一層光環，暗示著我和這位華爾街之王存在某種交情。倪凱精心安排的禮讓為我「贏了面子」，這比任何華麗的肩章、頭銜甚至裸體本身，都更令人印象深刻。

我一開始或許坐錯了位子，但即便光著屁股坐在木凳上，仍覺得自己身在一個好位置。

25 小鳥球（Birdie）是高爾夫術語，指球員在單一洞中的擊球數比標準桿少一桿。據說在一八九九年，高爾夫球手亞伯納・史密斯（Abner Smith）在美國大西洋城高爾夫俱樂部（Atlantic City Country Club）擊出低於標準桿的成績後，稱此為「a bird of a shot」（一記精彩擊球），自此小鳥球成為流行用語。

|06| 臉書時間

在和倪凱共用的辦公室裡，我俯視著日漸熟悉的東京灣景色。我當天一早剛從倫敦抵達，下午時分正處於飯後昏昏欲睡的狀態，這時我的iPhone和iPad同時震動，把我從午后的昏沉中拉回現實。

一封來自清輝小姐的郵件，附有行事曆邀請，內文寫道：「Masa想邀請您今晚六點共進晚餐。」

幾秒鐘後，倪凱來到我辦公桌旁，問我今晚是否有空，然後說是要與馬克．祖克柏（Mark Zuckerberg）共進晚餐。

每位造訪東京的科技名人，都會將軟銀辦公室的26樓視為必訪之地。此處就像藝術家造訪法國吉維尼時，必定會拜訪莫內的會所；抑或是法西斯主義者在造訪羅馬時，這裡便是與墨索里尼共進下午茶的地方。

紐哈芬此時是凌晨一點，以大學生的標準來說，還不算太晚。在臉書剛出現的時候，薩米爾曾在《耶魯日報》上發表過一篇文章，敦促耶魯學生放棄社群媒體。我完全忽視了其中的諷刺，反倒在臉書上分享了這篇文章；我不曉得有多少朋友被說服，不過倒是得到了不少人按讚。

我打開了 WhatsApp 聊天室，對象是薩米爾。

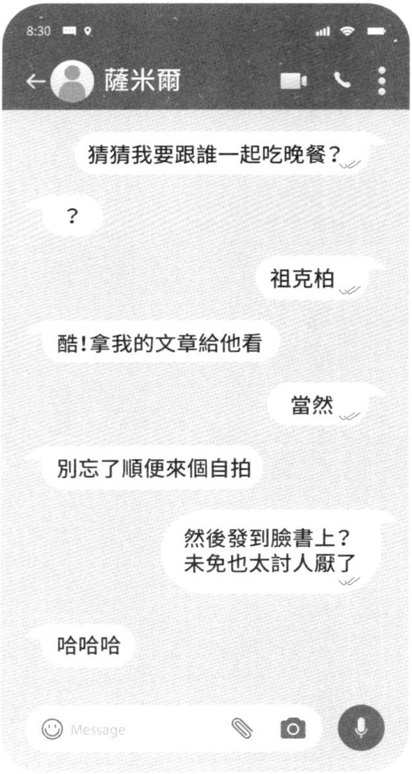
8:30
薩米爾
猜猜我要跟誰一起吃晚餐？
?
祖克柏
酷！拿我的文章給他看
當然
別忘了順便來個自拍
然後發到臉書上？
未免也太討人厭了
哈哈哈
Message

我對祖克柏的印象主要來自電影《社群網戰》。換言之，我原以為會見到一個傲慢、陰鬱且內向的自閉型天才。對許多有社群成癮問題的人而言，祖克柏有如「邪惡博士」，只是少了幾分搞笑。對我而言，他更像是巴布迪倫筆下的「丑角」（Jokerman），一個操弄群眾、扭曲夢想的大師。

■

Masa的餐廳在夜晚與午間時一樣迷人。一側是以照明點綴的室內日本庭院，另一側則是東京灣閃爍的漁火，為用餐空間增添了超現實的對比之美。

祖克柏走進來時，他的挺拔姿態、靜默或貴族氣質？讓人感覺自己彷彿面對的是羅馬皇帝。也許這並非偶然，據說他非常崇拜奧古斯都（Augustus Caesar），甚至還將二女兒命名為奧谷絲（August）。祖克柏的裝扮一如既往，身穿義大利精品名牌布魯奈羅・庫奇內利（Brunello Cucinelli）的灰色合身T恤和藍色牛仔褲——又是另一位衣著簡樸的王者。他提倡簡化衣櫥，「不浪費時間在無關緊要的決定上」，卻未提及我們應該如何利用省下來的寶貴時間——也許是整理臉書個人資料？或編排Instagram的內容？若祖克柏的主張是刻意為之，恐怕連古羅馬哲學家西塞羅也會對這莫大的矛盾鼓掌。

祖克柏由當時臉書企業開發部門主管丹・羅斯（Dan Rose）陪同，倪凱似乎認識他。

我們彼此寒暄，顯然，《社群網戰》對祖克柏的描述不太公平，甚至有些誇大不實。抑或是這一路以來他確實成長許多。祖克柏一點也不陰鬱，雙方自我介紹後，他問起我的背景。他深邃的黑眼直視著我，展現出一種政治家的特質，讓人在那一刻感覺到自己是世上最重要的人。這讓我想起了二〇〇一年一月在博卡拉頓（Boca Raton）一場摩根士丹利的活動上，我唯一一次與前總統柯林頓（Bill Clinton）的會面機會。如同柯林頓，你明知道祖克柏對你的關注只是假象，但你依然心甘情願買單。他是能自在地做自己的人，儘管年齡只有Masa的一半，卻能不卑不亢地與他對話，令人印象深刻。**如果祖克柏曾接受過高階主管的訓練，我真希望能得到這位教練的聯絡方式**。

Masa邀請祖克柏坐在他對面，這次換成Masa自己背對庭院的開放區域。不無道理，畢竟「邪惡博士」的敵人眾多。倪凱和我則坐在Masa的兩側。

加藤先生出現了。他跪坐在桌子一端，手裡拿著一台iPad mini。我眨了眨眼想確定自己沒看錯，他身旁還有個分身，手裡也拿著iPad mini。他們倆像拿著歌本準備重唱的男高音。仔細端詳，加藤先生的同伴留著瀟灑的小鬍子，隱隱約約散發著一點邪氣。若說加藤先生讀的是斯賓諾莎，那他的助理看來會更愛讀愛倫．坡。

「加藤先生會念出每道菜的名稱，」Masa解釋道，「所有的菜都盛裝在小碗裡。如果各位想嚐嚐哪道菜，只需舉手即可。大家盡情享用，不過通常六至七道應該就足夠了。」

於是，一場大家逐漸熟練且趣味十足的餐前儀式就此展開。加藤先生念出每一道菜的名稱，臉上的笑容幾乎掩飾不住，顯然心知自己正在進行一場表演。每當有人舉手示意時，加藤先生的助理阿久賀先生便會在手持裝置上記錄，從未出錯。

晚餐以日式和中式佳餚為主。肥美的鮪魚總是炙手可熱，但對我而言，最讓人渴望且垂涎三尺的，是北海道的海膽，搭配著壽司飯。柔和的甜鹹味在口中交錯，伴隨著複雜而深邃的鮮味，柔嫩的口感更是入口即化——每一口都美味到讓我閉上眼睛仔細回味。

我研究過Masa與臉書的歷史。Masa在二〇〇九年時就想投資臉書，但被俄裔美籍企業家尤里．米爾納（Yuri Milner）捷足先登。米爾納本身是投資界的風雲人物，他要祖克柏自行開價，最終以估值一百億美元向臉書直接注資二億美元，對於當時仍盈利甚微的臉書而言，這是一筆頗高的投資。■[1] 同時，米爾納還以六十五億美元的折扣估值（discounted valuation）從員工手中買進了額外一億美元的股權（許多創投都採用這種方式來降低平均進場價格）。更令人意外的是，米爾納將他新股份的表決權分配給祖克柏。儘管這筆交易稀釋了祖克柏的所有權，但卻增強了他在臉書交易後的控制權。

作為破冰，Masa 提到他與祖克柏的這段往事。

「馬克，我一直很後悔當時沒投資臉書。我真是太笨了，」Masa 說道。「你打造了一家如此出色的企業。」

對一個年輕人，Masa 說話卻如此畢恭畢敬，的確有些出人意料。若以偏激的角度來看，也許是因為三十歲的祖克柏已經比 Masa 更富有。然而，原因並非僅是財富的差距，孫正義向來對企業家懷有敬意，而即使我對社群媒體仍抱持著高度質疑，也無法否認祖克柏在資訊革命中的先鋒地位。

「謝謝，孫先生。我們也同樣感到失望。我們非常希望您成為股東，那將會是我們的榮幸，」祖克柏以同樣正式的語氣回應。

「不過我記得，您當時認為估值太高了？」他接著問道。

「是！我當時覺得一百億美元太高了！」Masa 搖著頭說。「但尤里很聰明，他真是優秀的投資人，非常聰明。」

然後，Masa 轉向倪凱和我，補充道：「你們要學著點，我們絕不能再犯同樣的錯誤。」他邊說邊揮手指強調。

倪凱和我認真地點了點頭。

對Masa來說，錯過臉書的投資機會對他產生了深遠影響——原本估值一百億美元的臉書，到了二〇二一年已成長至一兆美元。此次教訓也顯示出，**對於科技的投資，不夠激進可能會付出高昂代價**。因此，當抖音的中國母公司字節跳動（ByteDance）出現時，Masa的指示非常明確——不論價格，能投多少是多少，即便估值高達看似荒謬的七百五十億美元■[2]（他的直覺再次證明是對的，抖音的互動率後來超越了臉書、Instagram和Snap，在Z世代中的搜尋量甚至超越了谷歌）。

兩年後，當我在尤里位於洛斯阿爾托斯（Los Altos）的家中泳池邊與他共進午餐時，問起了他投資臉書的事。他謙虛地回應：「對，這看來可能很勇敢。但我比Masa多了一項優勢，我當時已經在俄羅斯經營社群網路了。」尤里研究了其他國家的用戶接受度以及獲利模式，讓他能更準確地預測臉書的價值。尤里在我們的對話中還分享了一個深刻觀察，進一步彰顯了他雖身為局外人，卻能在矽谷的競爭中擊敗業內人士的實力和洞察力。當我問起他如何看待Masa對人工智慧的執著時，這位前物理學家給出了預言般的回應。他認為，微軟和谷歌將掌握人工智慧創造的大部分價值（在這場大企業轉型的驚人「大象之舞」中，「科技七雄」[26]的市值在二〇二二年十一月ChatGPT推出後，數個月內增加了四兆多美元）。

加藤先生再次出現，這次手裡拿著一瓶酒——羅曼尼康帝紅酒（Romanée-Conti），來自羅曼尼康帝酒莊的旗艦葡萄酒，比拉塔希紅酒更上一層樓。這款酒偶爾會出現在蘇富比的拍賣會上，賣價相當於一輛特斯拉。我對葡萄酒的經驗多數來自工作或特定社交場合，但有時候，葡萄酒本身就足以構成一場社交活動。令人意外的是，這瓶名酒並未引起在場其他人的注意。我對加藤先生微笑致意，他沉著地點了點頭，表示認可。

在不受預算限制的情況下，飲料的選擇往往能透露出許多個人特質。矽谷新貴通常偏愛酒體飽滿、酒香馥郁的加州卡本內，例如來自嘯鷹酒莊（Screaming Eagle）的佳釀。而孫正義則顯然更偏愛勃根地葡萄酒的精緻，我對此深表贊同，這也恰好反映了孫正義的投資風格。像巴菲特之類的「價值投資人」（Value investor）注重逢低買入，而孫正義是「成長型投資人」（growth investor），不太在意價格。無獨有偶，巴菲特選擇的飲品是櫻桃可樂。

佳餚美酒陸續上桌後，祖克柏開始說了一個故事。

「Masa，這真是一場盛宴，謝謝你的款待，」他開口說。「你們有人聽說過我正在進行

26 科技七雄（Magnificent Seven）是華爾街投資界對七家市值最高、影響力最大的科技企業的統稱，包括微軟、蘋果、亞馬遜、Meta、Alphabet、特斯拉和輝達。

的挑戰嗎？」

他環顧四周，看到眾人一臉茫然。我依稀記得讀過他的某些挑戰，例如：每天打領帶或學習中文等。

「是這樣的，我每年都會為自己設下一個年度挑戰。去年，我決定挑戰只能吃自己親手宰殺的動物，要不然我就吃素。」

這下子事情有意思了。

「我曾在一家餐廳親手殺了一隻雞，那真是一段難忘的經歷，」祖克柏繼續說道。

孫正義帶著禮貌卻又幾分狐疑的神情望著他，倪凱和我則交換了個意味深長的眼神。

「哇，」Masa說道，他的驚嘆聲拉得很長，彷彿在緩慢消化內心的震撼。「你——親手殺了——一隻雞？」他用手指著祖克柏，難以置信地問道。

「然後我還射殺了一頭野牛，」祖克柏繼續說，胸膛驕傲地挺了起來，似乎很享受主人的反應。「我以前從未打獵過，那段經驗真令人印象深刻。我們把肉醃製起來，我吃了好幾個月。但你知道最棒的是什麼嗎？我們把牛頭做成了標本，放在雪莉的辦公室，她可不太高興！」

眾人爆出笑聲，腦海中浮現出雪莉・桑德伯格（Sheryl Sandberg）毫無防備地走進辦公室的情景，那場面不禁讓人聯想到《教父》的經典片段——那顆血淋淋的馬頭。除了祖克柏那如雕刻般固定的微笑，以及他的同事丹那顯得無聊的表情外，其他人都被逗樂了。丹顯然對這個故事早已耳熟能詳，毫無新鮮感。

我望向窗外，酒精使我的感官變得更加敏銳，我滿心期待能看到東京灣下起暴雨。倪凱和我交換了個眼神並搖了搖頭，慶幸能與彼此共享這個時刻。

然而，這些軼事固然有趣，但也發人醒思，這揭示了臉書的兄弟會文化和其「快速行動，打破陳規」的精神。我對兄弟會文化或祖克柏曾加入的哈佛全男子終極俱樂部（final clubs）並無偏見，但我們真的希望像約翰·貝魯西[27]這樣狂放不羈的人物，成為支配全球資訊流通的自封沙皇嗎？

祖克柏強迫自己有所自覺，這份努力似乎值得讚賞。他解釋道：「我認為很多人忘記了，吃肉就代表有個生命必須因你而犧牲，所以我的目標是不讓自己忘記這一點。」這讓我回想起三歲的薩米爾曾試圖說服我，「肉雞」和真正的雞並不一樣。這是幼兒以天真巧妙的方式來合理化食肉行為，幫助他延後面對食肉行為所涉及的道德議題和基本信念上的轉變——接受「動

27　約翰·貝魯西（John Belushi，一九四九～一九八二）是美國喜劇演員、演員及音樂家。貝魯西於一九七五年成為《週六夜現場》的原始班底，憑藉其狂野的能量、即興表演和極具感染力的幽默風格迅速成為節目標誌性人物。他與丹·艾克洛德（Dan Aykroyd）共同創立藍調兄弟（The Blues Brothers）樂團，將音樂與喜劇結合，成功發展成電影與現場表演。儘管事業巔峰，貝魯西因吸毒過量於一九八二年在洛杉磯去世，年僅三十三歲。他被視為美國一九七〇年代反主流文化的幽默代表人物之一。

物的痛苦遠不如人類痛苦重要」的想法。

祖克柏的想法可以理解，但是否真有必要訴諸鳥類的血腥遭遇或美國文化對槍支的異常迷戀？他的行為確實怪異，但總能用馬斯克的話來辯護。馬斯克曾如此問道：「我打造了電動車，還打造火箭送人上火星。難道你會期望我是個普通的正常人嗎？」■[3]祖克柏作為一手打造價值接近北歐國內生產毛額（GDP）的企業創辦人，或許也有相同疑問。然而，**我們在「創新者的偶像崇拜」■[4]中，若順理成章地將創新與異常行為視為必要聯結，後果可能非常危險**。相較之下，Airbnb 創辦人布萊恩・切斯基（Brian Chesky）則提供了強而有力的反例。我與布萊恩後來有過數小時的一對一交流，我發現他除了令人望而生畏的二頭肌外，性格平穩且正常得令人欣慰。

為了回歸正常，祖克柏在二〇二〇年決定放棄年度挑戰，轉而專注於「長期預測」。而臉書的座右銘則變成了「在穩固基礎下快速行動」（Move fast with stable infrastructure），聽來雖然無聊，卻顯得更加成熟，或許也是好事一樁。

你可能會問，那羅曼尼康帝紅酒呢？每一口是否都值得它的高價，讓人驚艷到像梅格・萊恩（Meg Ryan）在《當哈利碰上莎莉》中那場餐廳裡的高潮演出，好喝到令隔壁桌客人立刻對服務生說「也給我來一份和她一樣的」？羅曼尼康帝的確是一款出色的酒，不過，紅酒一旦超過特定價格的門檻後，更多是關乎於收藏價值與地位象徵。然而，Masa並不是一位葡萄酒收藏家，也不是為了彰顯地位。他並不需要取悅我，卻在我們初次見面時就慷慨地提供了一杯羅曼尼康帝酒莊的佳釀。如果只是為了取悅祖克柏，那知名的加州卡本內或波爾多一級酒莊（Bordeaux First Growth）的葡萄酒或許會更有效果。不，Masa只是因為品嚐過羅曼尼康帝後，發自內心地喜歡而已。對他來說，價格不是重點。他唯一一次因為價格（臉書的一百億美元估值）而卻步，成了他心中最大的遺憾，他絕不會容許自己再重蹈覆轍。

|07| 精靈之城

我在紐約發現了時髦的咖啡館，在倫敦學會了英式幽默；但在德里，我回到了自己的原鄉。如同所有無法（而我是不願）捨棄過往的移民，我的過去始終如影隨形，難以割捨。

每次造訪德里，在飛機落地後，映入眼簾的是機場航廈那紅黃棕相間的醜陋地毯，伴隨著刺鼻的消毒水氣味，原本飛行時的近鄉情怯總會被厭惡感取代（很遺憾地，並非所有地毯都能提升空間美感）。緊接而來的是入境時的靈魂拷問：當我被要求表明自己是印度人、外國人、印度裔外國人或印度海外公民時，總是感到無比困惑。畢竟我曾是這些身分中的每一種。

直到某次為了申請簽證，我前往倫敦貝斯沃特路的捷克領事館，在那座平凡無奇的水泥建築物裡遭遇了一場令人受創的經歷後，我才放棄了印度護照。整個過程猶如一場古典交響樂，分為四個樂章：陰雨綿綿之下在外排隊、入內進行安檢、在密閉的會客室裡等待，最後迎來高潮——一位滿臉鬍渣且一臉嚴肅的領事人員主持面試，視我如卡夫卡《變形記》中的糞金龜一般。而我之所以得忍受這一切，只是為了去布拉格度個週末。

這次的試煉成了壓垮駱駝的最後一根稻草——或人在絕望時緊抓不放的那根救命稻草，抑或是致命的一擊。總而言之，我已經受夠了。那場考驗，以及隨後在布拉格參觀卡夫卡故居的經歷，促使我進行了一場蛻變。我放棄了那本藍色印度護照（這是我蓋滿印章的第六本護照），換成了酒紅色的英國護照。護照封面上的金色皇家徽章有如一種象徵，嘲諷著祖先們所受過的壓迫。那一刻，我感覺自己彷彿孟加拉大公，在普拉西戰役中向羅伯·克萊夫俯首稱臣：我殖民了我自己。

因此，我成了持有過期的印度裔外國人卡和有效的印度海外公民卡的外國人？然而，我如何接受自己在德里是「外國人」？每每在世界盃板球賽聽到印度國歌，我依然會熱淚盈眶，這難道不算是一種證明嗎？

就像印度人總能在印度找到應對一切的方法一樣，這次入境時，我也即興發揮了一招「jugaad」（變通之道），為自己創造了新的選項。與Masa同行出差，通常會安排與當地政府首長的會晤，於是我說服自己排在「優先通關」通道。只不過，那裡根本沒人排隊，只有一名孤零零的入境審查人員，而他們奉行的訓練標準似乎是——直接蓋章，不必多問。

我從未見過亞當・紐曼（Adam Neumann），但我早有耳聞。我的前同事德瑞克曾以銀行家典型的誇張語氣描述此人，稱他為顛覆全球不動產的奇才。他滔滔不絕地說道：「阿洛，你一定得見見這個人！這將是繼谷歌之後最受矚目的IPO！」然而，當他解釋WeWork的商業模式時，似乎跟一般辦公空間解決方案供應商雷格斯（Regus）沒有什麼不同，但德瑞克仍執著地強調：「阿洛，這傢伙真的與眾不同。」

印度總理莫迪為推廣印度創業發展，舉辦了「新創印度高峰會」，地點位於德里的科學大樓會議中心，而Masa和亞當都獲邀擔任主講嘉賓。

亞當身高一九五公分左右，宛如德里的地標——加德古塔，氣勢凌駕於眾人之上。他留著一頭深色及肩長髮，五官輪廓分明，如希臘神話中俊美的阿多尼斯，身材結實，幾乎看不見一絲多餘的脂肪。他自信的步伐彷彿時裝週上走秀的模特兒，身穿深藍色無袖高領的「莫迪背心」，搭配飄逸的白色庫塔長袍，為他強大的氣場增添了一絲異國風情。現場約有上千人，但當亞當走上台時，印度大型集會中常見的喧嘩背景聲戛然而止。

亞當自信滿滿地宣稱，他的WeWork企業將能解決印度的住房問題。我的「胡說八道」雷達直接嗡嗡作響。**這種有啤酒暢飲機加桌上足球的大學「兄弟會」式方案，怎麼可能解決印度中產階級的住房困境？**

亞當在茶敘休息時間向Masa做了自我介紹。

「孫先生，您是我的英雄。」亞當果然展現了他無與倫比的社交才華。在這個以耍蛇聞名的國度，他也舌粲蓮花地施展自己的魅力，讓人無法抗拒。

Masa對人的反應很容易辨別。他總是保持禮貌，但如果你沒能給他留下印象，笑容會顯得勉強，眼神接觸也很短暫，對話也顯得生硬。不過，亞當完全吸引了Masa的注意。

當晚，印度電信大亨蘇尼爾．米塔爾（Sunil Mittal）邀請我們共進晚餐。倪凱察覺到Masa有意與亞當進一步接觸，便邀他晚飯後到蘇尼爾家中拜訪。亞當接受了邀請，但忘了蘇尼爾家的地址，也沒有倪凱的聯絡方式。他唯一的線索是透過谷歌搜尋到蘇尼爾家在阿姆麗塔謝爾吉爾路。亞當毫不氣餒，指示司機沿著阿姆麗塔謝爾吉爾路挨家挨戶地停車探訪。

那是寒冷的一月夜晚，季節性的濃霧瀰漫。亞當的司機是身穿制服、戴著頭巾的錫克人，應該對這個區域十分熟悉，但他訓練有素，僅在有人主動交談時才開口。否則，他本可以告訴亞當，這片綠樹成蔭的街區名為「魯琴斯德里」，是印度財富與權力最集中的區域。魯琴斯德里以建築師艾德溫．魯琴斯爵士（Sir Edwin Lutyens）的名字命名，位於一九一一年由英國建造的新帝國首都核心位置。我在距此數英里外的全印度醫科大學的校園裡長大，家父在這所教學醫院任教。我對魯琴斯德里最初的印象，來自於五歲時坐在破舊的校車裡，臉貼著滿是灰塵的車窗，望向這些宏偉的宅邸，對於門口手持卡拉希尼科夫自動步槍巡邏的警衛感到驚訝。當時，阿姆麗塔謝爾吉爾路仍沿用殖民時期的名稱，從前稱為拉滕登路，是以拉滕登子爵命名，讓人回想起印度的殖民歷史。時至今日，一些達官顯要均居住在此地寬敞的國有平房中，而在接壤洛迪花園的三角地帶，則矗立著屬於德里億萬富豪階層的豪宅。

換句話說，此處可不是那種時不時有人敲門擾人清靜的熱鬧街區。多數住宅外都有武裝警衛，他們正用著土製烤爐取暖。一位從黑色賓士現身、穿過濃霧而來的高大黑影，顯然驚擾到他們。但在印度的階級社會中，態度決定一切，而有鑑於殖民歷史的遺毒，白人外國人總是能獲得尊重。來自以色列集體社區 Kibbutz 的亞當終於在晚間十一點前找到了蘇尼爾家，並以他一貫的招呼方式登場，右臂高舉，聲如洪鐘地喊道：「Shalom！」（希伯來語的問候語，意為「平安」。）

幸運的是，晚間十一點對德里的社交晚宴來說相對算早。多數賓客仍聚集在酒吧周圍，喝著約翰走路藍牌威士忌。只有一位例外，Masa 已經返回他的飯店。即便亞當有點失望，他也並未表現出來。而多年來作為他的朋友、知己和導師的蘇尼爾，則熱情地歡迎了亞當。

我不記得當晚提供的龍舌蘭酒是否是亞當最愛的唐胡立歐一九四二，但無論如何，他都一飲而盡，這也成了他開始講笑話的催化劑。

「你知道怎麼對阿拉伯人眨眼嗎？」這位前以色列海軍軍官問道。不等任何人回答，他閉上了左眼，舉起雙手，彷彿在端著一把槍，直接瞄準了其中一位客人。正如佛洛伊德所言，笑話往往洩露了內心深處的禁忌想法。

然而，亞當隨後也對自己的種族開起了類似玩笑，這表明他並非心懷仇恨，只是一個機會均等的冒犯者。對他而言，引人注目才是目的。

■

Masa 要我們邀請亞當參加第二天晚上的軟銀晚宴，地點位於我們下榻的里拉皇宮飯店頂樓的法式餐廳——馬戲團。受邀者主要是軟銀現有和潛在的投資企業創辦人，以及一些政府高官和業界領袖。

其中一位嘉賓是喬第拉迪亞・辛迪亞（Jyotiraditya Scindia），當時是國會議員，後來成為莫迪政府的部長。辛迪亞若生於古代，可能是瓜里爾土邦王公。在英屬印度時期，瓜里爾是五個「禮炮邦」之一：當土邦王公抵達時，會以二十一響禮炮迎接。辛迪亞與另一個禮炮邦巴羅達的公主結婚時，當時的總理莫漢・辛格（Manmohan Singh）還在接待隊伍中耐心地排在我後面。畢業於哈佛與史丹佛的辛迪亞曾是摩根士丹利分析師，我們稱他「賈伊」。他是我在印度最年輕的徒弟，對我向來謙遜有禮，但每當與印度商人或官員會面時，我總被降格為「轎夫」，而他則獲得了極大禮遇，這種情況總讓我哭笑不得，而賈伊對此感到尷尬。

然而，Masa 對辛迪亞王公在場並不怎麼在意，幾乎沒有給賈伊任何關注。那晚，Masa 只和兩人實際進行了互動。

首先是亞當。他們兩人走向餐廳的另一個酒吧，亞當頻頻用手勢強調，偶爾張開雙臂，彷彿在描述數十億平方英尺的共享辦公空間，就像卡爾．沙根（Carl Sagan）談論宇宙中的星體那樣充滿熱情與想像力。Masa 傾身向前，完全被亞當的話語吸引，無視其他賓客羨慕地注視著這位英俊非凡的「gora」（印地語，意指白人）。他們心中或許暗自期盼，自己也能如亞當一般對 Masa 施展魅力。Masa 究竟為何深受亞當吸引？答案在於亞當那股「瘋狂」的氣質——不僅僅是大器，還有超乎尋常的開闊視野和非凡的創意思維。

Masa 把我召喚了過去。**他是否想要聽我對 WeWork 的分析？**我走過去，彎身讓他在我耳邊交代事情。倪凱注意到了，於是加入我們，想知道老闆想要什麼。當我告訴他後，我倆都笑了：原來他只是想要一杯拉塔希紅酒。

當晚的第二個幸運兒是我的友人提米，他和 Masa 前幾天打高爾夫時見過面。提米並非科技專家或企業領袖，只是個性格溫暖直率的好人。Masa 特意邀請他參加這次聚會，並專程讓他坐在自己身邊。整場晚宴中，Masa 時常仰頭大笑，顯得無比放鬆，這是我見過他最自在的一面。

提米填補了 Masa 生命中一個他們彼此都未察覺的空缺。Masa 在商界有不少朋友，像是臺灣鴻海集團創辦人郭台銘（他在中國製造 iPhone，並稱 Masa 為「老闆」），以及甲骨文創辦人賴瑞．艾利森（Larry Ellison）。不過，據我觀察，Masa 與郭台銘的關係主要出於相互敬重，惺惺相惜；而與艾利森的交情則源自艾利森對日本文化的狂熱痴迷。

Masa 身邊圍繞著的人，要不是為他工作，要不就是有所求。提米則是罕見的例外，他既不想賣飛機或名畫給 Masa，也不想謀職。正因如此，他成了 Masa 來印度時「必見名單」的首位。

稍後，我問提米他們聊了些什麼。

「他真的很酷，我們在討論下次打球要比的桿數。他告訴我，真正的男人是不會要求讓分的！」提米笑著說道，「然後他還談到他有多愛他的狗，還有他為他的貴賓犬買的所有名牌用品。他還說阿洛聰明絕頂！」

我拍了拍提米的背，從我小心翼翼保護了一整晚的拉塔希紅酒中倒了一杯給他。

當天的晚宴賓客中，有三名年輕人代表了嶄新的印度，這是我在年少時，整個印度受限於政府沒有效率的「牌照制度」而難以出現的。

他們分別是快購（Snapdeal）共同創辦人庫勒爾・巴爾（Kunal Bahl）和羅希特・班薩爾（Rohit Bansal），以及奧拉計程車公司（Ola Cabs）創辦人巴維什・艾賈瓦爾（Bhavish Aggarwal）。巴爾和班薩爾引領著「印度亞馬遜」的電商業務，而艾賈瓦爾則從事與優步一較高下的共乘業務。軟銀在二〇一四年首度注資這三人的公司時，他們都才不過三十歲出頭。

這些新一代的印度科技企業家幾乎清一色畢業於印度理工學院。孟買的印度理工學院錄取率僅約〇・二五%，門檻比進入哈佛或麻省理工學院還高上二十倍。此外，入學條件完全取決於極為嚴苛的入學考試成績，無關乎家世背景或優秀的運動成績。有別於我在美國接觸過的高等教育精英，當我遇到印度理工學院的畢業生時，便深知自己既無法在聰明才智上超越他們，也難以在努力程度上勝過他們。

若是在過去的時代，巴維什、庫勒爾和羅希特可能會追隨谷歌執行長桑德爾・皮蔡（Sundar Pichai）和微軟執行長薩帝亞・納德拉的腳步，離開印度前往矽谷。然而，他們現在選擇留在印度，或像庫勒爾那樣，從海外回到印度。這一切都得歸功於新的機遇。這股浪潮始於二十一世紀初的「世界是平的」現象，當時勞動市場外包或轉移至印度成為新趨勢。隨後，網際網路和智慧型手機興起，進一步帶動了此趨勢的發展。新興市場具有「跳躍式成長」的機會，使其能跳過傳統基礎建設的限制，直接採用新的科技平台，例如：亞馬遜和優步。印度與美國不同，沒有組織化的零售產業，沒有沃爾瑪，也沒有以購物商場為中心的消費文化；擁車率不高，大眾運輸系統也相對落後。因此，印度更容易迅速轉向電子商務和共乘經濟模式，讓Masa的「時光機」管理得以施展。

這些由軟銀資助的年輕印度企業家深知這一點，正如亞馬遜的傑夫·貝佐斯和優步的崔維斯·卡拉尼克（Travis Kalanick）一樣。軟銀的支持讓這群本土冠軍得以與貝佐斯和卡拉尼克等美國巨頭抗衡，也讓Masa和倪凱在印度享有偶像般的地位。特別是Masa承諾十年內投資至少一百億美元之後，更登上了各大頭條新聞。

■

許多科技公司在搶攻市場時，會不計盈虧地採用「閃電擴張」法，奧拉和快購都是其中的有趣案例。

對於新創企業來說，雖然營收是負數並不罕見。但奧拉的營運方式卻是以負營收為主，更像是慈善機構，而非傳統企業。他們支付給司機的補助或提供給乘客的促銷優惠，經常會超過收取的車資。優步也採用了類似策略。因此，印度消費者不僅可以免費搭車，有時甚至搭車、訂餐或購物還能賺錢。在這場「燒錢競賽」中，奧拉和優步每月燒掉高達三千萬美元，競相看誰會先耗盡資金。

有趣的是，大家一邊抱怨優步剝削司機，不提供福利，或利用動態定價等手段「哄抬價格」，但當時的共乘經濟模式其實是一場大規模的財富轉移過程，資金從投資人流向司機和乘客。公司透過補貼司機和提供促銷優惠吸引乘客，實際上是將投資人的資金用於支持營運，讓司機和乘客成為主要受益者，而非企業本身直接獲利。事實上，優步的核心業務要實現獲利，就必須淘汰司機或大幅調漲車資，但這樣一來，就失去相較於傳統計程車服務的價格優勢。在此期間，優步的未來發展取決於能否超越共乘服務，轉型為「萬物皆送」的服務，或成為「一站式應用程式」，提供餐飲外送或支付等其他服務（二〇二三年，優步終於實現了這一點）。

至於快購，市場的競爭格局因本地對手Flipkart崛起而變得更複雜。Flipkart的背後金主是來自紐約的老虎全球管理公司（Tiger Global），這家公司可能是唯一在規模和膽識上能與軟銀匹敵的科技投資公司。此外，亞馬遜也決心不讓印度市場落入本地玩家之手，避免重蹈在中國拱手將市場讓給阿里巴巴的覆轍。

以相對高單價的三星 Galaxy 智慧型手機為例，其在 Flipkart 應用程式或網站上的售價約五百美元。Flipkart 是「市集型」的電商平台，即賣家可以在上面開設出售各種商品的虛擬商店。其商業模式是向賣家收取佣金，例如：以售價五百美元的 Galaxy 手機來說，佣金為 5％或二十五美元。五百美元的售價為「網站成交金額」，而二十五美元則是 Flipkart 的實際收入，扣除成本（技術、薪資等其他開支）後的剩餘金額即為利潤，通常可視為現金流。按照傳統企業財務的觀點，現金流才是評估一家公司價值的**唯**一關鍵，如同華頓商學院的克努特森教授所言：「現金流就是你可以拿來買啤酒的錢。」

然而，無論是 Flipkart，還是印度或國際級的線上電商平台，私募投資人估值的方式都不是以現金流、利潤，甚至營收，而是以**網站成交金額**。此種估值方式催生出了畸形的獎勵機制，企業透過「購買」網站成交金額來提升估值。比方說，你可以用四百美元的折扣價出售數千台 Galaxy 智慧型手機，不收取任何佣金，每筆交易損失一百美元。整體燒錢無數，但投資人卻因為網站成交金額的提升而賦予企業更高的估值！

這些看似「無腦」的促銷背後，目的都是透過擴大市場覆蓋率，達到用戶大規模採用，然後啟動獲利引擎。而這正是亞馬遜的策略。當貝佐斯被問及能否拼出「profit」（利潤）的英文時，他回答：「當然！p-r-o-p-h-e-t（prophet是先知之意，與profit同音）。」[1]（**這種「變得無敵、規則不再管用」的誘人玩法，認為企業能壯大到足以凌駕於遊戲規則之上，對亞馬遜和這類科技巨頭來說，一直運作得相當成功。**何況，傳統反壟斷法主要聚焦於對消費者價格的影響，但卻難以對亞馬遜的顧客價值主張提出異議。此外，亞馬遜也有各種變通方式，例如：為其平台上的第三方賣家設定交易條件。）

然而，你如何評估一家負營收的「企業」？這就像試圖為夢想貼上標價一樣。在這種情況下，我過去的財務訓練，猶如用射飛鏢來準備參加環法自行車賽——毫無用武之地。

至於軟銀對奧拉計程車公司的投資，則是深夜在康萊德飯店大廳酒吧敲定的。巴維什主張其公司估值為六億美元，並引用了上一輪估值以及該公司長久以來的成就。我則以二．五億美元的估值還價，指出他的論點主要基於「博傻理論」[28]，並且忽略了上一輪投資人認為奧拉會以現在的速度成長。巴維什不出所料地回應：「其他人願意出更高的價格。」我們笑了笑，碰了杯，握手後以折衷的價格達成協議，正好落在Masa和倪凱指示的估值範圍。

一九九九年的網路泡沫，我曾目睹金融市場因偏離基本面而導致的慘痛後果，當時的企業估值主要基於「吸睛數」（衡量網站流量的粗略標準），而非實際利潤。不過，以早期的科技投資而言，進場估值的重要性相對較低。如果共乘服務真如Masa所預期的那樣具顛覆性，那無論奧拉的估值是二．五億美元還是五億美元，都不影響其長期的絕對報酬（奧拉在二〇二三年的估值已超過三十五億美元[2]）。我的出價是基於當前計程車市場的規模，但Masa則是放眼更長遠的未來：一個人們不再需要私家車的世界。每次在這類協商中，我都會深吸一口氣，然後提醒自己，Masa曾錯過臉書一百億美元估值的投資機會，請努力抓住每一次可能的良機。

後來，這項投資出現了一個耐人尋味的發展，事後回想也顯得合情合理。軟銀投資奧拉計程車時，其競爭對手TaxiForSure被迫將業務出售給奧拉。他們別無選擇，畢竟，當敵人是由「瘋子」資助的奧拉時，誰還願意繼續投資TaxiForSure呢？Masa曾問過的那句：「瘋子和聰明人對打時，誰會勝出？」他並非只是隨口說說而已，這是高明的競爭策略，同時也是一道陷阱題：**所謂的瘋子，往往是那個最聰明的人**。

■

庫勒爾、羅希特和巴維什等低調的印度新創企業家，與高調的亞當．紐曼，可說是天差地

28 博傻理論（greater fool theory）是指資產的價格通常是來自於人們的預期心態所決定，當人們預期該資產在未來能以更高價格出售時，則該資產就會變貴，反之亦然。也就是價格取決於買家的心態而非資產本身。

別。這幾名優秀的印度青年個性腳踏實地，並為自己的中產階級出身感到驕傲。當倪凱和我陪同庫勒爾與羅希特前往杭州與阿里巴巴管理團隊開會時，他們選擇入住三星級的假日飯店，並合住一間房。有別於亞當，他們對衝浪或龍舌蘭酒毫無興趣；雖然他們多半是素食者，但不會刻意宣揚「吃素的美德」，也不熱衷於談論什麼獨角獸夢想。他們只是單純地希望透過科技解決問題，並默默耕耘，然後致力於擊敗像亞馬遜的貝佐斯和優步的卡拉尼克這樣的對手。

我始終為這些「平易近人、正常的夥伴」加油，支持他們與美國資本主義最招搖、最具挑戰性的代表人物一較高下。

■

一如全國廣播公司商業頻道的報導，幾週後，高盛聯繫我們，希望以八十億美元的估值投資WeWork。[3]

Masa顯然對WeWork有著濃厚的興趣，於是我深入研究了這項投資提案。儘管該公司由歷史悠久的投資公司基準資本（Benchmark Capital，曾投資eBay、優步、Snap等企業）提供資金，但亞當．紐曼在矽谷仍是默默無聞的未知數。他先前唯一的創業計劃是推出一款帶有護膝的嬰兒服，最終以失敗收場。不過，早年的一些小挫折對創業者的履歷來說，往往是加分而非缺點。護膝設計的點子雖然可愛（或許能命名為「WeePad」，寶寶護膝墊？），但顯然稱不上是什麼顛覆性的技術。至於WeWork的商業模式，共享工作空間的概念非常符合千禧世代的偏好，也比普通的競爭對手能獲得更高的每平方英尺租金。即便如此，這也不足以支撐高盛提出的估值。**WeWork本質上就是一家不動產公司，而非具備網路效應（即使用者越多，價值越高）的科技平台，或擁有可擴展的企業軟體業務**。商業不動產的經濟模式是非常本地化的：每棟建築物都獨一無二。按照銀行家倡導以營收的倍數來估值，顯然站不住腳。

此外，WeWork的商業模式還有另一大缺點。無論是對企業或家庭來說，資產負債匹配是最基本的風險管理原則。如果你的工作是臨時性的，或你是自由工作者，那麼，選擇長期的房屋貸款顯然並不明智——前提是銀行願意放款。WeWork的資產主要是來自短期的辦公空間租約，租客多半是新創公司或個人；其負債卻主要來自與房東簽訂的長期租約，通常為十年以上。若遇上經濟衰退（或疫情），這種資產負債匹配的不一致可能會嚴重損害資產負債表。我曾見過太多類似的債務重整和破產案例（比如美國在一九九〇年至一九九一年間的經濟衰退和網路泡沫化後的情況），因此對這樣的高風險格外敏感。

我原以為這便是我們與紐曼的最後一面了，但我們低估了這位史上最厲害的終極推銷員——他可是在初次約會時被妻子吐槽「滿嘴胡說八道」，卻在幾週後抱得美人歸的男人。

■

我在德里多留了一天，以便去探望我的父母。

他們住在南德里一處住宅區的一樓公寓，生活簡約且舒適。英國人在舊德里以南建造了魯琴斯德里，作為他們的首都。舊德里位於賈木納河畔，是昔日蒙兀兒帝國的首都；新德里則是印度獨立後都市化的產物。我年輕時，新德里擁有許多美好的特點，最重要的是，它非常「新」。然而，如今曾經潔淨明亮的住宅顯得黯淡殘破，曾經清新宜人的空氣變得汙濁難聞，曾經寬敞整潔的街道現在擁擠不堪且垃圾滿地。儘管如此，我在這座精靈之城度過了人生的前二十一年，它永遠是我的初戀。它的歷史就是我的歷史，它的衰落亦是我的悲傷。

家母笑容滿面地迎接我，她的笑容不僅流露著慈愛，更多的是驚喜，彷彿我的出現和存在是一件奇蹟。她的微笑，比任何讚譽或金錢都更讓我感到與眾不同。她在二十一歲時生下我，當時她還是一名醫學院學生。三年後，我弟弟維韋克出生，她暫時放下了醫學工作，成為全職母親。她為我操心一切，讓我甚至連自己的衣服都不會洗，這點可讓瑪雅非常無奈。乳癌和置換鈦合金髖關節讓她放慢了腳步，但她仍然堅持繼續婦產科醫生的工作。

家父能辨識每種B型肝炎病毒的變異，卻分不清花旗銀行和軟銀。他希望我能追隨他的腳步進入醫學界，但我向來膽小。小時候，我們住在教學醫院的校園裡，但對我的影響卻適得其反。有一次，父親有幾名學生誤以為帶一個敏感的十歲孩童參觀大體解剖實驗室是不錯的主意，結果事與願違。儘管我未能繼承父業，但我為父親的成就深感驕傲，並深知他的貢獻遠比我的重大。他對醫學界的傑出貢獻，曾讓他獲頒印度平民最高榮譽「蓮花士勳章」（Padma Shri，相當於英國封爵）。此時，他已高齡八十，身體從五十歲起已多次經歷心臟病發作而顯得虛弱，但依然活躍於他帶領二十多年的慈善醫院，擔任主席職位。我們父子倆都帶有一種「流氓基因」[29]，使我們成為早發性冠狀動脈疾病的高風險族群。換言之，對我而言，發病只是遲早的事，我不過是在等待命運的斧頭落下。

當我父親還是一名學者時，家中經濟十分拮据。食用動物性蛋白質（通常是羊肉，因為雞肉更貴）是一種奢侈，一週難得享用超過一次。後來，他轉行成為私立醫院的醫師，情況才有所改變，但我依然記得早年那些日子。這段經歷對父母的影響遠比對我更大，那種無力感、無法滿足子女需求的痛苦，深深刻在他們的記憶中，他們的挫敗感也促使我決心永遠不讓自己處

29 意指異常或失控的基因，它可能會導致某些疾病的產生。

於相同的境地。

我們用印地語交談：除了在印度與人的日常對話外，這已成為我唯一會用母語進行的談話。他們不常見到孫子孫女，所以我們大多談論薩米爾和艾莉亞的近況以及他們的大學生活。

每次見到父母，我都不禁思考著，**這次是否會是最後一次？**但一如既往，我總是未能鼓起勇氣表達對他們的感激與愛，總將這些話語寄予下一次相見。

我輕鬆讀完了卡爾．奧韋．克瑙斯高（Karl Ove Knausgaard）的《我的爭戰》，納悶是什麼讓我一頁頁地翻過這本長達三千五百頁的巨作，相較之下，《尤利西斯》似乎都還算輕鬆有趣。克瑙斯高的散文讓人沉浸其中，在炒洋蔥和喝啤酒之際，他釋放出驚人的文學意識流——解讀策蘭（Celan）的詩歌，剖析希特勒的《我的奮鬥》，解釋莎士比亞如何建構人性，還有深入探討杜斯妥也夫斯基的《白癡》所運用的反喜劇技巧。其中最吸引我的，是克瑙斯高持續不斷、尖銳地挖掘自我，包括質疑自己對獨處的矛盾渴望。反觀自己，即便在如此親密的情境中，我也難以表達內心真實的想法。家父鮮少表露情感，至少對我是如此，他也從不擁抱。難道這對我的個性造成了影響？**還是說，三十年的職場生活，身處於一個爾虞我詐、此消彼長的世界太久，讓我變得情感麻木**——不缺錢，卻缺乏同理心？我對此感到不安。

或許，我只是躲藏於言語背後。在書中，克瑙斯高偷奶奶的錢、對女友不忠，這些情節一再提醒了我，人性總是存在著無法用邏輯理解或言語解釋的缺陷，我們也許註定了永遠不「夠好」。

|08| 除了錢，其餘免談

二〇一六年五月，一個風和日麗的週六下午五點，瑪雅和我正開著車沿著二十九號加州州道行駛，目標是位於納帕酒鄉揚特維爾的「法式洗衣店餐廳」。這家米其林三星餐廳由湯馬士·凱勒（Thomas Keller）一手打造，致力於為加州獻上法式美食佳餚。

法式洗衣店餐廳提供無菜單料理，賞味菜單共計九道菜。雖然感覺奢侈，但三十周年的結婚紀念畢竟不同於一般生日，這般難能可貴，即便只是為了應付訊息裡關於「你打算怎麼慶祝」的提問，也必須盛大隆重。因此，選擇在高級餐廳共享美饌，並在時尚的巴德索諾飯店共度一夜，似乎是可預期且合情合理的安排。

在如此美好的一天，我們應該開著我的保時捷911 Targa敞篷車，打開車篷一路奔馳，也許一邊唱著齊柏林飛船的〈前去加州〉或老鷹合唱團的〈別太認真〉。但實際上，我們的車篷仍然關閉，狹小的車廂內，迴響著的不是羅伯特·普蘭特（Robert Plant）高亢的歌聲，也不是格林·佛萊（Glenn Frey）柔和的音色，而是來自中國科技巨頭騰訊控股執行長劉熾平週日上午在香港現場直播的低沉嗓音。

相較於又一次的過度炒作和價格昂貴的餐飲體驗，我和瑪雅這次有別以往的兩人時間反而更有意義。

■

倪凱和我得出的結論是，軟銀需要現金；我們估計是二百億美元。理由有二。

首先，二〇一三年，軟銀以舉債一百九十億美元的方式，收購了陷入困境的美國無線通訊營運商斯普林特，而斯普林特本身就背負著超過三百億美元的債務。■[1] 雖然這些債務並未由軟銀擔保，但其債務仍被合併到軟銀的資產負債表中。Masa 試圖合併斯普林特與 T-Mobile，但這項計劃遭到了反壟斷的阻力，使軟銀的財務狀況陷入堪比「香蕉共和國」[30]的資產困境。此外，軟銀本身的債券又被美國評等機構評為非投資等級。為了執行 Masa 野心勃勃的投資計劃，我們需要足夠的資本緩衝。

二〇〇一年金融市場崩潰，Masa 損失慘重，但他仍傾向將槓桿推至極限。雖然私募基金

30 香蕉共和國（Banana Republic）是對於某些政局不穩、經濟仰賴單一資源（如香蕉、咖啡等農產品）且常受制於外國企業或政府操控的國家，屬於一種貶抑的稱呼。

投資人經常大量舉債，但一般而言，他們的被投資公司通常能產生穩定的現金流，並透過削減成本進一步提升價值。例如，雷諾－納貝斯克公司（RJR Nabisco）[31]就是一九八〇年代最著名的槓桿收購案例。該公司的煙草和含糖食品業務雖不利於健康，卻能產生穩定的現金流，因此廣受追捧。

科技投資更加冒險，即便是成熟企業也可能隨時面臨破壞式創新的威脅。例如，黑莓公司（BlackBerry）一度擁有高達45%的智慧型手機市佔率而備受矚目，但隨著iPhone問世，市場格局不變。因此，像紅杉資本（Sequoia Capital）等創投公司，甚至包括像華平創投（Warburg Pincus）之類的成長後期（later-stage growth）投資人，數十年來雖然總能精準挑出表現優異的贏家，但他們依然選擇避免使用槓桿。

無論是公開或私募市場，所有投資人都擔心所謂的「尾端風險」。資產報酬如同許多自然現象一樣，通常呈現鐘型分佈，如高中數學熟悉的「常態分佈」形狀，除非出現了「厚尾」現象，即極端事件出現的風險增加，二〇〇八年金融海嘯便是一例。適度的財務槓桿是生存的關鍵，我們在得到了財務長後藤先生的強力支持後，說服Masa將槓桿限制在軟銀基礎資產價值的25%以內。有鑑於軟銀的資產基礎包括了日本軟銀行動通訊公司（SoftBank Mobile）等相對成熟且獲利的業務，這似乎是合理的妥協。

再者，儘管Masa在投資科技大趨勢方面擁有卓越的績效，但他持有資產的時間通常過久，正如雅虎的情況。投資人的訊息很明確——別再談什麼三百年的願景，除了賺錢，其餘免談。我們必須說服他們，Masa的願景是由紀律嚴明的投資組合和風險管理提供支撐，進而縮小軟銀的股票市值與其淨值之間的大幅差距。

為了實現募資二百億美元的目標，我們鎖定了兩項交易，一是出售超級細胞遊戲公司（Supercell），同時部分清算軟銀當時總值近一千億美元的阿里巴巴持股。

超級細胞遊戲公司是曾經不被看好的黑馬，卻意外成為熱門。隨著智慧型手機和高速網路的普及，Masa預見線上遊戲將成為全球主要趨勢。他的眼光無誤，從二〇一〇年到二〇二〇年，遊戲產業的規模從七百八十億美元增長至一千三百七十億美元，■[2]成長速度遠超過其他娛樂產業，僅次於付費電視和串流媒體市場。

二〇一三年，軟銀斥資十五億美元，收購了芬蘭手機遊戲開發商「超級細胞」50%的股份，■[3]該公司最知名的作品是《部落衝突》。我自己從未玩過《部落衝突》或其他手機遊戲，對我來說，手機遊戲就像電馭叛客和無聊猿一樣，都無法引起我的興趣。但所幸我有兩個千禧世代的孩子，讓我能掌握這些世代的趨勢。

31 雷諾－納貝斯克（RJR Nabisco）是由雷諾菸草公司（R.J. Reynolds Industries, Inc, RJR）與納貝斯克食品公司（Nabisco Brands, NABISCO）合併而成。

倪凱和我意識到了超級細胞對潛在買家的策略價值，其中包括鮑比・科迪克（Bobby Kotick）的動視暴雪（Activision Blizzard）和馬化騰的騰訊控股。動視暴雪擁有《決勝時刻》和《吉他英雄》等知名遊戲系列，急需擴展其行動業務；而騰訊在中國手機遊戲市場獨佔鰲頭，卻渴望拓展至全球市場。我們大膽地從現有股東手中額外收購了超級細胞23%的股份。■[4]而且，這次交易與軟銀其他投資不同，目標不再是多年後實現獲利，而是像精明的投資人一般，以迅速賣出公司大部分持股為目標，並希望這筆交易能達到約一百億美元的價值。

經過嚴格的競標過程，我們最終確定了來自中國的兩大主要競爭對手——騰訊控股與阿里巴巴集團。然而，儘管軟銀持有超級細胞73%的股權，該公司依然維持獨立營運，任何交易都將因為創辦人及員工的控制權而變得更加複雜（許多由創辦人擔任執行長的美國科技公司，同樣存在類似的治理結構。例如Meta採用的雙層股權架構，也就是祖克柏持有的B股，每股擁有十票投票權，而公眾持有的A股則僅有一票。這種制度違背了股東會的民主原則，在英國，這種行為仍然是不被接受的）。

超級細胞採用了獨特的倒置組織結構，其執行長伊爾卡・潘納寧（Ilkka Paananen）將自己定位於最底層。他的主要職責是支援負責開發和管理遊戲的「細胞」（即獨立團隊）。這種經營模式以**共識決**為核心。我們若想順利完成這筆交易，與經營團隊的緊密合作至關重要，而親自前往赫爾辛基當面協商肯定是最佳途徑。

我從倫敦飛往歐洲各大首都的經驗多不勝數，我討厭這些短程差旅，正如我常駐香港期間必須每週往返北京一樣，讓我厭惡的並非目的地，在巴黎或柏林度過週末始終是件樂事，我討厭的是整趟旅途的經歷——擁擠的航班通常安排在一大清早或深夜。若是過夜的話，你的一天通常會以客房服務晚餐作結，伴隨著與律師通話敲定併購協議，也可能是與紐約或亞洲的同事進行電話會議。再怎麼經典奢華的歐洲豪華飯店也無法減輕在陌生床鋪醒來時不知自己身在何處的恍惚，前提是在整日不斷攝取咖啡因之後，你還有辦法真正入眠。

瀏覽赫爾辛基擁有一百二十五年歷史的坎普飯店網站時，我不由自主地產生了負面的帕夫洛夫反應。然而，這種反應對於蟬聯全球「最幸福國家」的芬蘭而言並不公平（鄰國丹麥和瑞典分別位居其後）。**為何這些人如此快樂？是因為他們的金髮，還是油漬的魚類飲食？**社會學家指出，這也許與收入平均有關。所以，幸福快樂是否是相對的狀態，而非佛洛伊德意義上的個人痛苦緩解？人稱「冰山」的網球選手比約恩·伯格，難道會僅因為對手約翰·馬克安諾悶悶不樂而感到「快樂」？這些問題仍然耐人尋味。

我並不期待與個性阿宅但可能很快樂的芬蘭千禧世代遊戲開發人員共度一週，但成為空巢期的老人確實也有好處。我像亞當·紐曼一樣使出三寸不爛之舌，用西貝流士（Sibelius）[32]和醃鯡魚極力說服瑪雅與我同行，她看穿我的用意，但出於同情和好奇，她還是答應了。

印度史詩《摩訶婆羅多》（Mahabharata）中有許多引人入勝的故事，其中有個關於少年激昂的悲劇故事。他是偉大的戰士阿周那之子。激昂在母親蘇巴德拉肚子裡時，聽到了黑天向他母親講解如何突破堅不可摧的軍事陣型——查克拉尤哈。事實證明，這些資訊對俱盧之戰至關重要。但我從不明白，為何黑天會與他懷孕的妹妹討論查克拉尤哈的問題；毫無意外地，蘇巴德拉聽到一半時睡著了。結果，睡眠週期與母親同步的胎兒激昂只學會了如何突破查克拉尤哈，卻沒學到如何全身而退。最後，十六歲的激昂深入敵軍後遭到屠殺。

阿周那震怒，如同帕特羅克洛斯之死激怒了阿基里斯一樣，在這場史詩般的戰役中引發了決定性的轉折。

這個精彩故事有許多值得借鑒之處——我們的意識層次、潛意識吸收的內容，以及這一切如何左右人的命運。此外，這個故事也提醒我們，在愛與戰爭中，一切都是公平的，而一知半解可能帶來危險。

在赫爾辛基享用馴鹿大餐時，瑪雅用她受過古典樂訓練的頭腦，透過用餐時的零星討論和隨後的電話交談，逐漸理解了超級細胞交易的內容，某種程度上有些類似於激昂的故事。

在納帕的那個週六晚上，我們正處於與騰訊協商的最後決策階段，倪凱來電，劉熾平也在線上。我本可表明自己無法通話，但交易與古印度戰爭不同，並不會在日落後收工或遵守安息日的規則。我們原本也可以致電法式洗衣店餐廳請求延後預約，但這種要求大概只會讓自己貽笑大方。

如往常一樣，瑪雅有她的看法。

她說：「為何你不能邊開車邊與他交談？這不複雜，又不是要你彈拉赫曼尼諾夫的曲子。我昨晚聽過你們的對話，我來幫你。」

我原可堅持多工處理會讓我的思緒大亂，但這種藉口已經不再管用了。況且，她說得有道理。我們銀行家最擅長複雜化自己的工作，這正是我們獲得高報酬的原因。

在家人面前討論交易細節可能會違反保密協議，我和軟銀都非常重視這一點。但這一天情況特殊，我的老闆倪凱是軟銀總裁，他在電話上。而倪凱告訴劉熾平，今天是我的結婚紀念日，我的妻子也在車上。劉熾平隨即以誠摯的言辭表達祝福之意。於是，在一切完全公開的情

32 芬蘭著名的作曲家尚・西貝流士（Jean Sibelius）。

況下，我們順利地繼續朝向目的地行駛。

瑪雅打開她的手機備忘錄，建立一份未決議題的列表，並開始記錄。倪凱、我、劉熾平和其策略主管詹姆斯・米契在協議時，她多次向我示意，提醒我遺漏或該注意的問題或細節。等到我們抵達楊特維爾，買賣合約上所有事項都已討論完畢。當我打開她用電子郵件發給我的備忘錄檔案時，看見的是一份精心製作的清單，詳細記錄了所有已達成的協議。我幾乎未做修改便將其轉發給待命的律師團隊。

三十年過去，她依然令我十分著迷。年少時，她不經意地闖入我的生命。有天晚上，我們在德里的洛迪公園散步時，她向我提出結婚的建議。那時我才二十三歲，但我欣然同意，瑪雅洋溢著熱情與活力，她身上綻放的生命火花深深吸引著我，讓我渴望與她共度餘生。

某個美好的夏日夜晚，我們在倫敦海德公園的文華東方飯店，慶祝我們的二十五週年結婚紀念。我面臨一項艱鉅挑戰：公開發表一段愛的宣言。我的第一反應就是借用其他人的金玉良言。數學家約翰・納許（John Nash）是我的偶像，在電影《美麗境界》中，他在諾貝爾頒獎典禮上對妻子深情表白的致詞，是我考慮的選項之一，但似乎過於感性。

最後，我選擇了電影《愛在心裡口難開》的一句話，傑克・尼克遜在裡面飾演一名有強迫症的小說家梅爾文・烏德爾（Melvin Udall）。梅爾文個性憤世嫉俗又可愛，當他那位充滿自信又迷人的服務生女友卡蘿要求他說句讚美的話時，他給出了令她驚訝的回答：「妳讓我想成為更好的人。」

這句話或許不夠聰明，也並非原創，但對我而言，字字真心。若沒有遇見瑪雅，另一個版本的我或許會是《飛越杜鵑窩》裡主角藍道．麥克墨菲遇見的人。**但至少，現在的我能面對現實，並努力成為更好的人**。

最終，騰訊以一百〇二億美元的估值擊敗阿里巴巴，成為超級細胞的買家。■[5]騰訊執行長劉熾平曾任職於高盛，也是個「冷靜的正常人」，可說是頗為罕見的組合。但對超級細胞的遊戲玩家來說，劉熾平還有另一項決定性的優勢，他在全球數億名《部落衝突》玩家中排名前二十。這讓超級細胞的玩家們愛死他了，對他們來說，騰訊成為最終買家幾乎是預料之中的結果。交易的藝術在於創造競爭的假象，而我在赫爾辛基坎普飯店與阿里巴巴集團執行副主席暨共同創辦人蔡崇信共進早餐，也確定這個消息已傳到劉熾平的耳裡。至於這是否為交易多爭取了數億美元，我們可能永遠無法得知。但無論如何，騰訊、超級細胞團隊和軟銀都非常滿意這次的結果：這是一個在幸福國度裡實現的幸福結局。

至於法式洗衣店餐廳，我相信食物肯定非常美味，但我毫無記憶。即使是以記憶力見長的瑪雅，也完全沒印象。

尋找下一個一百億美元的資金來源看似簡單，實則複雜。阿里巴巴在紐約證交所擁有高達一千二百億美元的公眾流通持股（public float），一百億美元僅占其中的8%，表面上看似相對可控。然而，若軟銀向華爾街傳達出不再看好阿里巴巴的訊號，市場反應可能會相當負面。即便軟銀只是釋出或逐步減少整體持股，都可能為阿里巴巴的股價帶來壓力。因此，低調行事至關重要。此外，根據美國證券法，軟銀在向投資人出售和推銷阿里巴巴股票時，依約需與阿里巴巴管理層合作。

如同處理超級細胞的交易一樣，此事需要一些外交手腕，最好親自到香港跑一趟。

倪凱和我飛往香港與阿里巴巴的蔡崇信會面。與倪凱同行，雖然比不上妻子的陪伴，但他是我的摯友，我們很幸運能有彼此。此外，我在一九九〇年代大半時間都常駐於香港，如今舊地重遊，總是讓人感到興奮與懷念。

我於一九九〇年代初首次造訪香港時，一踏入九龍的啟德機場，腎上腺素便隨之飆升。這座機場被飛行員評定為世界上最危險的國際機場之一。[6]從駕駛艙的視角看來，降落就像是對著一座山直衝而去。當機長看到格仔山上紅白相間的方格圖案後，便需要精準地手動急轉，開始低空進場，穿越九龍城密集的高樓群。飛機離天臺如此之近，彷彿可以對著在上面玩耍的孩子們揮手致意，甚至可以聞到狹小廚房中，炒鍋裡的蒜味與花生油香氣。在降落後鬆一口氣僅是暫時，從九龍前往港島的路途上，各種感官刺激迎面而來，在在提醒著你，這是唯一能讓紐約顯得安靜的城市。

我們也曾在一九九七年見證查爾斯王子以典型低調的英國儀式，在一個雨夜，將香港主權移交給中國國家主席江澤民，自此之後，一切都變了樣。諷刺的是，米爾頓．弗利民（Milton Friedman）口中的天堂——他眼裡的資本主義理想之地，如今卻在中國的嚴密監控下不斷遭受壓抑與限制。香港與紐約一樣，從來都不是一座友善的城市，如今計程車司機似乎更沒禮貌，銷售人員也更少展露笑顏。新機場與希斯洛機場第五航廈幾乎毫無分別，香港昔日獨特的港式殖民風格和斑駁的魅力彷彿逐漸消失殆盡。

我們入住太古廣場購物中心內金碧輝煌的奕居酒店，飯店俯瞰著壯麗的維多利亞港。當晚，我們在頂樓餐廳的私人包廂內與蔡崇信共進晚餐。

我們三人圍坐在一張可容納十二人的大圓桌上，雖然談不上私密，但此次會面不同於赫爾辛基的早餐會，保密至關重要。為了確保絕對的隱私，我用自己的名字（不含姓氏）預訂了包廂，隻字未提任何關於軟銀或阿里巴巴的訊息。

蔡崇信游刃有餘地遊走於兩種世界。雖然他是臺灣人，但他的財富主要來自中國。然而，他的履歷卻更像美國《五月花號》移民的後裔：就讀羅倫斯威爾中學、耶魯大學及耶魯法學院，並在紐約著名的蘇利文克倫威爾國際法律事務所（Sullivan & Cromwell）任職。他還買下了孫正義舊的灣流私人飛機，並收購了布魯克林籃網隊。此外，他還擁有聖地牙哥和拉斯維加斯的長曲棍球隊，滿足了他對這項貴族運動的熱愛。正如他對長曲棍球的深厚熱情，蔡崇信也致力於促進外界對中國的了解。為此，他效仿許多億萬富豪追求話語權的做法——買下一家報社。他促成了阿里巴巴收購香港《南華早報》的交易，並出任該報董事長。

蔡崇信為人謙和周到，說話圓融。他的休閒穿著和低調舉止，與他作為科技企業家與媒體大佬的身分並不完全相符，反而更接近他過去擔任稅務律師時的形象。在我們闡述此行的動機與目標後，他總是經過深思熟慮後才給予精闢的分析。倪凱和我都對蔡崇信印象深刻，三人迅速建立起友誼，後來進一步發展為合作關係，我們與蔡崇信聯手向雅虎提出聯合收購提案。而對於軟銀希望處置阿里巴巴股份的計劃，他早已預見到了，並提出了一個有趣的策略。他建議我們將股票交至友好的買家手中，並安排倪凱和我飛往北京，與潛在的半獨立買家[33]會面。

儘管我在一九九〇年代經常往返北京，但對這座城市無感。有別於歐洲城市，我的反感完完全全來自於這個地方。原因或許類似於《摩訶婆羅多》裡那位激昂的故事——一九六二年，中國對印度發動攻擊，當時家母正值懷孕期間，她（和她肚中的我）想必聽到了不少針對中國的惡毒言論。此外，北京不像多數歐洲城市，英語並非通用語言，每一次的溝通與互動都令人倍感艱辛。當然，北京也並非全然令人厭惡。我們曾在這座城市舉辦了一場難忘的客戶活動——在紫禁城演出由祖賓．梅塔指揮的歌劇《杜蘭朵公主》。

我在中國的商業經歷，讓我對中國獨特的國家資本主義產生了質疑與不信任。一九九九年至二〇〇〇年間，我與中國交通部合作成立中國聯通（China Unicom），並推動其上市。我們在紐約證交所首次的公開募股中，成功募集近五十億美元。中國聯通的成立完全仰賴多項國家法令的支持，包括執照發放、強制定價以保證獲利，並從中國移動（China Mobile）借調高階主管等，一切看起來都是刻意安排的，也隨時可能被推翻。

此外，與其他國際投資人一樣，軟銀並未真正持有阿里巴巴的股份。為了規避外資持股的限制，投資人實際持有的是設立於開曼群島的空殼公司，稱為「可變利益實體」，該實體擁有從阿里巴巴取得利潤的法律權利。然而，這些權利能否執行未經過實際驗證。此外，北京可隨時採取強硬措施，全面實行共產主義政策，宣布可變利益實體結構無效；或者反其道而行，轉向亞當．斯密的自由市場政策，開放谷歌、臉書和亞馬遜等國際科技巨頭進入中國市場。無論

33 quasi-sovereign buyer，指的是獲得政府支持但擁一定自主性，不完全屬於政府的投資者。

何種情況，阿里巴巴的股東始終處境脆弱。

這始終是我對軟銀持有阿里巴巴股權的擔憂，而我的恐懼最終在二〇二一至二〇二二年成真。當時，北京決定收緊對國內科技巨頭的管制，這些公司在谷歌和臉書無法進入的封閉市場中一直佔據著主導地位。直言不諱的阿里巴巴董事長馬雲「消失」了數月，而在二〇二二年十月二十四日，中國共產黨全國代表大會結束後的首個交易日，由於市場預期中國未來的「經濟自由度將有所限縮」，阿里巴巴股價暴跌超過10％。

中國買方團隊態度還算友好，但他們和任何避險基金經理一樣注重報酬。不論在北京或紐約，大家都想追求物超所值的交易。然而，中國團隊高估了他們的籌碼，畢竟我們不是陷入財務困境的賣家。

不過，我們的北京之行另有斬獲。蔡崇信安排我們與滴滴打車的創辦人暨執行長程維會面，此款叫車應用程式正在中國市場與優步展開競爭。背後有阿里巴巴支持的滴滴已與騰訊在背後支持的快的打車進行策略合併，成為中國唯一足以與優步抗衡的強大對手。在聖瑞吉飯店的早餐會上，倪凱與年輕誠懇的程維握手達成協議，象徵著軟銀對滴滴分期投資一百一十億美元的開端。此舉鞏固了軟銀作為全球反優步聯盟支持者的地位，其投資版圖涵蓋印度、東南亞，現在又延伸至中國。

這筆交易的迴響也傳到了舊金山。優步創辦人卡拉尼克在深思熟慮後，選擇不與高深莫測的Masa對抗——「瘋子效應」再度發威。

最後，優步認輸，同意以換股的方式將其在中國的業務與滴滴合併，獲得「新滴滴」約十七・七%的股權。從此，滴滴在中國叫車市場一家獨大。■7

從反壟斷的觀點來看，滴滴與快的、最終再與優步中國的一連串合併，在多數市場幾乎難以想像。然而，對Masa而言，這卻是難以抗拒的誘因，促使他後來透過願景基金（Vision Fund）進一步增加滴滴的持股。然而，滴滴和軟銀很快便發現，他們的業務極容易受到政策變動影響。只要北京一名官員心血來潮，隨口一句「龍焰！」（Dracarys!）[34]，公司便可能瞬間陷入危機。二〇二二年八月，中國政府以「非法蒐集用戶個資」為由，將滴滴的應用程式下架，再度展現其削弱科技巨頭影響力的決心。

至於我們如何處置阿里巴巴的持股？最後，我們與蔡崇信和銀行團隊合作，制定了一個確實可行的解決方案，結合了三十四億美元的阿里巴巴股票出售與六十六億美元的可交換公司債（exchangeable bond）發行。■8 股票買家是馬雲和蔡崇信執掌的阿里巴巴合夥人，以及新

34 Dracarys是電視劇《權力遊戲》（Game of Thrones；改編自喬治・馬丁的奇幻小說系列《冰與火之歌》）中的要角丹妮莉絲・坦格利安用來命令她的龍噴火的言詞，來自高瓦雷利亞語，她的龍一聽到命令便會立刻噴火殲滅一切，用來暗喻中國政體的不確定性，可能任何官員的一聲令下，所有努力將付諸流水。

加坡政府投資公司。可交換公司債則由摩根士丹利和德意志銀行負責，買家是公開市場的投資人，三年內可享有年利率五．七五%的票息。三年期滿後，不同於傳統債券償還（現金）本金，投資人可選擇獲得固定數量的阿里巴巴股票或等值現金，股數則按照發行時價格再高出十七．五%計算。

我非常享受處理這些錯綜複雜的交易，以及巧妙地媒合投資人需求與軟銀目標。這些投資人希望既能持有阿里巴巴股票又能獲得當前收益，而軟銀則希望以高於當前價值的價格出售股票。這正是投資銀行業務的最佳體現，也是最為罕見的一種現象——**一個雙贏而非零和的結果**。我們在正式公告前保留了驚喜內容，最終，這筆交易進展順利，完全符合我的預期。

孫正義現在擁有了一個充裕的資金池，可以開始認真布局了。更何況，他心中早已鎖定一個超大額的交易標的——他垂涎多年且計畫已久的生意。

這兩筆交易執行的如此順利，因而讓我一戰成名。摩根士丹利董事長暨執行長詹姆士．戈曼（James Gorman）甚至特地發信祝賀。在倪凱不斷的支持下，如今Masa也堅持讓我參與每一次重要討論。被高度認可的感覺確實令人欣慰，但隨之而來的，卻是不容忽視的隱憂。不知不覺間，我捲入了一場貓捉老鼠的遊戲，而我正是那隻老鼠。

|09| 這位大哥，你有事嗎？

她是一架優雅的雙引擎飛機，外身漆成低調的白色，搭配灰色飾邊，機尾編號為NG251GV。如此迷人的機器理應有個名字，最好與貓科或爬蟲類動物有關，如「美洲獅」或「蝮蛇」。然而，「美洲獅」這名字讓人不免聯想到慾求不滿的熟女，因此，我最終選擇了「蝮蛇」。沒多久，「早上十點搭乘蝮蛇號起飛」這句話，已如當年我說「我要搭乘地鐵灰線前往金絲雀碼頭」一樣順口自然。

蝮蛇號是軟銀的灣流G550商務飛機，最初專屬倪凱使用。如今，她彷彿荷馬史詩中的戰船，在這場漫長的旅程中，承載著我穿越重重挑戰。

蝮蛇號的內裝由Masa精心設計，選用了柔和的淺米色皮革搭配蜂蜜色的鳥眼楓木，營造出舒適且奢華的氛圍。寬敞的機艙內配備了一間帶半套衛浴的獨立臥室、一個用餐或會議區域、另一間半套衛浴，以及四張可完全平躺的座椅，每張座椅都附有一條酒紅色的諾悠翩雅羊絨毯。空服人員純子小姐說話輕聲細語，舉止溫文爾雅，是一位充滿知性美的日本中年婦女。

她精通五國語言，能用任何一種語言流暢地與人討論波爾多與勃根地的微妙差異，或是托爾斯泰與杜斯妥也夫斯基的文學。她是我理想中的旅伴——熱愛飛行，因為飛行讓她能享受閱讀的時光。

然而，最棒的還是飛機旁的接送服務，通常安排的是亮黑色的長軸距S系列賓士車，司機身穿類似特勤人員的制服。我感覺自己像滾石合唱團的米克·傑格一樣，跳上登機梯，對著停機坪上假想的一群粉絲揮手致意。早先的疑慮和不安早已消散，如今的我過著夢想般的生活，自我感覺良好到覺得自己彷彿傳奇人物。

瑪雅指出我製造的碳排放量正在扼殺南極的皇帝企鵝，讓我內心倍感煎熬。但為了減輕這份罪惡感，我承諾餘生只駕駛電動車。話說回來，年紀越大，身體越無法承受多點長途旅行的折騰。有一次，倪凱和我從舊金山出發，途經新德里、北京和香港，五天後抵達東京，而且每個目的地都行程滿檔。蝮蛇號和純子小姐的存在讓這一切輕鬆了許多：就飛行而言，這已是極致享受。

也許還不盡然。

雖然蝮蛇號是甜美夢想的象徵，但她只是Masa的「舊愛」。他的新座駕——灣流G650ER（「ER」代表延展航程，此款機型航程比前代增加了七百海里），在各方面都超越了蝮蛇號：機身長度增加了四十八英寸，高度提升了三英寸，寬度則多出十二英寸，速度更快了三十節。

我對飛行速度和航程一無所知，但我深知一個道理：**這個世界上，總會有更大、更快、飛得更遠，或者能堅持更久的人事物**。

■

二〇一六年一月二十一日星期四，我和倪凱一起從德里飛往東京，在晴朗涼爽的冬日清晨抵達。入住東京康萊德飯店後，我發現第一場會議幾小時後才開始。與其用一小時的健身折磨自己，我決定探訪飯店對面的濱離宮恩賜庭園。

我先查了一些關於濱離宮的資料，然後便直奔這片靜謐聖地的核心——最近重建的湖畔松之御茶屋。這座建築原本是德川將軍用來款待賓客之處，但在二戰期間，東京遭受了高空地毯式轟炸，原址也被摧毀。

如果說歷史是由勝利者書寫的，而反省是失敗者的消遣，那麼美國的「會議室行動」空襲無疑是最佳例證。一九四五年三月九日夜晚，東京遭受大規模的燒夷彈轟炸，超過十萬平民喪生，死亡人數比廣島與長崎原子彈爆炸還多，甚至超越了索姆河戰役、諾曼第登陸與蓋茨堡戰役的傷亡總數，成為戰爭史上最慘烈的一夜。■[1]德勒斯登大轟炸至少還有寇特．馮內果為無辜遭到屠殺的孩童哀悼，但在此地，我並未看到任何紀念死難者的牌匾。置身於這片禪意盎然的寧靜之中，我無法不聯想到當時兩千噸燒夷彈傾瀉而下，落在東京各街區的景象——熊熊燃燒的凝固汽油彈吞噬著木造建築，烈焰狂舞於樹林與水面之上。

■

我於上午十點抵達Masa的辦公室，與文子小姐和清輝小姐寒暄幾句後，走了進會議室。我原以為會與Masa、倪凱和羅納先輕鬆地交換近況，但出乎意料的，我打斷了一場我未被邀請的會議。會議桌上坐著西格爾、Masa、倪凱和羅納。百葉窗一如既往地拉下，室內燈光昏暗。Masa坐在主位，面對著他的坂本龍馬肖像照。倪凱則眉頭深鎖，若有所思地坐在Masa右側，羅納則坐在他一貫的左側座位。

Masa點頭示意歡迎我加入，羅納露出溫暖的笑容，邀請我坐在他旁邊。異於尋常的是，倪凱對我視而不見。

所有人似乎都在專注地閱讀一份文件。除了Masa，他不耐煩地把玩著他的白色蘋果手寫筆（這支無辜的筆未來將顛覆科技投資），在他裝著皮套的iPad上隨意塗畫。

「我們或許應該讓阿洛看看這封信，」羅納建議道。

我感激地點了點頭，而倪凱終於抬起頭來，露出了勉強的微笑說道：「對，他應該讀一讀。信裡有一段是關於你的內容，薩瑪先生。」

這是一封日期為二〇一六年一月二十日的信，收信人是軟銀集團董事會，信紙抬頭是紐約的波伊希勒和弗萊克斯納律師事務所（Boies Schiller Flexner LLP）。**波伊希勒？聽來有點耳熟。**

「這家律師事務所不容小覷，阿洛，」肯恩彷彿讀懂了我的心思。「若這封信是別人寫的，我可能會選擇忽略，但大衛．波伊（David Boies）可是重量級人物。」

他解釋，波伊曾代表美國聯邦政府，在對微軟的反托拉斯訴訟中取得勝利，也曾參與美國前副總統高爾選後提出的「總統大選案」，這起經典的最高法院案件最終以敗訴告終（後來，波伊因為律所接下了極具爭議的哈維．溫斯坦和療診公司[35]等案件，使其公眾形象大傷，聲名狼藉）。

35 哈維・溫斯坦（Harvey Weinstein）是美國前電影製片人，二〇一七年有數十名女性指控他性騷擾或性侵等犯行，是#MeToo運動中最具代表性的負面人物。而療診公司（Theranos）曾是備受矚目的生技公司，最後卻成為矽谷最大騙局之一，創辦人伊莉莎白・霍姆斯（Elizabeth Holmes）為此而被判刑十一年。

我迅速瀏覽了這封信。信是由該事務所的合夥人麥可・施瓦茲（Michael L. Schwartz）署名，內容在諸多方面都很不尋常。波伊希勒是美國的律師事務所，但這封信卻是寫給一家依日本法成立的公司董事會。此外，信中並未提及任何違法的跡象，那為何讓律師事務所介入呢？反之，信件的內容多半是針對倪凱的惡言謾罵，分為三大類：

首先是利益衝突，特別是倪凱過去曾在備受推崇的科技私募基金公司「銀湖資本」（Silver Lake）擔任資深顧問。信中還批評倪凱的投資績效不佳和「有問題的交易」，並特別點名軟銀對印度新創公司Housing.com的投資。最後，信中還指出倪凱的薪酬「高得令人無法接受」。

信中要求在六十天內展開調查，否則波伊希勒將代表在信中聲稱的匿名軟銀投資人訴諸法律行動。

這封信的語氣誇張，缺乏具體細節，威脅也顯得空洞無力。

我搜尋了一下自己的名字，顯然我並不是這次攻擊的目標，當下緊張的心情旋即鬆了一口氣。關於我的簡短說明似乎是事後補上的，內容主要是我在成為軟銀全職員工前作為顧問的薪酬問題。

這一切看來全是無稽之談。**利益衝突的確可能棘手，但資訊透明度是確保健全的公司治理與道德行為的關鍵**。而倪凱曾擔任銀湖資深顧問的資訊，早已向軟銀揭露過。此外，這種情況屬於「無害則無過」，若要擔心利益衝突問題，那也該是銀湖資本。

質疑倪凱的資歷似乎顯得有些氣量狹小。他確實經常引發議論（傲慢是他最常被批評的特質），但他在谷歌的卓越表現毋庸置疑，同時也是業界炙手可熱的科技高管。至於對Housing.com的投資確實是一筆損失，但這正是創投的職業風險。若投資十家公司，難免會有些失敗案例，有些則表現中規中矩，而所謂的投資，正是在於期望其中一家公司能大獲成功。此外，投資成果往往需要時間才能顯現，僅僅十八個月便對倪凱的投資能力妄下定論，顯然為時尚早。（以他早期的交易為例，倪凱對南韓電商酷澎投入了十億美元，獲得了數倍報酬，此一成果遠遠彌補了Housing.com相對小幅的一億美元損失。）

我擔任顧問時的薪酬，經過軟銀董事會兩名成員——羅納和倪凱審核，我的委任書則是由軟銀的外部法律顧問美富律師事務所起草。如果軟銀聘請其他家投資銀行公司來提供相同服務，支付的費用將遠高於我的薪酬。

不過，讓我感到困擾的，並非信中提出的問題，而是我的委任書和薪酬本該是保密事項。

那些人是如何獲得這些資訊的？

股東確實有權質疑高階主管作　其代理人的表現。然而，當經營者同時也也是公司的持股人時，此種「代理問題」所固有的利益衝突通常會大幅減輕。執行長孫正義是軟銀最大股東，其持股比例也隨著公司實施庫藏股計劃，從20%增加至30%以上。而倪凱本人也對軟銀股票投入了四·八二億美元的驚人鉅資，■[2]這可能是專業經理人透過員工認股計劃進行的最大手筆投資了。一位獨立研究分析師後來指出：「挑剔倪凱的績效似乎過於獨斷。我傾向於相信孫正義的判斷，而倪凱已經透過購入軟銀股票，清楚表明了他的承諾。」■[3]

此外，信中並未提及這些神秘股東的身分，或他們持有多少股份。行動派的合法股東或許會聘請律師事務所，但他們不會隱身在幕後。而且他們的意見通常會涉及策略或資本結構的改變，而不是針對高階主管進行人身攻擊。

Masa希望盡快將重心轉移到其他議題上。他對倪凱的品德有百分之百的信心，寧可將時間投入在業務討論。我們之所以重視這封信，唯一的原因是上面附有波伊希勒律師事務所的官方印章和大衛·波伊那令人望而生畏的聲譽。為了避免軟銀未來遭受更多無意義的訴訟，我們一致同意應由獨立律師事務所展開內部調查。倪凱進一步建議，應同時聘請美國和日本的獨立律師事務所，並將調查結果呈交給軟銀董事會的獨立董事委員會審閱。

調查結果將能洗清對倪凱的指控，整個過程就像一次徹底的內務整理和法遵審查。但這也帶來了隱患，沒人比倪凱更了解媒體的運作。如同多數公眾人物，他的數位足跡經過精心策劃。即便只是調查而已，一旦曝光，也將帶來傷害。我們原以為可以透過保密處理來控管這項風險，但我們錯了。

■

當像Masa這樣品味獨到的人告訴你，他在東京有一位最喜愛的廚師時，你一定會豎起耳朵仔細聽。獲此殊榮的大廚是笠本達明。當晚，我們前往了笠本先生新開的餐廳「瀧屋」。

起初，我有些懷疑。天婦羅不就是炸蝦和炸蔬菜嗎？直到我咬下一口笠本先生的作品——以紫蘇葉包裹和牛，再裹上薄如紙的天婦羅麵衣，搭配白松露鹽享用。接著，我又品嘗了以海苔包裹、口感滑嫩的北海道海膽，同樣裹上輕盈的麵糊後油炸，入口絲滑美味。即便是最虔誠的印度教婆羅門或堅守信仰的猶太教拉比，也難保不會在這樣的誘惑面前動搖。更何況，笠本先生還是一位表演家，他在將松茸蘸上麵糊、投入滾燙的紅花籽油前，滔滔不絕地講述了松茸的催情功效，而且紅花籽油據說還能降低膽固醇——性生活更美好、有益健康，還有什麼好奢求的呢？

然而，倪凱有些心不在焉。晚餐後，他提議回康萊德飯店喝一杯。我們走進大廳酒吧，挑高的天花板和大片落地窗，俯瞰著燈火斑斕的銀座。我們點了酒，倪凱喝蘭姆酒加可樂，而我則點了一杯加冰塊的山崎威士忌。那時才晚上九點，酒吧依然人聲鼎沸。鋼琴師是一名陰鬱的中年男子，髮線後退，他正在彈奏凱斯．傑瑞的作品，雙手的動作比他面無表情的臉更加生動靈活。我很喜歡傑瑞那種融合爵士和古典的即興風格，只是當晚的選曲對當時的氛圍而言似乎稍顯憂鬱了點。

我注意到吧台旁坐著一位女子，雙腿優雅地交疊，黑色無袖晚禮服的裙擺高高撩起，露出修長的大腿。她身材高䠷，可能是南印度人，一頭烏黑微捲、精心打理的長髮垂落至肩膀。一對金色的大圓耳環如忠誠的哨兵般守護著她修長的頸部。她坐在高腳凳上，身姿挺拔，側臉輪廓分明，令人印象深刻。她的存在無法被忽略，而在這家位於日本首都商業區、稍顯過譽的希爾頓連鎖飯店裡，她顯得格外引人注目。

我們坐下時，她對我們微微一笑，但倪凱卻絲毫未覺。我們常常下班後一起小酌，其他同事也經常加入。但今晚不同，在這個倪凱罕見的脆弱時刻，他需要朋友的陪伴。無端質疑他的品德讓他深受打擊，他那一貫自信、不可一世的光環也因此黯然失色。我倆都患有不健康的手機成癮症，但此刻倪凱那台超大的谷歌 Pixel 手機，就這樣靜靜地躺在我們面前的桌子上。

我安慰他，內部調查的結果早已是板上釘釘，這場風波很快就會平息。西格爾已經請了謝爾曼斯特林律師事務所（Shearman & Sterling）和日本的安德森．毛利法律事務所負責調查，董事會也成立了專門的小組來監督此事。然而，問題並不在於調查本身，而是有人試圖毀了他而讓他感到受傷。

我看到倪凱放在桌上的手機螢幕閃過阿亞莎的照片。人在加州阿瑟頓的她大概剛醒，正在回覆關於白天事件的訊息。倪凱拿起手機起身，站在大廳與她簡短地通了電話，然後向我揮手示意，隨即往電梯走去，顯然是準備回房休息了。

身穿黑色禮服的女子正朝著我走來。**她是想和我說話嗎？**我的頭上彷彿永遠掛著「休息中」的霓虹招牌，這等好事幾乎從未發生在我身上過。

近看之下，她的濃黑睫毛膏和鮮紅唇膏似乎搭配得有些過火，讓她的五官看來更冷豔，而非精緻。

「請問，剛剛和你在一起的是倪凱．奧羅拉嗎？」她開口問道，聲音沙啞，帶有一種菸嗓的特質。

她的口音聽來像美國人，發音完美地唸出「倪凱」而非「倪克」，以及「奧羅拉」而非「阿羅拉」。若她注意到的人是我，也許會正確念出「阿洛」，而不是「阿洛克」。**毫無疑問，她絕對是印度人**。

我有些困惑地點了點頭，心想倪凱的確有一群追隨者，但通常是班加羅爾的科技宅男，不會是東京女子。

「你覺得他還會回來嗎？」她有些焦急地問。

「我不認為。需要我幫忙嗎？如果願意的話，我可以幫你帶個話。」我答道。

「不，不用了，沒關係。」她突然有些慌亂。「晚安。」

說完，她就消失在我的視線中。

我在酒吧多待了一會兒，慢慢喝完杯中的酒。那位陰鬱的鋼琴師依舊彈奏著凱斯　傑瑞的曲子，但這已經是這一天中最正常的事了。

當時，我並未在意這次短暫的邂逅。三年後，《華爾街日報》揭露了一次針對倪凱但技巧拙劣的「仙人跳」。據報導的消息來源透露，倪凱的飯店房間曾經「被偷裝了攝影機，試圖拍攝對他不利的畫面」。

■

二〇一六年四月二十一日，彭博社以「軟銀投資人要求對二把手奧羅拉展開內部調查」為題發布了一則報導。波伊希勒律師事務所的信件在全球多家新聞媒體間廣為流傳。《華爾街日報》和《金融時報》等對此事保持應有的謹慎，並未報導，顯然對背後的動機有所保留。然而，儘管軟銀和Masa發布了措辭強烈的聲明支持倪凱，但損害已經造成。多家新聞通訊社爭相報導這則匿名投資人「猛烈抨擊」公司高層的八卦新聞，尤其是在新聞標準相對寬鬆的印度。至於波伊希勒律師事務所早已放棄「此案」（大概是因為這個案件根本就沒發生過），卻無人關注。更別提這位出面負責的所謂「投資人」，既不是任何值得信賴的機構，也不是業界熟知的名字，而是一位名叫尼可拉斯．詹納科普洛斯（Nicolas Giannakopoulos）的四十六歲瑞士公民。他聲稱自己擁有「稍多於」十萬美元的軟銀和斯普林特股票，但並未提供任何證據。**這傢伙是誰？**像波伊希勒這樣的律師事務所，合夥人如同超級名模一樣，若時薪低於一千美元，根本請不動他們，更別說大衛．波伊的費用是這個數字的兩倍以上。單是律師費就可能遠超過詹納科普洛斯的十萬美元投資價值，從經濟學角度來看，他的行為毫無道理——詹納科普洛斯很可能只是幌子。

在過去的年代，今天的新聞到了明天，就成了包魚的報紙，但在網路時代，負面消息卻長久不散。**個人聲譽如今完全取決於谷歌的搜尋結果**——對於曾任谷歌高管的倪凱而言，這一點尤為諷刺。套用莎士比亞的說法，人們可以輕易竊取你的好名聲，既讓你蒙受損失，又讓他們自己從中獲益。許多不知名的網站為了賺錢，不惜發布一些暗指企業醜聞的聳動標題，即便那些醜聞根本不存在。而一份出自知名律師事務所的信件，以華麗的法律辭藻含沙射影，便足以讓彭博社這樣的權威媒體跟風報導。你想摧毀某人的名聲嗎？正如我最愛的越戰老兵沃爾特·索布查克所言：「辦法多得是，老兄。但你不會想知道的，相信我。」

如果詹納科普洛斯只是受僱的打手，誰會是背後主使者？這是出於私人恩怨嗎？是被拋棄的情人？還是某個被倪凱在會議上痛斥過的人，為了受傷的自尊而採取的報復行動（這樣的人說來並不少）？果真是俗話說得好，地獄的怒火也不及被輕視的銀行家。

還是這是一起商業糾紛？數週前，優步商務長曾來拜訪過倪凱和我。幾年後，我在其他社交場合再度遇到他，發現他個人其實挺討人喜歡的，但在優步的他卻像是受到了《星際大戰》黑武士的啟發。軟銀在全球一連串投資了優步的競爭對手，引發了喋血競爭，導致雙方都損失慘重。在聖卡洛斯那個陽光明媚的早晨，他坐在倪凱辦公室的沙發上，當時表達的意思很明確：軟銀可以選擇與優步共同投資全球的共乘業務，否則「我們會毀掉你們」。我們猜他指的是價格戰，這讓我們忍不住笑了起來。這些優步的人或許很聰明，但他們不明白Masa「聰明人與瘋子打架」的哲學。**難道當時他們打算採取更陰險的行動？**

事情真是越來越奇怪了。

|10|

變數突如其來

我們碰到了一個問題，類似美國郊區的雙車家庭偶爾會發生的情況。不過，我們的交通工具不是雪佛蘭休旅車或本田雅歌，而是**兩架灣流私人飛機**。蝮蛇號故障了，而它的老大姊——Masa的G650ER正在檢修。這使我們陷入了令人苦惱的困境——必須忍受短程商業航班的煩擾。所幸，機智的田中先生確保我們能使用羽田機場的貴賓私人航廈。一輛閃亮的黑色豐田廂型車直接將我們送到了日本航空的飛機旁，正好趕上了飛行員準備啟動引擎。這段歷程大幅減少了與普通人的接觸，兩小時的飛行過程非常順利。

我們的目的地是Masa的家鄉福岡。二〇〇五年，Masa做了一件億萬富豪會做的事——向那些曾在高中取笑過他或拒絕過他的運動明星和啦啦隊員展現自己的成功。他買下了當地的棒球隊福岡鷹隊。但Masa總有自己獨到的視角，他的動機既非為了報復青春期的冷嘲熱諷，也不同於比利·比恩那樣單純基於數據分析，而是一場精明的品牌策略——這也成為了軟銀融資戰略的基石。球隊更名為「軟銀鷹隊」，而軟銀則在日本發行以日圓計價的福岡軟銀鷹債券。

在此，Masa 完美詮釋了尼采的觀察：「事物的名稱比其本質更重要。」軟銀鎖定散戶投資人，以低於相同信用評等的發行人可能支付的利率，募集了超過三百億美元，並佔據了日本公司債市場發行**總量**的絕大部分■[1]（這個例子就如同羅勃・卡夫特〔Robert Kraft〕決定發行「愛國者債券」向橄欖球迷募款。投資人由於熱愛湯姆・布雷迪〔Tom Brady〕和美國，而甘願接受6％而非10％的殖利率）。棒球迷對此債券愛不釋手，而軟銀則找到了源源不絕的廉價資本來源。這正是 Masa 最擅長、最所向披靡之處——人人幸福，皆大歡喜！

此外，球隊的表現也與它難以捉摸的老闆同步高飛。二〇一四年，軟銀鷹擊敗了阪神虎隊，奪得日本大賽冠軍，隔年又戰勝了東京養樂多燕子隊，實現連霸。如今，我們正要前往觀賞軟銀鷹隊的比賽，他們將在緊張的季後賽第三場比賽中，與北海道日本火腿鬥士隊對決。

我們在賽事開始前三小時抵達福岡，Masa 只得尷尬地擔負起陌生的導遊角色，帶我們漫步在福岡歷史悠久的博多舊市街。

那是個愜意的初夏午後，雖然博多少了京都哲學之道那般的神秘氛圍，但若有一位稱職的導遊，或許能生動地講解每尊佛像的故事，甚至安排一場「意外」邂逅，讓我們遇見販賣風味薯片的老農，讓參觀神社的行程更添趣味與風情。然而，我們的主人卻專注於其他地方，無論是在飛機上或保母車內，他都埋首於 iPad，瘋狂翻閱簡報。只要有交易迫在眉睫，Masa 便會全神貫注，毫無保留地投入。他的執著讓我想起愛犬愛麗在海德公園執意追逐松鼠時的狂熱。況且，這不是一筆普通的交易，而是Masa的執念、他的至寶、代號「亞當」（Adam）的計劃。這個名稱或許源自聖經中的第一個人類——亞當，也許是象徵開端，暗喻資訊革命始於電腦晶片？抑或只因為這家公司的名稱是相同的字母開頭？無人知曉真正答案。

■

英國晶片設計公司「安謀控股」（Arm Holdings Plc）曾是全球最重要卻鮮為人知的企業。微晶片即一塊小型平面矽晶片上互相連接的電子電路，是所有運算的核心。而談到晶片製造，英特爾（Intel）與台積電（TSMC）是最具代表性的兩家公司。然而，安謀的業務並不涉及晶片生產，其員工主要為軟體工程師，專門設計高效節能的微處理器，對iPhone等可攜式裝置至關重要。安謀的設計受專利保護，英特爾和台積電等晶片製造商在簽署合約時，必須先支付安謀前期授權金（upfront license fee），再根據使用安謀專有的晶片架構所生產的晶片銷量支付權利金。

二〇一六年，全球95%以上的智慧型手機內部都搭載了多顆安謀設計的晶片。由於安謀的設計兼具高效節能與成本效益，科技專家普遍預測，在未來的物聯網（簡稱IoT）時代，採用安謀技術的晶片將主導連網裝置市場。

安謀總部位於英國劍橋，並於倫敦證券交易所掛牌上市。儘管安謀被譽為英國科技業的至寶，卻是貨真價實的全球化企業。其客戶涵蓋：美國的英特爾和德州儀器（Texas Instruments）、日本的富士通（Fujitsu）和日本電氣（NEC）、臺灣的台積電和聯發科（MediaTek）、韓國的三星等。美國雖是安謀的最大市場，其執行長賽門・席格斯（Simon Segars）也常駐於美國聖荷西，但安謀近20%的營收來自中國。

安謀在全球科技生態系中地位獨特，不僅是因為其智慧財產權，還源於其中立性。無論是使用蘋果或安卓系統的智慧型手機，抑或是上海或矽谷的晶片製造對手，均仰賴安謀的設計。

在自由市場中，安謀所享有的市場地位通常會受到競爭對手影響，但安謀卻巧妙地將獲利維持在中庸地帶——**價格不至於高到迫使客戶尋找替代產品，但也不會低到讓公開市場的股東不滿**。此種模式讓安謀在可預測的成長與穩健獲利之間達到完美平衡，使其成為私募基金投資人眼中的誘人標的，只可惜安謀股價過高，成了防止併購的最佳防線。另外，像谷歌或蘋果之類的潛在策略買家，雖然可能願意支付高額的溢價，但他們也清楚，若安謀失去其「中立性」，這隻金雞母便不復存在。此外，還有地緣政治的影響。安謀被視為英國國寶，要說服英國政府允許外資收購安謀，政治上的爭議不亞於要英國放棄光之山鑽石[36]或額爾金大理石雕[37]。

安謀就如同瑞士，看來遙不可及且堅不可摧，但對這個生於九州北岸的男人來說是例外。此刻，他正漫步在家鄉漆黑的鵝卵石街道，我帶著幾分興味看著他，只見他揮舞著蘋果手寫筆，彷彿在想像中的白板上書寫，宛如伯恩斯坦指揮著馬勒交響曲般投入。

一年前，我們曾勸阻Masa收購安謀，理由是我們負擔不起三百億至三百五十億美元的交易。但如今，憑藉出售超級細胞和阿里巴巴股票的二百億所得，Masa已蓄勢待發，準備大展身手。

Masa的核心論點在於，市場嚴重低估了物聯網革命所帶來的變革與影響。以二〇一五年一百五十億顆晶片的出貨量來衡量，安謀似乎價格不菲，但依他之見，放眼機器人和電動車無處不在的未來，若從每年晶片銷量超過一兆來看，安謀的估值反倒是被低估了。他還認為，隨著晶片效能提升，安謀也有機會調漲售價，即便智慧型手機市場趨於飽和，但更智慧的手機將需要使用更多安謀晶片，因而能抵銷市場放緩的影響。

一如既往，Masa總能提出原創且大膽的構想，他的願景總是瘋狂卻又獨樹一幟。他的計

36 光之山鑽石是世界上最著名、最有爭議性的鑽石之一，目前被鑲嵌在英國王室的王冠上，其歷史充滿血腥與政治糾紛。

37 額爾金大理石雕是指一組原本位於希臘帕德嫩神廟（Parthenon）上的大理石雕刻，但現存於大英博物館，希臘政府長年要求英國歸還這些雕刻，因此存在許多爭議。

畫是，安謀晶片在未來將內建窄頻連網技術，並推動安謀與電信公司建立合作夥伴關係，其中包括軟銀持股的日本與美國電信商，以及後來與沃達豐的聯盟，以拓展歐洲市場。透過這樣的布局，安謀將能提供網路安全等加值服務，持續創造營收。

隨著時間推進，安謀將成為軟銀策略轉型的核心，引領公司向物聯網與人工智慧領域發展，正如十年前軟銀率先押注行動網路一般。

在Masa慷慨激昂的推銷過程中，倪凱始終無動於衷，他時不時的深呼吸與翻白眼，無法掩飾內心的不屑。這種情況並不罕見，如同許多老夫老妻，倪凱和Masa之間時常有分歧。我和倪凱曾在私下討論過安謀的交易，他欣賞這家公司，但在他看來，收購安謀是一場昂貴的「豪賭」，這筆交易甚至可能「賭上整間公司」的未來——而這間公司是他希望在不久後能接掌的企業。

福岡軟銀鷹對北海道火腿鬥士的比賽，是我人生中第一場也是唯一參加過的棒球賽。這並非因為我對美國運動毫無興趣，相反地，當我剛到美國時，首先吸引我的是那些身穿緊身球衣的壯漢，在橄欖球場上激烈交鋒、你來我往，如此精彩刺激的場面令我無法抗拒。不久後，我便全心關注喬．蒙塔納（Joe Montana）率領的舊金山四九人隊，如同我曾癡迷於印度板球隊的英勇戰績一般。我向來偏好傳統五天制的板球對抗賽，而非節奏明快、單晚決勝的比賽，因此，問題也不在於棒球的緩慢節奏。真正的癥結在於，我從未花時間去理解棒球的縝密戰術與深厚歷史，使我無法如同鑑賞板球一般，細細品味這項運動的魅力。不幸的是，到後來，我發現再去詢問何謂平飛球或高飛球實在過於尷尬，索性放棄了真正認識棒球的機會。

福岡之行原本可能是改變這一切的機會，但最終，我對當晚唯一的記憶卻來自球場之外。比賽當晚，以主隊更衣室內一場戲劇性的儀式揭開序幕。我當時站在Masa旁邊，等待著準備前往球隊休息區的軟銀鷹球員出現。他們排成一列走出，每個人都停在Masa面前，身形高大的球員俯視著他，然後深深一鞠躬，而非隨意的擊掌招呼。接著，他們洪亮地喊出一聲「好」，隨後以莊嚴的語氣用日語高聲宣誓。

這場景讓我聯想到了古羅馬競技戰士的最後致敬：「陛下萬歲，我們這些將死之人向您致敬！」我忍不住詢問後藤先生的優秀譯者美都里小姐請她幫忙解釋。

「有點難以翻譯，阿洛先生，」她回答，「大致的意思是，他們在向孫先生表示感激與忠誠？」

感激與忠誠——這不正是對所有軟銀人員的要求。

■

進入老闆包廂後，Masa第一個舉動便是換上一件炫目的黑色軟銀鷹外套，袖口兩側綴有運動風的白色條紋，背後則同樣用白色字樣印著他的名字。我半開玩笑地問道，倪凱和我能否也來一件這種超酷的外套。答案是不行，但幾分鐘後，我們便得到了僅次於外套的最佳替代品——專屬球衣，背後印有我們的名字，還有一頂亮黃色帽簷的黑色軟銀鷹棒球帽。

Masa、倪凱和我三人穿著軟銀鷹的球衣，背對著鏡頭，讓田中先生為我們拍下了照片，捕捉了這段三人合作關係中最後一個和諧的夜晚。

或許，我永遠不會成為真正的棒球迷，但至少那天晚上，我看起來有那麼一回事。

■

當晚的亮點莫過於一位意想不到的訪客——Masa的父親。孫老先生比尤達大師更像尤達。若他手裡有根拐杖，看來彷彿能將下巴輕輕地靠在杖柄上。他的神態讓我想起《老人與海》中，海明威筆下的老漁夫——全身上下都顯露出歲月的痕跡，唯獨那炯炯有神的黑色雙眼，閃爍著堅定的光芒。

Masa向八十歲的孫三憲深深一鞠躬，身子彎得更低，維持的時間也更久，雙眼謙卑地凝視著地面。這一刻，他不再高談闊論瘋狂的商業計畫，而是恭敬地向父親請益。

當場上近四萬名球迷為棒球場的鬥士們加油吶喊時，我們卻被眼前這位長者深深吸引，聆聽著另一場截然不同的奮鬥故事。孫三憲的眼神閃耀著光芒，目光穿越球場，凝視著遙遠的過去——那片早已被世人遺忘的土地。他不會說英語，我屏神細聽美都里小姐翻譯的字字句句，我深知這是走進Masa內心最深處的機會。

孫三憲在青少年時期，與家人從韓國大邱這座工業城鎮逃難到日本。他們在夜色掩護下乘船橫渡日本海，旅途驚險萬分，船隻一度幾近沉沒。所幸，他們被一位日本漁民救起，最終被送往福岡附近的海岸，才得以存活。他創業的第一步，便是製造和銷售燒酎——此種蒸餾酒深受日本大眾喜愛（Masa本身並不嗜酒，我從未見過他喝超過半杯紅酒。但或許，每當他品嚐拉塔希這款頂級紅酒時，內心都在提醒著他——孫家一路走來，能有今日實屬不易）。

「我父親為了養家糊口，嘗試過各種生意，每次都得歷盡千辛萬苦，」Masa曾如此形容他父親的創業歷程。但這一次，直接從孫三憲先生口中聽到這段故事，我才真正理解 Masa 那異於常人的動力從何而來。我想到了輝達（Nvidia）創辦人黃仁勳在史丹佛大學的著名演講，他鼓勵學子們去「經歷大量的痛苦和磨難」，以尋求個人的成長與成功機會。[2]

隨後，孫三憲臉上突然閃過一抹頑皮的笑容——Masa 每當想到新點子時，臉上也常出現這個表情。他向我們講述了自己別具巧思的經銷策略：他招募了有長期喝酒習慣的人，並以免費燒酎作為佣金，讓他們幫忙推廣產品。後來孫三憲甚至開始養豬，並拿釀造燒酎剩下的酒糟來餵豬。等豬隻長得肥美之後，便運送到最有可能高價買下豬隻的東京肉商。這樣的商業模式，在麥肯錫（McKinsey）策略顧問眼中，或許會稱之為「向後整合」。

下一步，他又抓住機會多角化經營，從燒酎與豬肉生意轉向博弈產業。他追隨諸多韓國移民的腳步，在東京開了一間柏青哥店（柏青哥是介於彈珠台與吃角子老虎機之間的大型遊戲機，賭博在日本屬於違法行為，但柏青哥則遊走於法律邊緣）。

最後他還開了一間咖啡廳，儘管他深信自家的咖啡是全區最棒的，卻始終無法吸引顧客上門——直到 Masa 想出了別出心裁的解決方案。

我曾經懷疑 Masa 的故事是否有杜撰或誇大的成分？但這次從孫三憲親口闡述了一個 Masa 曾提及過無數次的往事，證明了一切並非虛構。當時年僅十歲的 Masa 大膽建議父親「不如贈送免費咖啡來吸引顧客」，結果成效卓著——來店內取用免費咖啡的客人，因為不好意思便順道購買了糕點。更重要的是，他們品嚐過店裡的優質咖啡後，便成了忠實顧客，未來願意自掏腰包光顧。除了Masa的數學成績外，此事也讓孫三憲更確信自己的兒子是個天才。他笑著說完這段往事，慈愛又自豪地朝著滿臉笑容的Masa指了指。

美國前總統歐巴馬曾說：「每個男人不是試圖達到父親的期望，就是試圖彌補父親的過錯。」■[3]這句老生常談，無論出自美國總統或德國哲學家之口，都成了至理名言。無論如何，Masa顯然屬於前者。即使他已經五十九歲了，享受父母的認可依然比擁有十億行動通訊用戶或一兆美元的資產管理規模更別具意義。觀察他讓我不禁開始反思自己與父親的關係——他從未談論自己犯過的錯，也從未明確表達對我有何期待。我從未質疑過他的愛，但我們之間卻也從未有過如此深刻的交流。

對Masa而言，向父親介紹他選定的接班人，似乎與獲得他的認可同樣重要。我注意到年長的孫先生看著倪凱，端詳著這位未來可能的接班人。曾經的柏青哥大師如今像撲克玩家一樣，以銳利而深邃的黑色眼眸打量著對手，卻絲毫不動聲色，讓人無從判讀他的想法。

那天晚上，回到東京飯店的房間後，我開始查閱在日本的韓裔移民歷史。關於「慰安婦」—被日軍強迫淪為性奴的悲慘故事，我早有聽聞，但卻不知道日本社會在體制上對韓裔移民的歧視，竟與美國南方的「吉姆．克勞法」（Jim Crow laws）[38]如出一轍。孫三憲身為一名在日韓人（即設籍居住於日本），沒有投票權，必須定期按指紋登記，並被禁止從事公私部門的所有職務。他從來沒有選擇，從事非法釀酒、廢棄物回收等邊緣行業，是他唯一的生存方式。

種族歧視的重擔，往往會隨著世代交替而減輕，因此，我原本以為Masa的情況應該會好一些。我從未聽他談論過被歧視的經歷，但在《日經亞洲》的一次訪談中，他曾回憶起童年時的言語與肢體霸凌。■[4]他如此說道：「我的身分認同帶給我極大痛苦，讓我甚至認真考慮過自我了結。」

陳腔濫調之所以成為陳腔濫調，是因為它們往往是真理。貧窮與種族歧視沒有擊垮孫正義，反而讓他變得更堅韌，驅使他擁有家鄉的棒球隊，成為日本首富，並且讓人人都幸福——希望這也包括他自己在內。

搭乘已修復的蝮蛇號從福岡返回東京的途中，Masa出奇地沉默。我不禁猜想，他們父子二人可曾私下討論過倪凱與軟銀的接班問題？

或許，這位睿智的長者向才華橫溢的兒子提醒了某些問題——例如：讓印度裔接班人取代韓國人成為日本科技霸業的管理者，將帶來何種挑戰？

數週後，到了二〇一六年六月，我和倪凱得知，獨立調查已得出明確無誤的結論，並即將對外公布：波伊希勒律師事務所信中的指控「毫無根據」。

此次調查，就像一場大腸鏡檢查，令人不快，又具有侵入性。身著西裝的律師群在我們聖卡洛斯的辦公室出沒，在玻璃牆會議室內進行訪談。每當我經過時，他們便露出尷尬的微笑——因為他們很清楚，我知道他們正在談論我。這件事總算落幕，讓人鬆了一口氣。不過，與其說是落幕，倒不如說是暫時擱置一旁，隨時可能再度浮現。

我和倪凱預計將於六月二十日這一週在東京參加軟銀年度股東大會。我們決定利用這個機會繞道夏威夷，享受一個長週末假期。

於是，倪凱安排我們住進科納島在庫基奧開發區的友人家。

庫基奧是矽谷大亨的度假天堂。比起貴氣十足的漢普敦，此處更散發著夏威夷輕鬆愜意的氛圍，調酒杯上的小雨傘與鮮豔的花襯衫隨處可見，度假風情濃厚。但不動產價格同樣高得令人咋舌——頂級住宅區動輒上千萬美元，而你的鄰居很可能是邁克·戴爾（Michael Dell）這

38 吉姆·克勞法是指美國南部從十九世紀末到二十世紀中期實施的種族隔離法律。

樣的科技鉅子。

這次旅行，我們的妻子瑪雅和阿亞莎也同行，還有艾莉亞和一名天真可愛的小男孩——倪凱的長子基亞。

■

第一晚，喬治・羅伯茲（George Roberts）熱情款待我們。他的牧場風格豪宅坐落於太平洋環繞的海岬之上，景色壯麗。日暮時分，大家先在他的府邸內小酌一番，欣賞夕陽餘暉，隨後前往附近的四季酒店海灘享用晚餐。喬治・羅伯茲與堂兄亨利・克拉維斯（Henry Kravis）是一九八〇年代華爾街「槓桿收購」（LBO）的先驅。當時，我還只是摩根士丹利一名職級是助理的員工，懷著景仰之心，見證了他們如何策劃以二百五十億美元收購雷諾－納貝斯克的驚世之舉。這筆劃時代的交易不僅象徵著一九八〇年代槓桿收購狂潮的巔峰，更成為經典商業書籍《門口的野蠻人》（Barbarians at the Gate）的靈感來源。

喬治言語溫和，思維清晰透徹，這場晚宴對他而言並無特定目的，但他依然熱情款待我們。他與瑪雅交談的時間比與我交談還多——果然是眼光精準的投資人，擅長選擇值得投注心力的對象。晚宴上，他挑選了醇美的愛斯圖內堡紅酒（Château Cos d'Estournel）佐餐，同樣是極佳的選擇。喬治與 Masa 一樣，偏愛法國紅酒的精緻，但他更鐘情波爾多，而非勃根地。另一點不同是，儘管他的信用卡額度毫無上限，所選擇的紅酒價格卻僅是拉塔希的十分之一。想來這也合乎邏輯——畢竟喬治．羅伯茲是一名價值投資人。

如今已屆七旬的喬治，對華爾街的輝煌過往已不再留戀，他更有興趣與我們探討印度的靈學。我們聊到了《吠陀經》（Vedas）中對人生四階段的描述，尤其是森林期（vanaprastha）的過渡。當一個人滿足了對財富（artha）與情慾（kama）的所有渴望，便會進入隱居森林的修行階段，遠離世俗，尋求心靈寄託。根據古代吠陀文化，此階段通常從五十歲開始。然而，對千禧世代的人而言，這個轉變可能至少會延後十年，甚至更久。

這是一場耐人尋味的對話，特別是與華爾街傳奇討論《吠陀經》——對這些人而言，權力與金錢的遊戲永無止境。我印象中的喬治從來是優雅，而非野蠻，但或許如今的他，站在了不同的門前？

翌日晚上，楊致遠（Jerry Yang）邀請我們到他家作客。楊家是現代主義風格的海濱住宅，與周圍崎嶇的火山岩地形完美融合。在雅虎曾是所有人通往全球資訊網的入口、市值高達一千二百五十億美元的時代，楊致遠在矽谷的影響力，不亞於二十年後的伊隆．馬斯克。但他早在馬斯克之前，就證明了矽谷創辦人即便稱不上真正幽默，至少也「與眾不同」——這點從他當年選定「Yet Another Hierarchical Officious Oracle」（另一個層級的非官方神諭！）作為雅虎的逆向首字母縮寫[39]便可見一斑，甚至還特意加上驚嘆號強調。即便如此，雅虎也錯失了數次改變歷史的機會。一九九八年，雅虎曾有機會以一百萬美元的價格，買下後來在全球極具影響力的谷歌——當時這筆交易的價格還不到曼哈頓一間套房公寓的價格。■[5]延續著同樣的「偉大傳統」，二〇〇六年，當時的雅虎執行長泰瑞·塞梅爾（Terry Semel）錯失了以十億美元收購臉書的機會，隨後又錯過了以十六·五億美元買下YouTube的大好時機。■[6]兩年後，當楊致遠接任雅虎執行長時，拒絕了微軟開價四百五十億美元的收購提案。結果不久後谷歌崛起，雅虎節節敗退，股價一落千丈。最後到了二〇二三年，私募基金「阿波羅全球管理公司」（Apollo Global Management）坐收漁利，以低價收購了雅虎，成為矽谷史上最具代表性的反例。這也說明了一個矽谷人心照不宣的事實——精明的投資併購高手（deal jocks）所創造的價值，絲毫不遜色於寫程式的技術宅男們（tech bros）。

雅虎當年偶然投資十億美元收購阿里巴巴40%股份，多少挽回了一點頹勢。若是稍為軟弱的人，恐怕早已被這些嚴重錯誤壓垮，但楊致遠是華爾街與矽谷極為罕見的那一類人——他與自己和解，並活出理想人生。如今，他不再是科技公司的掌舵人，而是慈善家、年輕企業家的創業導師，並擔任史丹佛大學董事會（Stanford University Board of Trustees）主席，過著令人欽佩的美好生活。

當晚，我們在楊致遠家中的開放式廚房享用晚餐，我身旁坐著一位削瘦、戴著眼鏡的男子，他一身標準矽谷科技人士打扮——黑色T恤、牛仔褲和運動鞋。他對我說：「叫我馬克思就行了。」

在典型的矽谷晚宴話題中，馬克思開口談起馬斯克關於人類生活在模擬世界的理論。**果真如此的話，難道我只是虛擬世界的一個非玩家角色（nonplayer character）？**接著，他開始用數學公式推導，認真地向我證明這個假說的真實機率絕對超過50%。他非常嚴肅，我無法質疑他的邏輯。於是，我靜靜地等他說完，然後盯著他，學著傑夫．布里吉的語氣，擺出我最拿手的模仿：

「你他媽的在說什麼啊，老兄？」[40]

此話一出，事情本來可能發展成兩種截然不同的方向，但所幸馬克思同樣熱愛那位來自威尼斯海灘、愛抽大麻又自稱「督爺」[41]的嬉皮（或者如戲裡，你可以稱他「尊貴的督爺」、「督

39 雅虎的英文Yahoo一詞應是出自於《格列佛遊記》，之後才由創辦人將Yahoo定義為「Yet Another Hierarchical Officious Oracle」一詞的縮寫，這種反向操作稱之為「逆向首字母縮寫」（backronym）。

40 原文What the fuck you talking about, man? 是演員傑夫・布里吉（Jeff Bridges）在電影《謀殺綠腳趾》（The Big Lebowski）中的經典台詞。

41 傑夫．布里吉（Jeff Bridges）在電影《謀殺綠腳趾》（The Big Lebowski）的角色名字為督爺（The Dude）。

仔」，當然，如果你還嫌不夠囉唆的話，也可以叫他——至尊都德里諾！）。我們旋即轉換話題，談起了平克．佛洛伊德（Pink Floyd）的〈閃耀吧，瘋狂鑽石〉（Shine On You Crazy Diamond）一曲，並討論編曲的交響結構。那一刻，我知道自己找到了同好。

「馬克思」的全名其實是馬克思米利安．拉法伊洛維奇．列夫欽（Maksymilian Rafailovych Levchin）。他是PayPal共同創辦人、前Yelp董事長，並創立了先買後付公司Affirm。我不僅對他的才智卓絕敬佩不已，對他這個氣勢磅礡的名字更是心生崇敬。俄羅斯人的名字總讓人印象深刻，像是果戈里（Gogol）筆下的阿卡奇．阿卡基耶維奇．巴什馬奇金（Akaky Akakievich Bashmachkin）一直是我的最愛。相較之下，我那區區四個字母拼成的名字，簡直貧乏至極。更難得的是，柯恩兄弟竟然打造出一部經典電影[42]，讓基輔來的烏克蘭工程師與德里來的印度金融男一見如故。當然，你可能不同意我的看法——不過，「呃，你知道的，這只是你的意見，老兄……」（電影《謀殺綠腳趾》的經典台詞）。

納尼亞高爾夫俱樂部由喬治．羅伯茲和查爾斯．施瓦布（Charles Schwab）創立，這不僅僅是一座私人俱樂部，更是「個人俱樂部」：會員只限定喬治與查克邀請的親朋好友。納尼亞的球道與果嶺修剪得一絲不苟，彷彿凱莉・詹娜（Kylie Jenner）的化妝團隊每日清晨都會來此打理，以外科手術般的精準度精雕細琢每一根草。然而，此處最值得欣賞的並非草坪，而是令人驚嘆的美景——幾乎從任何角度都能眺望壯闊的海景，遠方的水面如同大衛・霍克尼（David Hockney）畫作中的游泳池般炫目迷人。低調奢華的會所建築靈感來自遠方的火山錐，與周圍景觀渾然天成，同時也為會員提供一覽無遺的全景視野。

喬治・羅伯茲邀請倪凱成為納尼亞俱樂部會員，而我們也有幸能獲得喬治本人親自款待，實屬難得的榮幸。這天，楊致遠亦加入我們，組成四人球賽，使陣容更顯分量十足。

納尼亞球場最具代表性的球洞是第17洞——這是一個長距離、下坡的短洞（Par 3），發球台位於整個球場的最高點。茂密的高狐草坪讓人聯想到高爾夫球場設計師大衛・麥克雷・基德（David McLay Kidd）的家鄉蘇格蘭，球道一路向下延伸至果嶺，映入眼簾的是令人屏息的360度環繞景觀，將夏威夷大島與無垠的海洋盡收眼底。

喬治與楊致遠都是單差點的高爾夫球好手，比賽一直競爭激烈，直到最後兩洞仍難分勝負。倪凱和我一隊，我們站上發球台時，他突然走了過來，摟住我的肩膀。但他並非要討論揮

42 柯恩兄弟（Coen Brothers）就是電影《謀殺綠腳趾》（The Big Lebowski）的編劇兼導演。

桿選擇，只是單純地看著我，露出一抹微笑。

我們曾經在市立練習場與公立球場學打高爾夫球，通常要等上數小時才有辦法開球。美國的私人高爾夫俱樂部是個獨特的世界——大多由男性盎格魯－撒克遜新教徒（WASP）菁英階層掌控，例如：東漢普敦的梅德斯通俱樂部。有時也會出現以猶太裔為主的俱樂部，像是布里奇漢普敦附近的大西洋俱樂部。當然還有緊鄰的大橋俱樂部，這家俱樂部以多元共融為賣點，但入會費卻高達百萬美元以上——對多數印度人來說，這仍是道難以跨越的門檻。

■

英國步兵若被問及對索姆河戰役的記憶時，經常會給出相同的答案——在震耳欲聾的砲火來襲之前，先響起了鳥兒悅耳的鳴叫聲。納尼亞的高爾夫球賽給人的感覺亦然，彷彿風暴來臨前的短暫美好瞬間。

當晚倪凱與我飛往東京，心情輕鬆、快樂，毫無防備。

我們來到26樓的軟銀辦公室，準備參加上午九點與羅納和Masa的會議。Masa早已在會議室等候，坐在主位，穿著他那件橄欖綠的優衣庫羽絨外套，室內一如既往地悶熱，空調設定在25度。至少，這一點是正常的。

不太正常的是，他獨自一人。清輝小姐發來的電子邀請顯示議程為「財務策略」，然而，財務團隊並未現身，我那位無所不在的小號手朋友中村先生也不見蹤影。而Masa並未展露他平日的熱情笑容，反而面色凝重，雙眼凝視著對面的龍馬肖像。

「倪凱，我得單獨和你談談。」他的語氣如同他的背脊一樣僵硬，幾乎不曾轉頭看我們一眼，他的話聽來更像是命令，而非請求。Masa向來彬彬有禮，這次卻沒有因為把我和羅納請出房間而道歉。

羅納和我對視一眼，默默退出。我回到倪凱的辦公室等待。

一小時後，他走了進來，神情自若，嘴角帶笑。

「結束了。」他說。

「什麼結束了，會議嗎？」

「我們去走走吧，薩瑪先生。」他說道，臉上依舊帶著那若有所思的微笑。

我跟隨他走出辦公室，搭電梯下樓，來到一樓大廳，然後沿著自動手扶梯來到地下一樓的星巴克。倪凱沿途都雙臂交叉，沉默地盯著自己的鞋子，直到身穿綠色圍裙、精神抖擻的咖啡師喊出「倪凱和阿洛」，而我們拿到微溫的卡布奇諾後，他才開口。

他已經辭職，立即生效。

「搞什麼鬼？」這似乎是最合適的反應。

倪凱看來很平靜，但他不是在愚弄我。我還記得他在納尼亞球場搭著我肩膀微笑的那一幕，他當時完全沒料到這一切。

「我們今天稍晚會發布聲明。」他說。

當天下午三點，新聞稿正式發出，正好趕上西方媒體的晨間頭條。

為何突然決定放棄年薪超過五千萬美元的職位？為何願意放棄各種財富和影響力的象徵：灣流私人飛機、與喬治．羅伯茲打高爾夫的機會、達沃斯論壇與艾倫公司太陽谷峰會的邀請？我問他。

「他告訴我，他暫時還不打算從執行長的位子退下來，這與我們當初的約定不同，但就這樣吧。他還想完成安謀的交易，而且對此非常期待。」倪凱答道。

Masa 曾在公開場合欽點倪凱為他的接班人，並私下承諾自己在六十歲後會將公司交棒給他。這個明確的退休時間點，一直是 Masa 對外傳達的生涯規劃重點之一。

分手總是令人惋惜，尤其是當你與雙方都擁有過美好回憶。儘管遺憾，我能理解他們分道揚鑣的原因。雖然 Masa 已經五十九歲，但我見過他像個孩子般在乒乓球桌邊來回奔跑的樣子，他依然精力充沛，而軟銀就是他的全部。再說，沒有Masa的軟銀，猶如少了耶穌的教堂，甚至連讓Masa作為幕後軍師都顯得不真實。

而四十八歲的倪凱正值巔峰，急欲證明自己能站上高位。他離開谷歌，是因為看不到明確的升遷管道，但要他在軟銀無限期等待執行長的位子，也與他的人生規劃不符。

Masa在公開聲明中表示：「我原本希望在六十歲生日那天，將軟銀交棒給他——但我覺得自己的使命尚未完成。我希望鞏固軟銀2.0，發掘斯普林特的真正潛力，並實現幾個更瘋狂的想法。這些都需要我繼續擔任執行長至少五到十年，而讓倪凱等待這麼長的時間，對他並不公平。」■[7]

這背後是否另有隱情？他們兩人說得上是合作無間，怎麼會突然劃下句點？種族議題是否是因素之一？對Masa而言肯定不是，但身為有色人種，心中總不免浮現這個疑問，儘管有時這會成為藉口。對倪凱和我來說，雖然融入西方社會並不容易，但我們不曾將族裔問題視為阻礙；反之，我們甚至可能受惠於外界對印度移民勤奮且善於分析的刻板印象。日本的情況是否又有不同？這個文化有太多讓我著迷之處，我不願相信這是原因。

「如果你願意，可以留下。Masa很喜歡你，」回程時，倪凱對我說。「他問了我的意見，我告訴他，由你自己決定。」

回到辦公室後，我注意到桌上有一張清輝小姐留下的黃色便條——Masa 想見我。

我完全不曉得該期待什麼。儘管倪凱的話讓我稍微安心，但 Masa 真的希望我留下嗎？同樣地，我也不確定自己是否願意。過去幾年雖然充滿刺激與成就感，但這種高強度的工作步調終究難以長久維持。更何況倪凱離開後，我就像一個力不從心的馴獸師，獨自面對那些潛伏於暗處的猛獸——他們曾攻擊過倪凱，接下來會輪到我嗎？此外，儘管倪凱表面上顯得無所謂，我若選擇留下，是否就等於背叛了朋友，特別是如果他遭受了不公平對待的話？然而，我對 Masa 有著極複雜的感情，既有敬重，也有一種難以解釋的保護本能。從權力關係的角度來看，這或許有些違反常理。同時，我也覺得自己必須對倪凱和我共同建立的團隊負責，其中許多人與我有著師徒般的關係。此外，儘管離開軟銀對倪凱而言確實是一大挫折，但軟銀提供給他的九位數離職金，足以讓他從容度過這段過渡期，等待下一次機會。

這一切讓人千頭萬緒，我想起了在楊致遠家廚房與馬克思的對話，試著讓自己保持「督爺」般的心態——世事難料，有時你只需順其自然。

於是，我毫無計劃地走進了 Masa 的會議室。

有別於早上的會面，我進門時，Masa露出和煦的笑容，姿態顯得放鬆許多。我走向自己習慣的位置——Masa左側，與他相隔一個不在場的羅納的座位。**我絕不會再犯相同錯誤了**。

「你可以坐這裡。」Masa說，語氣隨意，但動作卻意味深長。他伸出右臂，手掌向上，指向倪凱一直以來的座位。

事後回想，我當時應該意識到，坐在幾小時前還屬於倪凱的座位並不妥當，而後來的會議中，我也從未再坐過那個位置。但當下，我毫不猶豫地坐了下來，因為Masa向來不輕易接受拒絕。

我的第一個問題是，那場抹黑行動是否是倪凱離職的因素之一。

「絕對沒有，」他一邊回答，一邊用力搖頭。「我對倪凱的誠信有百分之百的把握。」

他為了這個決定苦惱許久，數夜難眠。他喜愛倪凱，視他如手足一般，但倪凱才華洋溢，讓他枯等並不公平。他談到自己會多麼想念與倪凱共事，也表達了希望我留下的意願。

「Masa，我來軟銀是因為倪凱，他永遠是我的朋友。但我也相信你的願景，喜歡與你共事。」我回應道。

「聽到你說這些，我真的很高興，」他深吸了一口氣，難得看來有些脆弱，感覺他是真心感到鬆了口氣。「更何況，我們工作上合作無間，一起品嚐好酒，有時還一起打高爾夫，你甚至會借我你的球桿！若你願意留下，我真的會非常開心。」

「或許你可以和羅納談談，看看後續如何安排。」他補充道。

就在我準備離開時，他又說了一句。

「讓我們一起改變人類的未來。」

The Money Trap

II

我們看著傻瓜在市場跳舞，
心想著只在一旁看更傻，
於是我們忍不住加入群舞，
結果音樂戛然而止。

11 預見未來的水晶球

早晨的陽光為西蒙．羅比（Simon Robey）的尊貴氣質，勾勒出宛如自帶光暈般的輪廓。「若你完全按照我的指示去做，你就**必贏**。」他輕聲說道，嗓音圓潤動聽，讓人回想起他在牛津大學讀書時，曾參加合唱團的時光。

在Masa租屋處的簡樸客廳裡，羅比選了一張厚實的軟墊扶手椅坐下，旁邊有扇窗戶面向東邊。這是一座法式復興風格的石造宅邸，位於矽谷科技富豪聚居的阿瑟頓，佔地一千多坪。一尊約四英尺高的古董石雕佛像守護著羅比的「寶座」，儘管鼻子不幸殘缺，但仍保有莊嚴肅穆的風範。

羅比的拇指勾著他的黑色絲質吊帶，身穿熨燙筆挺的白襯衫與深藍色西裝，看來十分有權威。他曾詢問我該怎麼穿著，但看來這就是他對「休閒」的理解。

「但你**必須**完全照我的話去做，」羅比補充道，語氣堅決，像在對學生講解數學乘法表的存在意義一樣，只是他的對象是盤腿坐在他對面沙發上的孫正義，而我則是懶散地靠在旁邊的長沙發上，驚訝於Masa靈活的髖關節。

我上次見識到這位昔日同事的風采，已是十多年前，身為銀行家的羅比，依舊保有讓他成為摩根士丹利歐洲併購明星的自信與膽識。他如今經營著自己的精品投資顧問公司，並受封為西蒙．羅比爵士，這個頭銜更增添了他的貴族氣息。我向Masa解釋，他在幾週前剛剛封爵。但當我試圖將其與坂本龍馬相提並論時，Masa似乎不能認同。

「不，他和龍馬不一樣。龍馬是鄉士，是人民的英雄。」

Masa滿心疑惑地打量著羅比，試圖判斷這位「吊帶爵士」（他戲稱羅比的綽號）究竟是聰明、愚笨，還是純粹古怪。然而，羅比三十年來經手過總額高達兩兆美元的跨國併購交易案，他自然是信心滿滿，也當之無愧。併購專家之於投資銀行界，正如戰鬥機飛行員之於空戰。如果英國有專門培養交易高手的頂尖學院，那麼，羅比無疑是院長級人物。

「我們需要像他這樣的人來完成亞當計畫（Project Adam）。」我向Masa解釋，收購安謀本就是一項艱鉅挑戰，但在當前環境下，更相當於《捍衛戰士》中「獨行俠」駕駛米格28戰鬥機做「負4G」俯衝。此時距離英國通過那個搬石頭砸自己腳的「脫歐公投」已經過了五天，大衛．卡麥隆（David Cameron）剛剛請辭，滿目瘡痍的倫敦正力求振作，準備迎接仲夏的皇家賽馬會、皇家亨利賽艇日與溫布頓網球公開賽等傳統盛事。然而，危機往往孕育轉機。英鎊走貶，使得以美元或日圓計價的交易成本大幅降低。或許我們能說服新政府，對軟銀的投資投下信任票？因此，我們需要一位內部人士能遊走於「老男孩關係網」（old boy network），也就是典型「牛劍」（Oxbridge）校友組成的人脈——在無能的政客換過一批又批時，這些人始終掌控著國家大權。我們需要羅比。

羅比不太情願，他的事業基礎是為英國企業提供顧問服務，經常協助國內公司抵禦外國「入侵者」的惡意收購。此外，Masa也是出了名的難對付。我向羅比保證，Masa對我很信任，並說服他親自見一見Masa，以確定自己的判斷。

彼時距離倪凱離職僅過了兩週，而這是我作為「國王之手」[1]後出場的首戰。此時，費雪和我已經接管西岸團隊，我待在舊金山的時間多了不少，和瑪雅也有越來越多的時間相處。

羅納和Masa最信賴的投資銀行顧問傑夫・辛恩（Jeff Sine）也出席了這場會議。傑夫也曾任職於摩根士丹利，我們在一九八〇年代曾於紐約共事過。正如《紐約時報》的文章所指出，[redacted][1]我們兩人加上在場的羅比，讓這場關於安謀的交易簡直有如「摩根士丹利校友會」。傑夫是典型的傳統銀行家——作風直率、謹慎低調、具有長者風範，他的智慧與法律背景使他的建議更有深度。他也和羅比一樣，創辦了自己的精品投資顧問公司——紐約的雷恩集團。

這天上午的焦點無疑集中在「吊帶爵士」身上，他為我們詳細解釋了倫敦典型的英國《收購守則》（Takeover Code）的種種細節。如同板球一樣，該守則的精神被視為神聖不可侵犯，無論是委託人或代理人，所有併購交易的參與者都必須恪守規範。我個人很欣賞《收購守則》，就如同我喜愛板球一樣。這項規範杜絕了華爾街常見的權謀與盤算，而這些手段往往會損害普通投資人的利益。《收購守則》要求潛在買家必須提出明確的現金報價——不得以複雜的金融工具作為支付手段，並且必須公開表明意圖，限制私下談判的空間，以確保交易的透明度與公平性。

羅比重申了許多傑夫和我早已向Masa說明的關鍵重點：做好準備支付遠高於目前二百二十億美元市值的溢價；確保資金已經到位；保密且迅速地採取行動。如果正式提出收購方案，會直接遞交給安謀董事長，由他代表股東進行談判。而羅比則會動用自己的人脈，確保我們獲得所有關鍵利益方的支持，包括媒體、投資界和各政府機關。

等到會議結束，我能看出Masa已經對羅比另眼相看。羅比雖不是武士，但你也不會帶一名棒球選手去打板球賽。

■

1 國王之手同樣也是電視劇《權力遊戲》（Game of Thrones；改編自喬治・馬丁的奇幻小說系列《冰與火之歌》）中出現的重要職位，負責協助國王管理七大王國，等同於首相的職位。

晚餐設在露臺上的藤架下享用，面對著游泳池和遠處精心修剪的花園。不論Masa到哪，加藤先生始終隨侍在側，一如既往，他低調地在一旁服務。加藤先生宛如腦外科醫師一般，全神貫注地切著松露薄餅。佐餐酒自然毫無懸念，正是拉塔希紅酒，與松露薄餅的風味相得益彰。

我們此刻仍在Masa的租屋處，上午我們才在此與羅比會面，現在則準備與安謀執行長賽門・席格斯共進晚餐。這場聚會並無正式議程，Masa也無意討論任何策略交易。

賽門由安謀策略長湯姆・蘭奇（Tom Lantzsch）陪同出席。諷刺的是，英國將安謀視為國寶，但賽門與湯姆卻沒有常駐於公司位於劍橋郡的總部，而是長期在矽谷。

費雪也加入了我們的行列。

賽門身形高䠷，是個沉默寡言的英國人，年約五十，髮際線有些後退，但身材精壯，英姿筆挺。他是一名工程師，亦是安謀最早期的一批員工，自一九九一年便加入公司。湯姆則來自德州，性格從容、討人喜歡。他與賽門一樣，都是資深工程師與安謀元老。

湯姆後來告訴我，當時他與賽門都不解為何他們會獲邀？但是，當孫正義邀你共進晚餐，你不會拒絕。

Masa談論起數兆台的連網汽車和機器人，以及安謀在「未來世界」中的核心作用時，他的興奮之情溢於言表，完全控制不住。賽門身為上市公司執行長，自然不會輕易給出具體的市場預測，更不會誇大其詞。然而，言談之間可以感覺出Masa與賽門對安謀的策略方向，看法明顯一致。我早已研究過賽門過去在法說會上的發言記錄，這點對我來說並不意外。

晚餐期間，Masa拋出了兩個關鍵問題。第一個問題是技術性的，關於安謀在32位元微控制器（Microcontroller Unit，簡稱MCU）的市佔率。微控制器基本上是在微型晶片上的計算機，設計用於執行特定功能。相較於16位元或8位元的微控制器，32位元屬於高階處理器。當Masa聽到賽門的答案——超過80%的市佔率，他轉頭看向我，露出會心一笑。這正是他所期待的，也是我們在福岡討論過的內容。

如果安謀在自駕車等物聯網邊緣設備的微控制器方面，能複製它在智慧型手機晶片設計的成功模式，那Masa的「瘋狂願景」或許真的有機會成真。

第二個問題則帶有隱含的假設。如果不必理會季度財報週期以及實現投資人對預期獲利的壓力，賽門會採取哪些不同作法？他聽完後苦笑，坦言自己確實會更積極投入資金來推動長期發展，並願意承受短期獲利不如預期的衝擊，畢竟這才是對未來最正確的決策。然而，他受到董事會牽制，投資界往往短視近利，極少關注季度財報之外的長遠發展。

Masa和我交換了個眼神——我們找到破口了。矽谷的創辦人執行長往往會發給自己具有超級投票權（super voting shares）的特殊股，賦予他們自由決策的權力，即便不見得所有決策都受到市場歡迎（最經典的案例，莫過於二〇二二年祖克柏堅持將重心投入發展元宇宙，儘管多數人認為此舉太過魯莽）。賽門在安謀任職已久，但他的董事會卻將他視為員工，而非創辦人，更何況董事會成員中，無一人具備技術背景。成為上市公司，反倒令他處處掣肘。

■

「你瘋了嗎？」

瑪雅說得沒錯。在美國國慶週末的星期天凌晨一點，我準備離家，搭乘凌晨兩點的私人飛機從倫敦盧頓機場飛往土耳其達拉曼機場，而就在三天前，伊斯坦堡剛發生一起恐怖攻擊，造成四十五人死亡。抵達達拉曼後，我還得再搭車一百公里前往位於土耳其里維埃拉的漁村——馬爾馬里斯。而Masa將從東京搭乘他的G650專機飛來與我會合。與此同時，蝮蛇號則被派往聖荷西接安謀執行長賽門．席格斯。我們三架飛機都預定於上午八點在達拉曼機場降落，接著我們將在典雅飯店稍作梳洗，中午在海濱的鳳梨餐廳與安謀董事長史都華．錢伯斯（Stuart Chambers）共進午餐。他計劃稍後從馬爾馬里斯搭乘遊艇出航。我的飛機將在當地待命，我向瑪雅保證，我一定會在當晚趕回家，招待她的父母和姐妹共進晚餐。

「鳳梨餐廳的食物應該沒那麼糟吧？」我笑著說，「況且，我別無選擇。」

這一切發生在阿瑟頓會議結束後的短短五天內。羅比已經為Masa指引了方向，而賽門也解答了他唯一關心的問題——現在，已經沒什麼能阻止Masa了。我草擬了一封由孫正義署名寫給錢伯斯的信，當中概述了我們的提案將以全現金收購，按照當前股價，報價已具備了合理的溢價，且不附帶任何反壟斷或監管條件。例如，即便中國政府反對此次控股變更，導致軟銀最終被迫關閉或撤資安謀中國業務（約佔安謀總收入的20%），軟銀仍願意承擔此風險，無條件完成收購。

用軍事術語來說，我們的策略稱為「震撼與威懾」（shock and awe）；在併購領域，則稱為「熊抱式收購」（bear hug）。舉例來說，這就像主動出價購買一棟你長久以來夢寐以求但未公開出售的高價豪宅，儘管從未進屋內參觀，你仍直接提出不附帶融資條件或其他限制的高價收購提案。可能的風險是，你或許會發現房子已遭白蟻侵蝕，或泳池無法使用——這些問題全由你自行承擔。再者，由於業主原本無意出售，因此你必須提出遠高於市值的報價，才能吸引對方的注意。

當我草擬這封收購提案時，我的指尖在鍵盤上的敲擊顯得異常遲疑，而不是如往常那般胸有成竹。在我三十多年的交易生涯中，這是我見過最大膽的交易之一——我們願意支付的溢價已經遠遠高於已膨脹的市場價格。**我應該試圖拉住 Masa 嗎？**但話說回來，安謀確實是一家出色的全球企業，擁有主導市場的市佔率，以及由專利技術築起的護城河。而且，若比照二〇〇五年智慧型手機的崛起，Masa 的「瘋狂願景」並不見得不切實際。

為了確保提案能發揮最大效應，我們決定親自遞交。然而，錢伯斯正在度假，搭乘遊艇航行於地中海，未來兩週都無法會面。Masa 可不會就此放棄，即便錢伯斯去阿富汗托拉博拉（Tora Bora）山區健行，Masa 恐怕都會直接跳傘降落，身旁還帶著全副武裝的加藤先生，就像藍波一樣防禦塔利班的干擾。他甚至詢問錢伯斯的遊艇是否夠大，可否供直升機降落。謝天謝地，我們沒機會找出答案。最終，錢伯斯同意於七月三日星期天在馬爾馬里斯上岸與我們共進午餐。加藤先生提前被派往當地，事先安排後勤事務。

我並未預料到土耳其會再發生恐怖攻擊，所幸加藤先生毫髮無傷。他的神情彷彿在告訴大家，不論是開瓶勃根地美酒，還是操作貝瑞塔92手槍，他都能夠駕輕就熟。

這架維斯達公務機的龐巴迪專機，內部裝潢宛如巴黎海岸飯店大廳，充滿時尚奢華的歐式氛圍，背景播放著輕柔放鬆的深度浩室音樂。座椅與牆面皆採用灰色皮革，搭配深色胡桃木飾邊，酒紅色地毯完美地襯托出整體空間。一名儀態優雅的空服員，身穿紅色滾邊的合身灰色外套，搭配紅絲巾，宛如隨時能登上時裝伸展台。她微笑向我保證，已熟記我的飲品偏好，若有需要可隨時為我準備。

若是其他情況，我或許會放鬆地享受一杯開胃酒，但今晚不行。飛行時間僅四個多小時，只夠勉強小睡一會兒。我換上機上準備的紅色糖果條紋睡衣——**到底是誰想出這種設計的？**——然後在起飛後鑽進喀什米爾羅紋毛毯。對我來說，最佳的舒壓良方莫過於閱讀佩勒姆・格倫維爾・伍德豪斯（P. G. Wodehouse）的小說，關於某位年邁貴族養育冠軍豬的荒誕故事，總是能讓人短暫忘記錯綜複雜的現實世界。然而，今晚即便是這位幽默大師也無法讓我放鬆。除了交易帶來的腎上腺素飆升之外，我也感到緊張。**土耳其正處於紅色警戒狀態。若是土耳其某位好戰的空軍飛行員，看見三架飛機在日出時分不約而同朝達拉曼機場聚集，他會作何反應？**也許我應該打開那瓶布利卡莎蒙粉紅香檳，放點音樂，甚至邀請紅絲巾小姐一起喝一杯？**裹著喀什米爾毛毯，手持粉紅香檳，隨著〈賜我庇護〉**（Gimme Shelter）**的旋律搖擺，天啊，還有什麼比這更風光的登出方式！除了這套可笑的囚服睡衣之外……**

我的行李只有一個黑色途米背包，裡面裝著一套換洗衣物、一台筆電，還有三份未簽署的收購提案紙本文件。但從土耳其邊境安檢的嚴實程度來看，感覺就算我帶了手槍和手榴彈，他們也不會發現，甚至不在乎。話說回來，恐怖分子的經費開銷應該不允許搭乘私人專機，尤其還是維斯達公務機；再加上這是仲夏的週日清晨，位於土耳其里維埃拉一處偏僻寧靜的小鎮，安檢可能沒有大城市那麼嚴格。

■

歷經土耳其鄉間顛簸的九十分鐘車程後，我終於抵達了典雅飯店，感覺彷彿一級方程式賽車手進了維修站，如釋重負。飯店設計師似乎對淡紫色情有獨鍾，但我對內裝沒什麼好挑剔，畢竟我只需要洗個澡，換身衣服。上午十點，我來到Masa的套房，加藤先生為我端上咖啡與可頌。我們俯瞰著馬爾馬里斯灣的湛藍海水，遠處是星辰島。Masa的航程比我更漫長，但他依舊精神奕奕，滔滔不絕地談論著安謀以及未來戰略。我有點擔心他表現得操之過急，便直言提醒，雖然說這話時，我也意識到自己竟然在對歷史上最具影響力的交易大師說教，實在有些不妥。

「我明白，你說得對。」他坦率地說，語氣甚至帶著一絲可愛的誠懇。「這筆交易對我來說意義非凡，讓我有些激動。也許這場會談該由你來主導，我負責聽。」

Masa回憶道，年少時，當他第一次在某本雜誌封面上看到一張美麗圖片，不禁熱淚盈眶。對於他的同輩男性來說，那張圖片或許會是風姿綽約的《花花公子》女郎，但對孫正義而言，那是一顆晶片——英特爾8080微處理器。對他來說，這筆交易不僅是生意，更是他的個人夢想，這也意味著，安謀股東將會收到一個他們難以拒絕的報價。

這天早晨陽光燦爛，於是我們決定沿著碼頭散步。Masa穿著淺粉色花紋短袖襯衫，頭戴一頂白色棒球帽，保護頭皮不被烈日曝曬。我則穿著淺藍色亞麻襯衫與白色牛仔褲，心裡不禁好奇如果羅比在場，他會穿什麼？

碼頭少了仲夏應有的熙攘人潮，或許是因為恐怖攻擊的威脅。我們一邊散步，一邊繼續談論安謀，直到Masa精疲力竭，轉而對我產生興趣。他問起了瑪雅和孩子們的近況，並專注傾聽，時不時強調家庭才是人生最重要的事。我告訴他，我與瑪雅已經結婚三十多年，這週末我們在倫敦有家庭聚會，大家要慶祝瑪雅父親的八十五歲大壽。

我們經過一棟獨立式的仿西班牙風格灰泥建築，外牆粉刷成白色，入口兩側種著棕櫚樹，門面上掛著一塊醒目的招牌——「時尚鑽石」（Vogue Diamond）。這間珠寶店雖然不比蒂芙尼或御本木奢華，但仍頗為氣派——白色拋光大理石地板鑲嵌著馬賽克圖案，店員穿著筆挺的白色亞麻西裝。Masa 提議進去看看。

進店後，他請我為瑪雅挑選一份禮物。我極力推辭，但他態度堅決，絲毫不容拒絕。我不知所措，試圖尋找最便宜的小飾品，但這裡顯然不是什麼平價連鎖店。Masa 見我躊躇不決，不耐煩地直接接管了選購過程。最終，我提著時尚鑽石的白色提袋離開店鋪，裡面裝著綁著紅緞帶的白色盒子，內襯為藍色天鵝絨，裝著一條帶著鑽石墜子的白金項鍊，以及成套的手鍊。

未來幾個月，Masa 與我會出現許多分歧，但這一切都不重要了，我們將永遠記得馬爾馬里斯的這一天。

■

鳳梨餐廳所在的建築，風格和時尚鑽石類似，不同之處在於它的外牆漆成了亮黃色，遮陽篷則是更鮮豔的橙色。**究竟是因為餐廳的名字才選擇如此繽紛的色調，還是因為建築本身的顏色才取了這個名字？**從一樓望出去，視線越過門前的棕櫚樹，可以清楚眺望奈特賽爾碼頭與更遠處的蔚藍海面。

我們在中午前抵達，發現加藤先生早已在此等候。考量到此地的景色秀麗，我原以為餐廳應該人聲鼎沸，但此刻卻只有我們一行人。**難道是因為害怕恐怖攻擊？**不，這是加藤先生的安排——他已經包下整間餐廳，讓我們能盡情使用。此外，他手中還提著一個雙瓶裝的紅酒保冰桶。Masa指示他帶上兩瓶拉塔希紅酒，一瓶是送給錢伯斯的禮物，另一瓶則是準備在午餐時享用。

史都華與賽門都準時抵達。史都華滿臉笑容，這讓我放心不少，至少他似乎並未因假期被打擾而感到不悅。他大約六十歲，氣色紅潤、健康，皮膚曬得黝黑，看來相當放鬆。他穿著藍色短袖亞麻襯衫、卡其色短褲與涼鞋，活脫脫就是個剛從遊艇上下來的人。史都華作為專業的英國企業高階經理人，過去曾在英國知名玻璃製造商皮爾金頓公司（Pilkington Plc）擔任董事長。後來，皮爾金頓被競爭對手日本板硝子公司（Nippon Sheet Glass Ltd.）收購，他隨即接任這家東京上市公司的執行長。因此，他對孫正義在日本的傳奇地位相當熟悉。他之後告訴我，他也對此次見面感到十分期待。

Masa再三致歉，抱歉打擾了史都華的假期，並感謝他願意接受此次「邀約」。接著，我不間斷地講了十五分鐘，向史都華與賽門逐步說明我們收購提案的重點。他們全程都聚精會神地聆聽，偶爾點頭示意。我講完後，便遞上了兩份簽了名的收購提案書。

午餐正式開始，菜色為事先預訂的義大利麵與烤鱸魚，但所有人都婉拒了紅酒。用餐時的對話顯得有些拘謹，午餐的節奏也異常匆忙——畢竟，在鳳梨餐廳的所有人都無法忽視「屋裡的大象」。我們知道，安謀已聘請了高盛與拉扎德投資銀行作為顧問銀行，這表示史都華與賽門都早已收到指示，他們只需禮貌、甚至冷漠地聆聽，並避免進一步表態。

午餐結束後，史都華提議他與賽門先行離席，並約定下午兩點，我們再回到鳳梨餐廳會面。還撥了通電話給待命中的羅比，當他聽到史都華與賽門兩點要再與我們會面時，他的反應就像看到一條打歪的領結。「他們不該這麼做。」他若有所思地說道。他們本該以「不適當」（inadequate）為由直接拒絕我們的提案，然後等待我們的下一步動作。

「我猜史都華是出於對 Masa 的尊重，可能是因為他比較了解日本商業文化的禮儀。」我推測道。

果然，下午兩點的會面只是走個過場。史都華確認他們已經讀過我們的信，內容清楚無誤，與我們的說明一致。他同時表示公司並未考慮出售，但作為董事長，他負有受託義務（fiduciary duty），必須審慎評估我們的提案，並承諾很快給出回應。

一般的買家或許會就此打住，但孫正義可不是一般人。他轉向賽門，詢問他是否有時間陪自己在附近的海灘散步。

與正式成為收購目標的公司執行長私下會談，明顯違反了併購的流程。賽門下意識地看向史都華，尋求他的意見。

「我們只談論技術。」Masa 向史都華解釋，此時史都華揚起眉毛，沉默地盯著他。

史都華原可堅持 Masa 與賽門的互動並不恰當，但這樣一來，便等同於質疑 Masa 的誠信，畢竟他已經明確表示「話題僅限於技術」。此時，想用任何善意的謊言推託都顯得蒼白無力。賽門確實有飛機要趕，但蝮蛇號可不會丟下他不管；再者，他要是說自己在馬爾馬里斯的週日下午有什麼其他行程安排，就更說不通了。

一小時後，在我趕往達拉曼機場的途中，Masa 來電。他與賽門的談話進展順利，雙方對安謀的未來方向高度一致。這是件好事，如果管理層不情不願，任何交易都會變得複雜，現在看來，情況相當樂觀。

抵達機場時，紅絲巾小姐已在登機梯旁等候。我這次終於允許自己來一杯香檳。我將手機連接到機上的音響系統，選了范・莫里森（Van Morrison）的 專輯《繁星歲月》（Astral Weeks）來放鬆心情。播放到第三首曲目《甜美之事》（Sweet Thing）時，不需要睡衣或喀什米爾毛毯，我已經進入夢鄉。飛機降落在盧頓機場時，紅絲巾小姐輕輕把我喚醒，我迷迷糊糊地走向停在停機坪上的黑色轎車。

「你趕上了！」當我晚間八點抵達家門時，瑪雅燦爛的笑容瞬間點亮了整個玄關。她的父親剛到，隨口問了我週日如何度過。

「沒什麼特別的，」我回答，一邊將時尚鑽石的提袋遞給瑪雅，「就是去購物。」

■

我們在七月七日星期四收到了史都華的書面回覆——可預見的明確拒絕。七月十一日星期一，我們重新提供了一份修訂後的提案，將出價提高10．7%，從最初的一千五百便士（十五英鎊）提高至一千六百六十便士（十六．六英鎊），相當於42%的溢價。

此時，安謀董事會聘請的銀行顧問應該提供了三項關鍵分析：第一，他們已經透過全球網路評估過，是否有其他想與軟銀競爭的潛在買家；第二，他們應該確認過報價是否「合理」，不僅考量了安謀的未來發展，還有此次收購基本上是控制權轉讓交易，想掌控公司的收購方通常需要支付「控制權溢價」（control premium）；第三，他們應該已經確認了軟銀的提案是否無懈可擊，尤其是資金的確定性。

高盛與拉扎德針對這些服務所收取的顧問費總計超過五千萬美元，這筆費用看似驚人，但其實符合市場慣例。併購案的顧問費主要依據交易價值計算，畢竟涉及數百億美元的企業收購案發生時，任何董事會都不會想貪小便宜，冒險找一家有打折的二線公司。對高盛和摩根士丹利等一流的投資銀行而言，併購交易是一門極為賺錢的生意。

羅比的收費也不便宜。在討論費用時，其談判手腕是我見過最高明且優雅的。Masa的豪華套房餐廳位在倫敦騎士橋的伯克利飯店，羅比坐在我們對面，從容地說：「與誰合作由我決定，而我值多少錢則由你來決定。」最後，我們支付給他的顧問公司高達八位數的豐厚報酬。

當銀行顧問們在背後緊鑼密鼓地作業時，各方私下釋出的訊號顯示，我們已經進入了「殺戮地帶」（kill zone），即交易成功的關鍵時刻。我們約定於七月十二日晚上八點在倫敦梅菲爾區的拉扎德辦公室會面。當晚七點三十分，我們團隊一行約二十人，包含銀行團與律師，大家乘坐一列黑色轎車，從海德公園角駛向皮卡迪利街，來到拉扎德位於史特拉頓街麗池飯店對面的辦公室。

這場會議的與會者僅限於「馬爾馬里斯四人組」——也就是Masa和我、史都華與賽門，而我們的顧問團隊則在隔壁會議室待命。

我們率先抵達，選在一間木製牆面的邊間會議室坐下，透過窗戶，可以俯瞰皮卡迪利大街與綠園，儘管已是夜晚，但天色還未暗，夏日的陽光依舊映照在樹梢。史都華與賽門遲到了五分鐘。眾所周知，日本人一向極為注重準時，不禁讓人好奇，這是否是他們刻意設下的戰術，想藉此擾亂 Masa 的節奏？

史都華此刻已不再是我們九天前在地中海碼頭遇見的那位親切水手。他身穿深灰色條紋西裝、白襯衫、海軍藍俱樂部領帶，舉手投足間散發著權威與氣勢。他坐在 Masa 的正對面，神情嚴肅，眼神中透露著期待。地中海的溫暖已被英國的冷峻與矜持所取代，馬爾馬里斯如今彷彿只是遙遠的兒時回憶。

Masa 有些措手不及，現在哪怕只是感受到一絲不敬，都足以擾亂他向來沉穩的氣場。我立刻火力全開，開始了我精心設計、反覆排練過的簡報，條理分明地闡述：為何每股一千六百六十便士的收購價對安謀股東已是極為優渥的條件；英鎊自上次提案後回升而讓這筆交易變得更加昂貴；以及為何這將是我們最終且最高的出價。

史都華一邊聽著，偶爾點頭，但神情卻如同一位心不在焉的父親。我當時的感覺是——無論我講的是交易細節，還是蠑螈交配的習性，他給出的回應都一樣：**我們的出價並「不夠多」**，**低估了安謀的真正價值**。然而，他的話語中完全未提及任何關於其他競爭對手的出價，也毫無證據能證明安謀的估值應該更高。

我俯身在 Masa 耳邊低語，但他顯然比我更懂得這場遊戲的規則。他轉向史都華，感謝他撥冗會面，並明確表示這已是我們提出的最佳報價。然後，他起身準備離開。

史都華與賽門看著我們，顯然十分錯愕。

我迅速站了起來，特意整理一下領帶結上的凹痕，同時避開與他們的眼神接觸，接著對史都華與賽門簡單點頭致意，然後跟著Masa走出房間。

整個場面頗為戲劇化，就在距離他夢寐以求的獎盃僅一步之遙的時刻，Masa依然保有驚人的自制力，這點讓我相當佩服。我們一路都默默無語，十分鐘內便回到了Masa的飯店套房。一回到房間，他便一語不發、面無表情地獨自坐著。他在懷疑自己的決定嗎？

接下來會如何發展？無人知曉。於是，我們乾脆點了臘腸披薩，喝起了啤酒。除了Masa，他依然在原來的位置，一動也不動。傑夫建議羅比與高盛和拉扎德的窗口聊聊，但羅比必須先行離開——他自二〇〇八年以來一直擔任倫敦皇家歌劇院主席，那晚要在晚宴上接受表彰。

不久後，羅比再度現身，一身光鮮亮麗的黑色晚禮服。然而，即便是他標誌性的黑色絲質吊帶，也未能讓Masa展露笑顏。皇家歌劇院為了表揚羅比，不僅在柯芬園歌劇院的大廳特別為他設立了一座半身雕像，還特別獻上一份極為罕見的禮物——由皇家歌劇院管弦樂團伴奏，羅比親自登台獻唱。

羅比喜不自勝，開心的神情已是拘謹的英國人所能表現出來的極限。我向來欣賞羅比，見他如此開心，我也不禁笑了起來，順口建議他唱點輕快的曲子來提振一下Masa的心情——也許來首威爾第（Verdi）的〈飲酒歌〉（Libiamo）？

就在此時，Masa的手機響起，刺耳的鈴聲迴盪在房間，帶著一股難以忽視的急迫感。這通電話非常簡短，Masa只說了一句：「好的。」掛斷電話後，他詢問了蘭斯伯瑞飯店的位置——他得立刻去見史都華。

蘭斯伯瑞飯店距離海德公園角僅百餘碼之遙，羅比主動提議陪同Masa前往。

三十分鐘後，Masa回來了。他平靜地坐下，似乎已經準備好回到剛才那種消極麻木的狀態。然而，他的嘴角微微上揚，臉上的笑容逐漸擴大，直到他完全忍不住——

「一千七百七十便士（十七英鎊）。」說完，他仰頭大笑。■[2]

若換作是普通英國人，此刻可能已經從椅子上跳起，高舉雙臂，彷彿英格蘭隊剛在世界盃決賽對陣德國時射進了關鍵一球，甚至可能興奮地高唱〈公主徹夜未眠〉（Nessun Dorma）。也許羅比在心中短暫衡量過這兩個選項，但最終還是忘不了英國人的矜持與傳統，只是沉穩地露出滿意的微笑。而且Masa和羅比都不是擁抱派，於是他們將興奮之情化為熱烈且激動的握手。

「非常感謝你，你真是我的福星。」Masa對著面帶微笑的吊帶爵士如此說道。

■

Masa到哪去了？數週後的週日晚間，時間已經很晚，而Masa隔天的行程滿檔，包括與英國新任首相梅伊（Theresa May）會面。

自從Masa與史都華握手達成協議後，一切進展順利。次日，史都華與賽門在波特蘭廣場的朗廷飯店宴請我們，氣氛融洽，馬爾馬里斯的溫暖彷彿又回來了。我們在午餐中討論交易執行計畫。當晚，Masa啟程返回東京，而我則留在倫敦，帶領律師與銀行團隊在拉扎德辦公室展開為期兩天的盡職調查（due diligence）。羅比介紹了芬斯伯里公司（Finsbury）的羅蘭·魯德（Roland Rudd）與我認識，他的公司負責協助軟銀規劃媒體策略。羅比甚至在交易對外宣布前，就已經事先向內閣秘書長暨英國政府最高階官員、已故的傑瑞米·海伍德爵士（Sir Jeremy Heywood）報告了情況。海伍德與我們一樣，也曾任職於摩根士丹利，在此次交易中，他發揮了關鍵作用，幫助我們在英國政府內部與更高層級進行溝通。

一旦「老男孩關係網」站在你這一邊，無疑是強大的助力。牛津畢業的羅比、魯德與海伍德三人組對我們的支持舉足輕重。「軟銀的投資是對英國經濟投下信任票」的論述獲得了廣泛認可，成功塑造了有利的輿論氛圍。此外，軟銀也先發制人，主動回應了外界對安謀在外資控股下可能發展不利的疑慮，並承諾五年內增加一倍的安謀英國員工（最終，這項承諾甚至超過了一倍）。

然而，當下最要緊的是本週的安排，但我無法確定Masa是否已經抵達倫敦。我打電話給他——好的，他已經到了。但他沒有預訂住處，不過現在已經安排好了，他入住了香格里拉飯店套房。

香格里拉？我曾去過那裡吃過一次晚餐。這家新飯店座落於倫敦碎片塔的高樓層，這棟一柱擎天的摩天大樓在設計上未來感十足——但不幸是，它位於泰晤士河「錯誤的一邊」。

「Masa，你不能住那裡，我們所有的會議都在倫敦市中心。」我說道。他建議我聯絡費雪的助理德蕾莎，她負責安排Masa出國時的行程。我立刻傳訊息給她，不久後，她回覆說會請人立即聯繫我。

幾分鐘後，我的手機響了，顯示的是來自美國的不明號碼。

「是阿洛克嗎？」對方幾乎是在咆哮，帶著濃厚的美國腔。他將我的名字唸成了「阿洛克」，還特意加重第二個音節，這種發音方式一直讓我難以忍受。

「是的……你負責安排Masa的行程嗎？」我語氣同樣不耐煩地問道。

「我是鮑勃。還有，我們從來不用真名，請記住這點。在這個專案裡，他的代號是『黑部』。」

鮑勃？黑部？

「聽著，不管你叫什麼名字，我明天早上八點要和孫先生見面，他還要會見這個國家的首相。所以別他媽的廢話，直接告訴我現在到底什麼情況？」

有時候，帶點權威的語氣，再加上一兩句粗話，便能迅速撥亂反正。

「是，是，對不起，先生。」「鮑勃」突然變得畢恭畢敬。「我們原本在貝爾格雷維亞為他訂了一棟設備齊全的連棟別墅，但他到達後說樓梯對他的狗來說太陡了。所以，我們幫他改訂了克拉里奇飯店的套房，結果他說上次住這裡時，被一群日本遊客拍了照片，所以不想再住。他偏好現代化的風格，於是我們給他訂了香格里拉飯店，但現在你又說他不能住那裡……所以我們完全不知如何是好。」

我腦中浮現出一群身穿制服的服務人員站在伊頓廣場的別墅門口，神情哀傷地目送Masa離開的畫面。

「別擔心，鮑勃，我來搞定。」我笑著說道。畢竟，換作是瑪雅和我，也會為我們的愛狗愛麗這麼做。

德蕾莎解釋，這位「鮑勃」可能是有點熱心過頭的退役軍人，受雇於她為Masa安排的頂級禮賓服務公司。

我立刻打給我的助理康妮——廣東人，幹勁十足，效率驚人——她很快就在騎士橋的寶格麗飯店訂到了一間兩房套房。

稍晚，我打電話給Masa，他表示飯店很不錯，而且他喜歡住在海德公園對面。結局皆大歡喜。

■

安謀的交易在八月三十一日獲得股東同意，並立即完成交割。距離我們首次與這家公司接觸僅用了短短兩個月時間，幾乎令人難以置信。交易的執行橫跨了歐洲沉寂的暑假，這段期間還有英國脫歐所引發的政治動盪。以這筆交易的規模與複雜度而言，我們打破了無數紀錄，我感覺自己像是奧運金牌游泳名將麥克・菲爾普斯（Michael Phelps）。或許我們的時機恰到好處，就像拿破崙的將軍所言：「我並不特別厲害，只是運氣好」。我們的盡職調查沒有發現任何疑慮，沒有潛藏的隱患或風險，也沒有監管障礙或競爭對手提出更高報價。Masa的大膽策略，最終獲得了完美驗證。

Masa與我造訪了劍橋，並在安謀的全體員工大會上發表演說。他的簡報中有一張固定的投影片，上面顯示的是智商的常態分佈圖，右尾末端放上了愛因斯坦與達文西的小型彩色肖像。但在Masa的相對論版本裡，他將達文西放在愛因斯坦的右邊。在他眼中，達文西如同賈伯斯，兼具智慧與美感兩種罕見的特質，使他更像個異類。而Masa的畫龍點睛之筆則是一個標示著「奇點」的紅色箭頭，指向兩人更右側的位置，象徵機器智慧終將超越人類智慧。

如果說「一圖勝千言」，這張投影片恐怕超過萬語。但無所謂，Masa就是熱愛圖表，哪怕只是為了一些陳腔濫調的觀察。這一次，台下觀眾出現了一些困惑的表情。我偷偷請田中先生把投影片上的愛因斯坦與達文西的肖像換成了我們兩人的自拍照——田中先生代替達文西，而我則取代了愛因斯坦。田中先生驚恐萬分，但我安撫他說，「沒事，我來負責。」我們坐在一旁，共享這個小秘密，我笑了，他也忍不住偷笑。

後來我們告訴Masa時，他開懷大笑有如一世紀這麼久，甚至是仰天長笑，一邊對著我倆搖著右手食指，假裝責備。

這仍是我對孫正義最珍貴的記憶。

然而，市場對安謀收購案的反應並沒那麼樂觀。軟銀股價在交易宣布後立即大跌，公司市值蒸發了近百億美元——恰好等於我們支付的收購溢價。這筆交易沒有為我們帶來綜效，我們也並未提供其他論點來合理化這筆溢價。有時候，市場還是蠻有效率的。

但Masa毫不在意，祝賀聲不斷湧來。包括馬雲在內等許多人都將這筆交易視為神來之筆。Masa不僅對安謀有自己的願景，他也說服自己，相信持有安謀將賦予他對全球科技趨勢的獨特洞見。**安謀的收入來源將能提供線索，預測哪些類型的處理器逐漸崛起，進而幫助他判斷哪些科技值得投資**。安謀將成為Masa的未來投資羅盤——他的「私人水晶球」。

於是，「亞當計畫」成為了「水晶球計畫」（Project Crystal Ball）的前身——而水晶球計畫最終催生了史上最獨特、影響最深遠，且資產規模高達千億美元的軟銀願景基金。

12 你超前了，老兄

卡爾文・科塔（Calvin Cottar）是巨獸獵人，出身非洲「五霸」獵捕世家，為家族第四代傳人。他的曾祖父深受老羅斯福（Teddy Roosevelt）所著的《非洲狩獵之旅》（Africa Game Trails）啟發，於一九一九年從奧克拉荷馬州移民至肯亞。我在準備非洲遊獵之旅時讀了這本書，書中最引人注目的部分，是詳細記錄了老羅斯福與兒子科米特在東非狩獵時所射殺的五百一十二隻動物。老羅斯福射殺了九隻獅子，而科米特則射中了八隻，不過老羅斯福在花豹與獵豹方面一無所獲，但科米特則分別獵獲了七隻與三隻（為免你感到好奇，科米特並未射殺任何青蛙[2]）。大象、河馬與猴子也出現在這位美國偉大總統的獵殺名單上，然而，這位總統竟以自然保育者的形象聞名於世。**簡直與邱吉爾和他的殖民種族主義沒兩樣，難道每輪明月都存在陰暗面？還是有些月亮其實全然陰暗，只是偶爾被星光照亮？**

那是八月下旬，安謀收購案塵埃落定的數週後，我帶著家人來到肯亞馬賽馬拉的科塔

2 這是作者開了老羅斯福的兒子一個玩笑，因為布偶電視劇《大青蛙劇場》（The Muppet Show）裡有個青蛙的角色也叫做科米特（Kermit）這個名字。

一九二〇年代遊獵營地度假。卡爾文昔日身為獵人的輝煌歲月早已成為歷史，如今他已蛻變為滿懷熱忱的環保人士，在自家營地接待來自世界各地的遊客。營地由白色帆布帳篷搭建而成，內部裝潢則滿是過去百年間蒐集而來的古董家具。卡爾文身材高大、光頭、年約五十多歲，渾身散發著寧靜從容的氣息，讓人不禁覺得，單單與他共處，都有助於延年益壽。

卡爾文本人就是我們的專屬嚮導，每天清晨五點準時啟程，展開遊獵之旅。我們原本只期待欣賞非洲遼闊的原野美景，卻總是因為灌木叢裡突然現身的各種野生動物而感到驚喜。薩米爾與我輪流坐在前座與卡爾文同行，瑪雅和艾莉亞則坐在後座，而我們的馬賽族偵察員則坐在車尾，目光如炬地搜尋著獵物的蹤跡。

這是我們的第四個清晨，今天行程的高潮是極為罕見的獵豹。卡爾文解釋，獵豹通常在黎明或黃昏行動，而他從這隻獵豹的腹部曲線判斷，它應該處於飢餓狀態。我們迫不及待地想見證這頭流線型的猛獸，以超越短跑健將尤塞恩・博爾特（Usain Bolt）兩倍的速度奔馳。於是，不管要花多少時間，我們決心緊跟著這隻獵豹。我們一行人小心翼翼地與牠保持距離，不知不覺就越過了馬賽馬拉邊境，進入了坦尚尼亞的塞倫蓋蒂。卡爾文與這隻迅捷的大貓一樣，對於如此隨意跨越國境毫不在意。「沒人會來找我們麻煩的，」他解釋，「他們都認識我。」

太陽逐漸升起，氣溫也隨之攀升。很快地，這隻獵豹似乎和我一樣昏昏欲睡，但薩米爾與艾莉亞意志堅定——我們必須留下來。卡爾文看向我，等待我的決定。我點了點頭。

「不過，此時若能來杯冰鎮的夏多內白酒，再配上一頓午餐，應該會更完美，」我一邊說，一邊露出渴望的笑容。

一組簡短的無線電指令發出，不到半小時，我們便在一棵傘刺金合歡的巨大樹冠下擺好了野餐，而那隻獵豹則安靜地蜷伏在百碼之外一處淡黃色的草叢中。

在如此詩意的時刻，當我坐進帆布折疊椅時，非常令人遺憾地，我的第一反應竟是去拿我的手機。我已經一整天沒查看郵件了，儘管這裡的訊號斷斷續續，但每當我們經過一座通訊塔台時，我的手機便會瞬間收到大量訊息。我略過了所有郵件，唯獨打開一封主旨為「水晶球計劃」的信件，發信人是田中先生，內容寫道：「Masa 知道你正在度假，但他希望你能幫忙看看附件的簡報。」看來，Masa 隔天準備進行某種投資會議。

我總是會將重要事件與音樂聯繫在一起，音樂播放清單成了我的「追憶似水年華」，每首歌都是我的一塊瑪德蓮蛋糕[3]。可是，如今「水晶球計劃」的記憶卻不再與旋律相伴，而是與塞倫蓋蒂草原上飢腸轆轆的獵豹，以及那位曾用溫徹斯特 M1895 槓桿式步槍獵殺黑白疣猴的美國前總統相連。而這位總統還親密地將他的步槍稱作「巨棒」（Big Stick）。

3 在馬塞爾・普魯斯特（Marcel Proust）的小說《追憶似水年華》中，主角咬了一口瑪德蓮蛋糕後，突然勾起了童年回憶。作者在呼應前句提到了《追憶似水年華》來比喻他的美好回憶。

這份願景基金的投資計劃（當時代號為「水晶球計劃」）開篇便闡述了Masa最廣為人知的「一兆台連網裝置」願景。正如行動網路曾幫助軟銀蛻變，而物聯網將成為軟銀下一階段成長的關鍵。

在他的論述中，安謀扮演著至關重要的角色，被視為預測未來投資方向的「水晶球」。

接下來的簡報重點，則是軟銀驚人的投資報酬紀錄——過去十八年間，軟銀創造了高達44%的年化報酬率。相較之下，巴菲特的波克夏海瑟威同期報酬率為20%，黑石集團（Blackstone）則僅僅15%。這些數字令人瞠目結舌，孫正義似乎在暗示他的投資績效不僅遠勝黑石，甚至比被譽為「奧馬哈先知」（Oracle of Omaha）的巴菲特還要高出兩倍以上——而巴菲特可是史上公認最偉大的投資人之一。

我要求查看原始數據，結果發現這些數字確實無誤。巴菲特向來避免使用槓桿，而Masa則積極擁抱槓桿，加上匯率變動的影響，使得比較之後的結果有所偏頗。例如，收購斯普林特的交易是以日圓融資，而日圓貶值則抬高了原本表現不太理想的投資價值（假設你以二十萬美元作為頭期款，購買了一棟價值一百萬美元的房產，並以日圓計價貸款八十萬美元。如果日圓貶值12．5%，你的貸款折算後只剩下七十萬美元，而房屋資產淨值則增至三十萬美元——即使房價未變，資本報酬已成長了50%。若房價再上漲20%，你的資產淨值將來到五十萬美元，實現二．五倍的投資報酬。這正是金融工程的魅力——極為誘人，令人上癮，但偶爾也隱藏了毀滅性的風險）。

無論如何，Masa在發掘以及打造出成功者的實力無庸置疑，甚至令人驚嘆。許多人片面地將他的成功視為曇花一現，但軟銀的故事遠不止於阿里巴巴。雅虎是一筆出色的早期投資；沃達豐的東山再起堪稱經典的逆襲案例；日本雅虎則是他從無到有一手打造的成功企業；而超級細胞更是一筆高明且有遠見的交易，獲利成功落袋。

願景基金的關鍵差異化因素，在於它以「特別股」的形式內建槓桿機制。華爾街的結構性融資與灣區的科技產業，這兩個原本相去甚遠的世界由於願景基金而得以融合。數個月後，一場私人晚宴上，高盛執行長大衛．所羅門（David Solomon）形容這種金融工程簡直是「鬼斧神工」。話說回來，當年的雙層擔保債務憑證這類金融商品，在華爾街同樣被視為「鬼斧神工」，最終卻在二〇〇七年引爆了全球金融危機。

投資科技產業，從來就不是膽小者的遊戲。如果W. G. 澤巴爾德（W. G. Sebald）選擇徒步遊覽的不是東英格蘭，而是矽谷，他或許會寫出不同類型的傑作，還能享受更宜人的氣候。然而無論背景如何，他的經典作品《土星之環》（Rings of Saturn）的核心思想依然適用——那令人難以忘懷、反覆出現的主題：「每件新事物的背後，早已潛藏著毀滅的命運。」正如影像殺了廣播業，谷歌幹掉了雅虎，iPhone取代了黑莓機，思播掃除了CD，網飛消滅了DVD，臉書埋葬了聚友網（MySpace），而抖音正在摧毀臉書、Instagram和所有一切。與此同時，軟體正在吞噬世界。

哈利．馬可維茲（Harry Markowitz）提出「多元化投資是投資中唯一的免費午餐」[4]，此一觀點讓他獲頒諾貝爾經濟學獎。然而，科技股的估值往往彼此高度相關，如果所有投資都集中於科技產業，多元化帶來的分散風險效益將大打折扣。對新創企業而言，獲利通常遙遙無期，因此，公司估值對利率高度敏感。此外，市場情緒亦是一大變數，時常受到市場心理與貨幣政策影響，進而形成大起大落的投資循環，如一九九九年至二〇〇〇年的網路泡沫，或更近期的二〇二二年科技股修正。

多元化投資的時間因素也經常受到忽略。所有條件相同的情況下，一檔每年以一億美元連續投資十年的基金，比起每年以五億美元連續投資兩年的基金，前者的風險較小，原因是它能根據市場週期進行投資，即便兩檔基金投資的金額相同、風險概況類似，前者的整體波動性仍然較低。Masa 的投資績效來自長達十八年的紀錄，而願景基金則計畫在短短二到三年內部署全部資金——這無疑是更高風險的提案。

不僅如此，在這個高波動、高相關性和高風險的投資組合中，願景基金還導入了槓桿，甚至經常是雙重槓桿（沒錯，這挺複雜的——裡裡外外一堆細節，腦子裡得理清不少線索啊，夥計）。願景基金進行投資時，超過50％的購買資本來自軟銀及投資人，剩餘部分則由投資人提供的「夾層融資」（mezzanine financing，又稱「特別股」）來填補。

夾層資本類似於債務，每年支付7％的現金利息，但沒有固定的還款日期，投資人只有在投資標的賣出時才會獲得償還。

在最初幾年，願景基金主要是處於投資階段而非獲利階段，因此，它唯一能履行每年支付利息的方式，就是向基金投資人要求更多資金注入。換句話說，投資人可能需要再注入資本，以便支付利息給自己——這種「自己付自己利息」的巧妙循環，正是讓大衛．所羅門等金融工程師讚嘆不已之處。

4 馬可維茲強調在投資過程中，將資金分散到不同的資產類別，可以減少風險，從而提高報酬的穩定，也就是分散風險。

重點在於這筆夾層融資並未以基金的基礎投資作為擔保，也就是不像房貸那樣會以不動產作抵押一樣。因此，這就產生了第二層債務的可能性。在證券市場中，券商經常允許投資人以「融資」的方式購買上市公司股票，也就是投資人可向券商借款，以標的股票或衍生性金融商品作抵押，融資高達股票價值50%的資金。如果願景基金選擇投資公開市場的股票，它的槓桿效應，理論上會是現有規模的兩倍以上。

雙重槓桿就像用咖啡馬丁尼配上紅牛能量飲——你可能會一飛沖天直達聖母峰頂峰，然後直墜馬里亞納海溝的黑暗深淵，速度或許比獵豹追蹤羚羊還快。我對此惶惶不安，但孫先生卻毫不畏懼，不是因為他是天生的賭徒，而是因為他是虔誠的信徒。在Masa的「愛因斯坦宇宙」裡，海森堡的測不準原理根本無關緊要——他的「神」從不擲骰子。

我從非洲和Masa簡短地通了電話，試圖說服他：這層層堆疊的槓桿太過頭，可能少有人會接受，不如轉向為斯普林特募資——我們當時急需資本。他禮貌地聽著，但顯然已下定決心。「讓我試試。」他說道。

我們追蹤的那頭非洲獵豹，最後並未獵捕任何獵物。當我們在黃昏時分離開野餐地點時，我心想，Masa這筆交易大概也無法成交。

拉吉夫・米斯拉（Rajeev Misra）手腕高超，擁有令人嘆為觀止的生存本領。在德意志銀行任職期間，他掌管著全球規模最大、最複雜的信用業務。值得注意的是，他安然度過了二〇〇八年的金融危機，這是因為他精準押注了次級房貸市場的崩盤，透過做空或避險得以全身而退，不像多數同行損失慘烈。

二〇〇六年，任職於德意志銀行的拉吉夫，匠心獨具地策劃了一項百億美元的結構性融資方案，幫助Masa完成了他收購日本沃達豐的大業。這筆交易是Masa東山再起的關鍵一役，而他始終沒有忘記拉吉夫在其中的關鍵角色。當Masa將拉吉夫招募進軟銀，擔任「策略財務總監」這等曖昧不明的職位時，他或許也期待著再來一場類似的金融奇襲，但即便是Masa，也無法預見後來的事態發展。

拉吉夫總是赤著腳在辦公室走來走去，嘴裡常抽著電子煙，手邊總少不了一杯星巴克紙杯裝的卡布奇諾。頭髮向後梳得油亮，手上戴著冰藍色錶盤的白金勞力士手錶，還搭配著一條印度串珠手鍊，如此奇特的組合與他本人一樣古怪。他笑聲宏亮，但你永遠無從知曉他在盤算什麼，只能確定他的想法肯定是大膽又瘋狂。

我和拉吉夫有些私交，也相當佩服他的信用交易能力。我們甚至曾經同意在倫敦商學院（London Business School）共同開設一門投資課程。倪凱和拉吉夫也是朋友，但倪凱出身谷歌，對槓桿融資的態度比較保守（大型科技公司避免利用槓桿舉債，就像李奧納多・狄卡皮歐（Leonardo DiCaprio）避免跟二十五歲以上的女性約會一樣）。因此，倪凱還在軟銀時，拉吉夫和我鮮少有機會合作。

不過，有一次頗為搞笑的例外。當時，我們兩人都在倫敦希斯洛機場第五航廈的「協和廳」休息，彼此都以為對方有在留意時間，結果雙雙錯過了班機（協和廳比頭等艙貴賓室還要高級，是英航提供給頂級客戶在搭乘商業航班時，能夠互吐苦水的避難所）。

拉吉夫在軟銀期間，最重要的成就是促成一筆結構性融資交易，讓斯普林特以其頻譜資產[5]作為抵押，成功募集資本，進而緩解了斯普林特在財務報表上的一些壓力。然而，由於一直無法擔任實質的高階管理職位，到了二〇一六年夏天，拉吉夫開始考慮加入德意志銀行前同事剛創立的投資公司，名為FAB。公司名主要取自創辦人姓名的首個字母，分別是：義大利人費索拉（Faissola）、土耳其人阿里伯努（Ariburnu）和烏地阿拉伯人巴薩姆（Al-Bassam）。如果拉吉夫當初加入，他們或許能組成投資界的「披頭四」（Fab Four）。但最終他並未加入，而FAB也更名為Centricus。

費索拉與卡達高層關係密切，而巴薩姆則試圖與沙烏地阿拉伯建立聯繫。當巴薩姆的努力碰壁時，費索拉牽線Masa與卡達投資方於八月底會面。據FAB團隊透露，Masa最初的計畫是成立二百億美元的基金，但在前往卡達的飛機上，他逕自決定擴大規模至一千億美元，甚至直接修改了簡報。

數週後，我陪同Masa在安謀的聖荷西辦公室與一群來自波斯灣的投資人進行後續會談。看著他們若有所思地摸著鬍鬚，但沒有立刻掏錢——不過，沒有關係，他們的參與與否其實無關緊要。

■

穆罕默德・本・薩爾曼（Mohammed bin Salman。簡稱MBS）熱愛電玩遊戲，他最愛的是以歷史為主題的《世紀帝國》。然而，薩爾曼的現實生活也是一場腥風血雨的「權力遊戲」。二〇一六年時，蓄鬍、身形魁梧，頭戴紅白相間阿拉伯傳統頭巾的薩爾曼年僅三十一歲，已是沙烏地阿拉伯的副王儲。但他很快便將擊敗最後的對手——他的堂兄、時任王儲的穆

5 斯普林特是電信公司，這是指電信公司持有的無線頻譜執照，是移動通信網路（如4G或5G）運作的關鍵資產，具有高度價值。

罕默德・本・納伊夫（Mohammed bin Nayef），成功奪嫡，成為沙國的實際掌權者。

然而，成為沙烏地阿拉伯王儲絕非易事。早在二〇〇九年，前任王儲納伊夫便曾在一次刺殺行動中死裡逃生——當時，名叫阿卜杜拉・阿西里（Abdullah al-Asiri）的蓋達組織成員，試圖利用藏在直腸內的塑膠炸藥進行自殺式攻擊。[1]然而，這場行動的策略根本是搬石頭砸自己的腳，最終刺客炸死自己當場死亡，卻未能成功行刺。隨著薩爾曼的權勢日益上升，瓦哈比基本教義派教士和已故國王阿卜杜拉的子嗣，皆在暗處伺機而動，等待他出錯。薩爾曼位居高位，身處於權謀鬥爭的環境下，對於科技業槓桿投資的日常波動根本不以為意。

不過，在這場權力遊戲的最後，薩爾曼的獎賞卻是一個危機四伏的王國。威脅並不僅僅來自與伊朗的宗教分歧和中東地區霸權之爭，更嚴峻的是國內的經濟危機正步步逼近。二〇一六年，薩爾曼接掌沙國時，42%的國內生產毛額和84%的出口都與石油有關，[2]此種經濟結構極度危險，尤其全球正逐步降低對化石燃料的依賴，以及美國二疊紀盆地的水力壓裂技術也取得了巨大突破，讓石油與天然氣的產量大增。過去兩年，國際原油價格暴跌，沙烏地阿拉伯的財政赤字更創下了13.5%的新高。[3]

於是，二〇一六年四月，薩爾曼推出了「願景二〇三〇」（Saudi Vision 2030）計劃。這項宏偉的經濟改革計劃，旨在重塑沙國的經濟結構，擺脫對石油的依賴。計劃中的關鍵一環是培育本土科技產業，為此，薩爾曼拋開傳統頭巾，穿上芥末色長袍，親赴矽谷。在舊金山費爾蒙飯店的晚宴上，薩爾曼對著堪稱矽谷創投天團的一群人發表談話，與會者包括馬克・安德森、彼得・泰爾（Peter Thiel）、麥可・莫里茲（Michael Moritz）和約翰・杜爾（John Doerr）。他向這些矽谷巨頭請求：「我需要連結沙烏地和矽谷的橋樑，我需要你們幫助我國推動改革。」[4] 遺憾的是，沒人在乎。對這群矽谷投資金童來說，他們規模不大的基金可是「專屬俱樂部」，只有特定人士才能參與，新投資人往往被拒之門外。就算是沙烏地阿拉伯王子，對他們依然毫無吸引力。更何況，他所代表的經濟體滿是石油味又死氣沉沉，實在讓人興趣缺缺。

但在一場天時地利人和的巧合之下，二〇一六年九月，薩爾曼正式訪日。在東京，他遇到了全世界唯一能與他比肩而立的男人。經過巴薩姆數週不懈的努力，終於在薩爾曼訪日的最後一天，為Masa爭取到一次會面機會，地點在迎賓館赤坂離宮，當時薩爾曼以王室貴賓身分下榻於此。

兩人會面前，田中先生寄來了一封郵件，標題寫著「沙烏地王子簡報」。我向來欣賞田中先生這種直截了當——沒有浮誇的標籤，沒有「機密」或「保密」等自以為是、危言聳聽的警告字眼，只有一列簡單直白的標題，讓人一目了然。田中先生這點像極了過去的偉大藝術家：

如果雷諾瓦將畫作命名為《哈密瓜與番茄》，那你大可確信，畫中必然是印象派畫風的哈密瓜與番茄。

在巴薩姆的情報加持下，Masa的簡報想必以他一貫的熱情華麗呈現。他氣宇非凡地向薩爾曼推銷他的提案：

「這是您第一次來到東京，我想獻上一份禮，一份來自Masa的禮物，價值一兆美元。只要您投資一千億美元到我的基金，我會帶給您一兆美元的報酬。」[5]

會議持續了四十五分鐘，最終Masa成功帶走了四百五十億美元，投入到現在稱為「願景基金」的計畫中。此檔基金的命名也巧妙地呼應了薩爾曼的「願景二〇三〇」。

眾所周知，Masa曾以「每分鐘十億美元」來總結這次與薩爾曼的會面。乍聽之下或許略嫌誇張，畢竟雙方後續談判延續了數月，才真正敲定投資細節，但這句話倒也並非言過其實。一旦薩爾曼點頭，這筆巨額交易便成定局；不論是在沙烏地阿拉伯還是全球其他地方，沒有任何資產配置者敢輕易承諾如此龐大的投資規模。

Masa與薩爾曼的這場會面發生在二〇一六年九月三日星期六。當時我人在倫敦，Masa來電時對他來說已是深夜。但這通電話的不尋常之處並非時間，而是因為Masa從不會無緣無故打電話閒聊，他打來總有目的。然而這次，他是興奮得難以入睡，急於與我談論這場會面。他對薩爾曼印象深刻，稱讚他年輕有為、英明睿智，並驚嘆於他那龐大的隨行隊伍——十三架專機與五百名隨行人員。據Masa轉述，當他闡述自己的提案時，薩爾曼直截了當地回應：「這麼久以來你都在哪裡？」

Masa對沙烏地阿拉伯王室所知甚少，但對他來說，薩爾曼受到日本皇室接待，就足以證明這位王儲的地位與可信度。更何況，那時還是沙烏地阿拉伯記者賈邁．哈紹吉（Jamal Khashoggi）[6]人間蒸發之前，當時國際社會依舊視薩爾曼為沙國的改革推動者。（我個人也樂見沙烏地阿拉伯推動改革。猶記我多年前唯一一次造訪利雅德時，入境官員竟問起我的宗教信仰，然後追問為何公司不派遣穆斯林員工來訪？）

若不是這場戲劇性的東京邂逅，願景基金根本不會誕生。薩爾曼有如失蹤許久的英國傳教士、探險家李文斯頓博士（David Livingstone），而Masa則是前去尋找他的史丹利（Henry Morton Stanley），或反之亦然。兩人之間這種「惺惺相惜」的情誼，猶如《虎豹小霸王》的俠盜二人組、《哈姆雷特》裡的男臣羅森格蘭茲及吉爾登斯吞，甚至像漢堡與薯條，缺一不可。然而，這筆鉅資承諾所帶來的市場震撼，並非所有人都買帳。十天後，知名創投大佬比爾．格利（Bill Gurley）在凱拉．舒維瑟（Kara Swisher）主持的播客節目《重編解碼》（Recode Decode）中，表達了對科技泡沫的擔憂。■[6]他提到自己剛參加了一場在拉斯維加斯舉辦的投資人會議，在會上他聽到了八家獨角獸公司裡，就有五家在簡報中提到「兆」這個字。格利說道：「不知從何時開始，我們的生態系鼓勵這種誇大的自我吹捧文化，現在每家公司都覺得必須用上『兆』來描述自己的願景。我認為這很危險。我們表現得彷彿自己有權顛覆一切、吞噬所有產業，看來就像一群被寵壞的孩子。」

格利承認像他這樣的資本配置者，對於新創企業的估值暴漲與非理性競爭負有責任。「我認為每個人都得參與這場遊戲，」他說道，「當利率這麼低時，資金就會四處流竄。」

這話聽來令人不寒而慄，格利的言論與花旗集團執行長查克・普林斯（Chuck Prince）在二〇〇八年金融危機前夕的言論幾乎如出一轍。當時，普林斯曾說：「只要音樂還在演奏，你就得起身跳舞。」[7]

格利的話讓我覺得，這位創投圈的老將難得流露出一絲內省。畢竟，他在這個圈子這麼久了，早該知道獨角獸只是一種神話生物，而這些「獨角獸」公司的估值泡沫遲早會被現實戳破。然而諷刺的是，格利的投資公司基準資本（Benchmark Capital）最新一期的基金規模不過區區五・五億美元，在他警告市場「資金氾濫」之際，Masa則是說服了沙烏地阿拉伯與阿拉伯聯合大公國的主權基金拿出六百億美元投資願景基金。是啊，錢確實「太多了」。

即便是與Masa共同設計基金架構的拉吉夫，也沒有信心願景基金真能成立。這筆資金規模野心勃勃，堪稱投資史上最大的資本池，規模甚至超越二〇一六年美國整體科技創投資金的總額。**如此龐大的資金，究竟該投向何方？**

這讓我想起維根斯坦的「兔鴨錯視圖」——**為何人在面對相同資料時，卻會得出截然不同的結論？我該像倪凱那樣勇敢表態，還是順勢而為？**然後，我想起了軟銀鷹球隊的「感激與忠誠」。更何況跟老闆進行「兔鴨辯論」，結局就像歌劇《伊底帕斯王》（Oedipus Rex）一樣可以預期，只能以悲劇收場。

■

當你的老闆——即便他是阿拉伯王子——想找個外人來幫你完成工作時，心情肯定不會太好。這或許正是亞西爾·魯梅延（Yasir Al-Rumayyan）當時的感受，薩爾曼派他負責完成與Masa握手達成的投資承諾。

亞西爾是一位風度翩翩的前銀行家，負責管理沙烏地公共投資基金（Saudi Public Investment Fund，簡稱PIF），並正在組建自己的投資團隊。二〇一六年六月，公共投資

6 除了記者身分，哈紹吉也是一位專欄作家及反對派人士，他曾公開發表對沙烏地阿拉伯政府的批評，尤其對王儲薩爾曼的領導提出質疑，二〇一八年在進入土耳其的沙國領事館後從此失聯，後續調查，哈紹吉已慘遭殺害。

基金向矽谷當時最炙手可熱的獨角獸——優步，投資了三十五億美元。這筆交易成為公共投資基金在國際市場初亮相的處女秀，亞西爾也因此加入了優步董事會，而優步則承諾參與「願景二〇三〇」計劃，加大在沙國的投資。

薩爾曼與Masa密會後不久，亞西爾帶著他的團隊抵達東京，來到軟銀總部會議室，面對Masa經典的「水晶球、連網機器人與奇點」簡報。

我坐在亞西爾的對面，仔細觀察他的反應。如果換作是我，恐怕會覺得自己像準備接受痔瘡切除手術的病人，一整個坐立難安，但亞西爾卻顯得氣定神閒，波瀾不驚。

Masa的簡報照例少不了他最愛的那張投影片——畫面一側是一隻鵝，另一側是五顆金蛋，標題則是令人摸不著頭緒的問題：「哪個比較重要？」但這次簡報做了改動，標題變成了「軟銀＝金蛋製造機」，圖中的鵝被標註為「人工智慧革命」，而這隻鵝身後，則是一長串剛剛產下的金蛋。

亞西爾一行人中，唯有他的鬍子刮得乾乾淨淨的。然而，此刻他正用著國際通用的「沉思」手勢，撫摸著自己光滑的下巴，試圖消化孫正義令人費解的獨創思維。

當晚，拉吉夫、我與亞西爾一同前往銀座一家酒吧。周圍的顧客多半喝著頂級XO干邑白蘭地，抽著古巴雪茄，而亞西爾卻興奮地向我們分享沙烏地智慧城市「未來新城」（NEOM）

的場址照片，這座城市計畫將擁有機械恐龍侏羅紀公園，一切都是薩爾曼「願景二〇三〇」計劃的一部分。高爾夫是亞西爾和我的共同嗜好，於是我們熱烈地討論起史上偉大的高爾夫球選手。我特別推崇天賦異稟、揮灑自如、但命運多舛的葛瑞格．諾曼（Greg Norman）。幾年後，亞西爾震驚高爾夫球界，創立了LIV高爾夫職業巡迴賽，挑戰美巡賽，那時我又回想起我們的這場對話。而他選任的LIV高爾夫執行長，正是人稱為「大白鯊」的葛瑞格．諾曼。

某個人告訴Masa（**是誰？**），我曾暗示公共投資基金在願景基金中應該扮演「被動投資人」的角色，這點讓亞西爾感到不悅。也許是我低估了「形象」的重要性。軟銀應該是公共投資基金的夥伴，應該幫助沙烏地阿拉伯建立蓬勃發展的科技產業——這正是薩爾曼當初向矽谷金童們提出的請求。隔天，Masa邀請亞西爾一起打高爾夫，最後甚至邀他加入軟銀董事會。當然，在答應之前，亞西爾提出了部分條件，包括對三十億美元以上的投資擁有否決權。達成協議後，他便正式加入了這場豪賭。■[8]

■

當時，阿拉伯聯合大公國王儲穆罕默德．本．扎耶德．阿勒納哈揚（Mohammed bin

Zayed Al Nahyan，簡稱MBZ）追隨他的「沙烏地老大哥」薩爾曼，承諾投資願景基金。負責管理這筆投資的機構是國營的穆巴達拉投資公司。有別於沙烏地公共投資基金，穆巴達拉管理團隊對於軟銀的合作關係採取了更務實的態度，或許是因為穆巴達拉原來就是一家成熟的全球投資機構，本身也是經驗豐富的科技投資人。審慎評估過後，穆巴達拉決定將MBZ初步承諾的金額砍半，從三百億美元縮減為一百五十億美元。此外，他們還談定了一個對等投資承諾——軟銀同意投資穆巴達拉新成立的創投基金，以促進雙方的長期合作。

二〇一六年十一月八日星期二，我與穆巴達拉創投負責人易卜拉欣·阿賈米（Ibrahim Ajami）共進晚餐。他是穆巴達拉在軟銀投資上的聯絡窗口。我們選在舊金山市中心的RN74用餐，這家葡萄酒主題餐廳的名字取自橫跨法國勃根地葡萄酒之鄉的74號公路。同行的還有我從高盛挖來的爾文·涂（Ervin Tu），他是聰明認真的併購專家，負責願景基金的執行計畫。這頓晚餐等於是易卜拉欣正式宣告要進行盡職調查（due diligence），為穆巴達拉確認投資承諾之前做好準備。

身形精瘦、頭髮修剪得極短貼的易卜拉欣在美國唸過書，心平氣和地接受了願景基金成立已是大勢所趨。「所以，你的老闆成功說服了沙烏地與阿聯的王儲，投資六百億美元到一檔槓桿型科技投資基金。」易卜拉欣難以置信地搖著頭說道，就此開啟了我們的對話。

這天對美國來說是個大日子。晚餐期間，爾文和周圍的人都頻頻低頭查看手機。我們還沒享用到主菜並倒上第二杯勃根地紅酒時，爾文關注的那場大選結果已經塵埃落定——美國即將選出第一位「橙臉總統」。大家看來似乎都想把手中的路易佳鐸（Louis Jadot）換成雙倍的傑克丹尼爾威士忌來壓壓驚。

我的政治立場在經濟議題上偏右，社會議題上偏左。在印度長大的經歷讓我無法發自內心地信任政府。但在美國，身為右派（擁槍權、福音派、反墮胎權）也有不少包袱。雖然我始終無法接受川普俗氣的鍍金美學，但作為商人，我卻看到了機會，我知道我的老闆 Masa 也是。共和黨執政意味著美國聯邦通訊委員會（Federal Communications Commission，簡稱 FCC）將換上新任主席，反壟斷政策也會有所轉向。換句話說，**斯普林特和 T-Mobile 的合併計畫將得以重回談判桌上**。

■

願景基金最終於二〇一七年完成募資，含內建槓桿在內的規模接近一千億美元。■[9] 沙烏地透過公共投資基金提供四百五十億美元，其中三百億美元以夾層資本的形式投入，每年現金利率為7%。阿聯則透過穆巴達拉投資一百五十億美元，其中股權與夾層資本的比例與沙烏地相同。其餘資金則來自「親朋好友」陣營，包括：蘋果（畢竟軟銀可是iPhone全球數一數二的大客戶）、鴻海（創辦人郭台銘是Masa的好友）、夏普，以及據媒體報導的「日本文化愛好者」甲骨文創辦人賴瑞．艾利森。[10]

從此，Masa口中的**「瘋子」不再只是瘋子，而是手握千億美元的瘋子**。

■

當你能與沙烏地阿拉伯王儲、印度總理和美國總統當選人進行私人會晤，就知道——你已經是國際大玩家。而若能在五天內，分別在利雅德、新德里和紐約與這三位領袖見面，那你大概已經創下了世界紀錄。

二〇一六年十二月一日，Masa在利雅德與薩爾曼見面，商談願景基金後續發展。隨後，十二月三日，Masa與我一同前往新德里，會見印度總理納倫德拉．莫迪（Narendra Modi）。

回想一九九〇年代，我負責摩根士丹利印度投資銀行業務的日子，即便當時我們的執行長麥晉桁（John Mack）到訪，最多也只能見到印度財政部長。如今，Masa能獲得印度總理的接見，不僅代表著他的影響力日漸攀升，也足見全球對科技產業的狂烈追捧。

我們在位於新德里馬場路佔地十二英畝的官邸見到了莫迪總理。此處是總理官邸暨辦公室，位於德里莊嚴肅穆的高級官邸區「魯琴斯德里」，也是印度的權力中心。

我們與莫迪的會面安排在下午五點，儘管空氣中瀰漫著令人窒息的霧霾，我們仍能欣賞這片綠樹成蔭、修剪整齊的草坪，以及偶爾被孔雀尖叫聲打破的寧靜傍晚。

這座官邸由數棟殖民時期建造的白色單層洋房組成，其中：第一棟專門用於安檢；第二棟是舒適的等候室；第三棟則是我們的目的地——總理辦公室。

莫迪以常見於政治人物會面場合的雙手交疊式握手熱情地迎接Masa。我則本能地雙手合十，行傳統印度式的合十禮（Namaste），但莫迪卻以堅定有力的西式握手作為回應。這一幕被印度全國電視台捕捉，至今仍深深烙印在我的記憶中。顯而易見，我量身訂做的以賽亞西裝與愛馬仕領帶（畢竟身為前投資銀行人士，永遠懂得如何穿得體面），讓莫迪毫不懷疑我的文化認同。我的穿著或說話方式也許可以愚弄所有人，卻欺騙不了自己。我或許持有英國護照，並於倫敦與紐約兩地生活，但若說新德里不是我的家，那我便無處可依了。

莫迪身穿著印度政治人物的標準裝束——寬鬆的白色庫塔，外加一件海軍藍高領背心，現在又被稱為「莫迪背心」。這款背心其實是無袖版的「尼赫魯裝」（Nehru jacket），因亞曼尼的設計而風靡全球，但諷刺的是，尼赫魯本人從未穿過所謂的尼赫魯裝，他穿的是更長版的及膝外套「阿赫坎」（Achkan）。

我知道這一切聽來都十分令人困惑——正如印度的許多事情一樣。

Masa全程負責發言。上次他與莫迪會面是在二〇一四年，當時他承諾十年內在印度投資一百億美元（如同Masa一貫精妙的數字遊戲——與薩爾曼會談是「每一分鐘十億美元」，與莫迪則是「每一年十億美元」）。這一次，Masa承諾投資20百萬瓩（20GW）的太陽能發電與一百萬輛電動車。在一個當時太陽能裝置容量僅3．7百萬瓩、電動車產量僅二．二萬輛的印度，這項提案可謂相當吸引人。Masa的計畫預計將可創造五百萬個技術人員的就業機會，巧妙響應了莫迪為幫助本土製造業發展而積極推動的「印度製造」政策。■[11]

此外，Masa也熱情地介紹了他心中最重要的計畫——「願景基金」。

莫迪邊聽著，微微點頭。他的白鬍鬚邊緣透著一絲淡淡的微笑，但除了確認這一切與他的戰略目標一致之外，他幾乎沒有發表任何評論。這位能言善道、川普在他面前也要相形失色的演說家，竟然被孫正義那些關於奇點、機器人、物聯網和上千億美元的科技基金等天馬行空的故事，震懾得說不出話來。

我與Masa在德里還有另一個約會，對我而言，比與莫迪見面更具意義。Masa受邀在《印度斯坦時報》主辦的領袖高峰會上發表演說。他很擅長使用逸文軼事，以輕鬆詼諧的方式傳遞訊息，在這類場合也總是很受歡迎。這次，Masa談起了自己在二〇〇〇年成為世界首富的故事，以及當時他每日憂心忡忡，不知該如何處理這筆龐大的財富。直到後來市場崩盤，直接解決了他的問題。

「錢全沒了，壓力全無！」他說道，然後哈哈大笑。

他那響亮、極具感染力的笑聲迴盪在整個禮堂。這男人竟拿自己損失的六百億美元來自嘲，他的笑聲也感染了全場，一千多名觀眾與他一同大笑，接著爆以熱烈掌聲，彷彿他剛贏得了奧斯卡獎。

這時，我在人群中看到了一張熟悉的笑臉——他就坐在前排，與主辦此次峰會的媒體集團主席蕭巴娜．巴蒂亞（Shobhana Bhartia）並肩而坐。

年少時，我曾走進德里歐貝羅伊飯店的「剪影理髮店」，手裡拿著《電影觀眾》雜誌，封面正是他的照片。我向理髮師要求——我要剪跟他一模一樣的髮型！那時的他，猶如印度版的《教父》，或年輕時的馬龍・白蘭度（Marlon Brando），或更高䠷的艾爾・帕西諾（Al Pacino）——只是擁有一頭濃密、烏黑且精心打理的頭髮。

他就是「大B」阿米塔・巴昌（Amitabh Bachchan）——印度影史上最偉大的巨星。可惜西方觀眾對他的認識，僅限於澳洲導演巴茲・魯赫曼（Baz Luhrmann）那部令人遺憾的《大亨小傳》，他在當中飾演行為不端的梅爾・沃夫山。

Masa下台時，我立刻迎上前去，領著他與巴蒂亞女士會面，她旋即把我們介紹給阿米塔。我當時害羞極了，不好意思要求自拍，Masa與阿米塔握手的照片，至今仍是我視為珍藏的數位紀念品。我興奮地向Masa解釋這位巨星的身分，Masa禮貌地微笑。阿米塔隨即搭著我的肩，然後轉向Masa。

「您才是真正的巨星，孫先生，剛才的演說真是太精彩了。」他用低沉渾厚的嗓音說道，聲音有如摩根・費里曼（Morgan Freeman）般句句充滿深度與張力，又時而夾雜著幾分諷刺的意味。阿米塔戴著黑框眼鏡，髮鬢如今已灰白且略微稀疏，修剪精緻的白色山羊鬍，更增添了他的威嚴。但他富有磁性的聲線，從未改變。

到了二〇一七年，Masa的事業蒸蒸日上，影響力如日中天，讓我想起了電影《迷蹤再現》

裡的一句經典台詞：「要追上唐不是困難，而是根本不可能。」

■

當晚稍晚，Masa離開德里飛往紐約，準備在第五大道的川普大廈會見美國總統當選人川普。我本來可能會隨行，但前一週我才剛待過紐約。更何況，川普可不比阿米塔，甚至連莫迪都比不上，而且費雪能陪同Masa出席。

Masa在會晤中，承諾將在美國投資五百億美元，創造五萬個就業機會[12]（又一次完美的數字對稱——十年一百億美元投資印度，與薩爾曼會面一分鐘十億美元，現在是五百億美元五萬個工作機會）。出此承諾是他精心策劃的策略布局。願景基金作為一檔科技基金，本就將美國視為主要投資地點，「承諾」只是順勢而為，為自己爭取更有利的政治環境。

兩人在金碧輝煌的川普大廈大廳內合影，隨後川普發推文寫道：「Masa說，如果不是我們贏得大選，他絕不會這樣做！」[13]願景基金是早在十月就已宣布的事？算了吧，何必讓真相毀了一個精彩故事呢？

當川普向在場記者介紹Masa，稱他為「商界最偉大的人之一」，隨後一名記者向Masa提問：「請問您的名字要怎麼拼？」這種情況，以後再也不會發生了。

會後，我與Masa通了電話。他完全不記得川普說了什麼，或者如果他記得的話，我也不記得他回答了什麼。

我問他，是否有其他人陪同川普參加會議。

「有的，」Masa說，「伊凡卡（Ivanka Trump）！她真是迷人、聰明又美麗！」

■

《凱撒大帝》是我接觸莎士比亞的啟蒙之作。年少時，我甚至背下了每一句台詞。當凱撒凱旋回歸羅馬時，滿心嫉妒的卡西烏斯感嘆，凱薩「如巨人般跨立在狹小的世界，而我們這些卑微之人，則在他碩大的雙腿間踽踽而行，四處窺探。」這句比喻完美描繪了孫正義的崛起。

但奇怪的是——那些愛羅馬勝過愛凱撒的人，理應弒殺凱撒。但最後，他們卻衝著我來。

13 第一滴血

「這一切不會結束。」字條上寫道。

這則匿名訊息是手寫的，用大寫字母強化了其中模糊的威脅。在同一張黃色便條紙上，還潦草地寫了一個名字——奧利維．樂福雷（Olivier Leflaive），以及一串數字，也許是手機號碼，我從開頭的國際區碼認出，這是瑞士的號碼。

那時是一個東京的平日早晨，我在Masa的會議室開會，手機跳出了兩則通知，我有一通未接來電和一則來自倪凱的通訊軟體訊息——一張便條的照片和附帶簡短的訊息：「立刻打給我。」

費雪從會議桌對面注視著我。他看了一眼手機，又看了看門口，然後點了點頭。我們借故離開，走進原屬於倪凱的辦公室，如今由我和羅納共用。

倪凱並未像往常一樣，用我們慣常的寒暄方式開場——那些我們絕不會在父母面前說出口的印地語粗話。有人敲了他位於阿瑟頓的家門，將一張充滿威脅的字條交給他的管家。當時倪凱和妻子都不在，但他們的兩個還在襁褓中的孩子正在屋內。

倪凱認為「這一切」指的是那場抹黑行動，因此打電話來通知我們。由於詹納科普洛斯身處日內瓦，對照便條紙上的線索不無可能。但為何對方傳給倪凱這條訊息？是否想敲詐勒索？

我回撥電話時，倪凱的情緒似乎沒那麼激動了。他已經為家中安排了全天候的保全，並通知了當地警方。從那天起，每當我去拜訪他時，總會有人從灌木叢裡冒出來，在我穿過大門時核實我的身分——這是我們共同經歷的噩夢所留下的後遺症。

我們猜測「這一切」究竟所指為何？更多恐嚇信？人身威脅？

正如朗費羅所寫的詩句，有人向空中射了一支箭，這些箭遲早會墜落，只是我們不知墜落於何時何地。

■

第一箭於二〇一六年七月十四日射出，但發射地並非瑞士，而是紐約曼哈頓中城。部分箭矢向東飛往東京，另一些則向西射向堪薩斯市。

這些「箭」的形式是三封語氣愈發強烈的信件，每隔幾週寄出，信的抬頭顯示為紐約的明茲戈爾律師事務所，所有信函都是發給東京軟銀集團和堪薩斯市斯普林特公司的董事會。署名的人是明茲戈爾的合夥人艾拉・李・索爾金（Ira Lee Sorkin）。我對此人毫無印象，但查詢後發現，他的客戶包含了我們這個時代最惡名昭彰的兩名騙子——伯納・馬多夫（Bernie Madoff），這個名字無需介紹；還有電影《華爾街之狼》的原型人物喬丹・貝爾福（Jordan Belfort）。此外，索爾金還曾為敘利亞軍火商蒙澤・阿卡沙（Monzer al-Kassar）辯護，此人曾在伊朗軍售醜聞「伊朗門事件」中扮演要角。

這些信件針對的目標，看來並不值得這些「高人」費心。而那個目標，正巧是我。

有人曾寄過黑函誣衊你嗎？按理說，因為從事這一行的關係，我理應表現得更強硬，但我沒有。一位朋友曾安慰我說，當有人開始向董事會寫信攻擊你，就表示你成功了。我明白他的意思。我彷彿成了偉大的凱撒，成為眾矢之的——只是，我從未想要加冕為王。

三封來自明茲戈爾律師事務所的信件之後，那位來自日內瓦、自稱是倪凱事件背後的神秘主使者——尼可拉斯・詹納科普洛斯開始變本加厲。如今他寄了一封信指控我「可能是危險人物」。

這些信裡，「顯然」和「可能」的出現頻率，堪比電影《謀殺綠腳趾》中的髒話。這些內容既非法律文件，也不是合法股東的正式投訴。受軟銀委託的美富律師事務所稱信中「荒謬的指控與影射」為「不值一提且缺乏證據」，認為無需進行調查，甚至連回覆都不必。但無論如何，由於難以預料這場鬧劇會如何發展，我決定進行正式調查，包括聘請一家印度在地的律師事務所，來查核其中「最嚴重」的指控——即我「顯然積極涉入」了印度不動產開發商瓦蒂卡集團（Vatika Group）的經營。

我在先前的工作，曾與高盛合作促成瓦蒂卡集團一．五億美元的投資案，並代表投資集團擔任非執行董事。而索爾金信中則將瓦蒂卡形容為一家飽受爭議的企業，聲稱該公司涉及九十起進行中的法律訴訟，並將其解讀為「潛在違法行為的訊號」。

調查結果令人啼笑皆非。這些所謂的法律訴訟中，許多與我所參與投資的瓦蒂卡公司毫無關聯。「Vatika」在印度語意為「花園」，在印度企業名稱中極為常見。此外，真正涉及瓦蒂卡集團的法律糾紛中，該公司多半是案件中受侵害的原告，而非被告。

而其他案件則泰半是一些輕微的民事糾紛，例如：大理石地板開裂、屋頂漏水等，根本不足以引起董事會的關注。

沒有任何證據顯示瓦蒂卡存在不當行為，而我本身也無任何管理責任。但新興市場的不動產開發商常被認為喜歡遊走於法律邊緣，這種揣測並不罕見。因此，若要抹黑我，刻意影射我與一家可能有爭議的印度不動產公司有關聯，確實不失為聰明的作法。

不過，這些信件的威脅語氣，足以促使美富律師事務所向明茲戈爾發出一封措辭嚴厲的回函，駁斥其客戶的指控為「無非是一場別有用心的行動，企圖利用毫無根據的指控進行敲詐勒索」。

我們再也沒有收到明茲戈爾或詹納科普洛斯的任何消息。但有一點顯而易見——無論是誰想除掉倪凱，現在已經把目標轉而鎖定在我身上。當倪凱是唯一的攻擊對象時，有可能是基於私怨。然而，當同一個操盤手——詹納科普洛斯也開始緊咬我不放時，真正的動機顯然與軟銀有關。

更令人不安的是，詹納科普洛斯及其同夥似乎一五一十地掌握了我的個人財務資訊，包括薪酬和個人投資等具體內容。唯一合理的推論是：我的個人電子郵件帳戶遭到駭客入侵——這可是明目張膽的犯罪行為。

我被貼過各種難聽的稱號，但如今卻被那些與馬多夫和貝爾福有往來的人貼上「危險人物」的標籤，想來真是諷刺至極。我心裡有一部分甚至希望自己真的很「危險」，或許還能像《緊急追捕令》裡，克林．伊斯威特所扮演的硬漢哈利那樣酷炫又致命。但事實上，我並不危險，我甚至很害怕——有權有勢的人想害我。我需要幫助。

正如倪凱的情況一樣，軟銀在我面臨這場攻擊時選擇支持我。現任副董事長費雪、同時也是我的摯友，認為我需要一名律師來代表自己，並同意由軟銀支付費用，這不僅是為了保護我，也為了調查這場陰謀的幕後黑手。在費雪和另一位老友西恩的指導下，我很快找到了合適的人選。

馬克・麥克杜格爾是安慶國際法律事務所的資深合夥人、喬治城大學兼任教授和前聯邦檢察官。「名譽修復」是他專精的其中一項領域。他在法律月刊《美國律師》的一篇報導中，解釋了何謂名譽修復：**我們的職責在於破除假消息，至於危機處理——那是公關的工作。**■[1]馬克曾擔任國際媒體暨娛樂公司ＩＭＧ的董事會成員，顯然十分熟悉商界的交易運作。此外，根據安慶的官方網站，除了「高層政治人物和知名企業高管」之外，他的客戶還包括「偶爾出現的間諜」。

他正是我需要的那個人。

馬克位於華盛頓特區，我們透過視訊認識。他已年過六旬，外表看來像是和藹可親的睿智學者。他身著西裝，但款式是布克兄弟的鈕扣領襯衫，而非布里奧尼的正式尖領設計。即使透過螢幕，他的存在也讓人感到安心，彷彿我們一起坐在溫暖的火爐邊談話一般。工作之餘，馬克還為死刑犯提供無償辯護。相較之下，我的案子似乎顯得微不足道。我本以為他會有些冷嘲熱諷，但恰好相反，馬克完全同理我的遭遇。他深知被人惡意攻擊、名譽受損，是何等折磨人的經歷。

馬克篤定這背後一定有調查公司參與其中，我也同意他的建議，延攬了德安華公司來負責偵查工作。我對德安華並不陌生，早在我還在銀行業工作時，我們便經常聘請他們對潛在客戶進行背景調查。

與此同時，一位歐洲銀行執行長友人介紹我認識了一名以色列情報人員，名叫阿夫蘭・本・古里安（Avram Ben-Gurion），這位情報人員曾協助他找出社群媒體上的騷擾者。阿夫蘭提供了一位以色列空軍將領作為推薦人，羅納在台拉維夫人脈廣泛，證實了阿夫蘭的背景清白可靠。

阿夫蘭透過 WhatsApp 聯繫我，並要求我下載 Telegram 應用程式，以確保我們之間的通訊安全。我原以為 WhatsApp 是「端對端加密」已經夠安全了，但既然阿夫蘭是以色列間諜，想必比我懂得多，於是我照做了。我們透過 Telegram 聯繫上了以後，阿夫蘭又要求我下載私密通訊軟體 Signal，並將設定改為「自動銷毀訊息」，同時隱藏我的網際網路位址。

如今Signal和Telegram已經成為主流通訊軟體，但當時這一切都感覺像影集《黑鏡》的劇情。而且情況也讓人覺得荒謬——以色列間諜、華盛頓頂級律師和德安華，對上不知名的反派，而對方手下有紐約炙手可熱的律師和形跡可疑的瑞士藏鏡人。**這一切，就只是為了把我從一份我從未想要的工作趕走嗎？**

■

德安華倫敦辦事處負責人湯瑪斯・「湯米」・赫斯比（Thomas "Tommy" Helsby）傳來了一通訊息，不是透過Signal或Telegram，而是普通的電子郵件。他有重要的事情要告訴我，必須立刻見面。

我原以為他會提議在倫敦某間煙霧瀰漫的酒吧裡，兩人對酌著帶有泥炭味的艾雷島威士忌，一邊交換著情報。但相反地，他提議中午到我位於梅菲爾區的辦公室喝杯茶。

真正的間諜應該長什麼樣子？我的腦海中迅速閃過了常見的各種形象，最後停留在約翰・勒卡雷筆下被戴綠帽的情報主管喬治・史邁利：「他身材矮小、發福，頂多中年。從外表看來，他只是倫敦街頭那些安分守己且注定無力掌控世界的一般人。」[2] **沒錯，絕對是像史邁利**

一樣，真正的情報人員，解決真正的問題。

康妮帶著湯米走進我的辦公室時，我正坐在深色胡桃木製、設計簡約的大衛林利辦公桌後面。我請他坐到奶油色的馬海毛絨面沙發上，面對著喬治亞風格的大理石壁爐，壁爐上方掛著馬修・李卡德的自畫像《冥想中的西藏僧侶》，旁邊則是一張灰色羊駝圈圈紗軟墊的扶手椅，若是在不同時代，也許是適合銀行家在悠閒的紅酒午宴後用來小憩的舒服座椅。

湯米六十多歲，身材高䠷瘦削，頭髮已花白稀疏。他看起來有些虛弱，衣服鬆鬆垮垮，握手時感覺像粗糙的砂紙。他的氣質讓人想起散發學者氣息的史邁利，完全不像那些風流倜儻、處處留情的間諜。

當我詢問湯米的背景時，他笑著自嘲自己是個「失敗的哲學家」——這句神秘的開場白，想必已在諸多場合幫他化解尷尬場面。我本想問他，一個哲學家如何定義成功，但現在顯然不是展開哲學討論，或是恭喜他能以斯多葛學派的態度坦然面對「失敗」的時候。我當下唯一關心的是他放在茶几上那個白色信封裡裝著什麼。

德安華的調查員從一名記者手裡取得了一堆電子郵件和文件，其中包括一份幾乎等同於終極版的全身搜查資料——我申請購買曼哈頓共同產權公寓時繳交的所有資料，我的銀行和證券帳戶明細、薪酬細節、家族信託基金裡持有的資產，全都在裡面。這袋文件裡還有倪凱的妻子阿亞莎與會計師之間往來的電子郵件，以及倪凱相關的新聞剪報，但沒有倪凱本人電子郵件帳戶的任何內容。這點倒也合情合理，畢竟倪凱後來掌管了一家全球網路安全企業。早在多數電子郵件平台內建雙重身分驗證（2FA）機制之前，他就已率先採用了這項技術。

這些文件已廣泛傳送給倫敦各大媒體，並附帶了索爾金的暗示信件，企圖將其包裝成不當行為的證據。但所幸，大家都識破了這場狡猾陰謀。

此外，德安華也確定，湯米前老闆朱爾．克羅爾成立的K2調查機構也曾受託調查我。德安華調查員甚至聯繫到了負責調查我的K2人員，對方透露K2最終選擇退出此案，原因是客戶要求他們從事一些「越界」的事——越界？是指駭入我的電子郵件信箱嗎？至於委託K2的人，德安華只知道他是個「危險人物」。

又是那句話。哪一種危險？是指在打高爾夫球時作弊的那種？還是會把你的肝臟配著蠶豆和美酒吃掉的那種？[7]

我對這些調查結果深感震撼，並如實告訴了湯米我的看法。私人調查圈的內部關係雖然錯綜複雜，但湯米自一九八一年便加入了德安華，與許多圈內人都有交集。他提供的許多資訊都是與其他調查員等價交換而來。但是，正如懸疑片的電影預告一般，他的情資雖然令人興奮，但始終點到為止，沒有揭露最關鍵的部分——到底是誰在幕後操控這一切？

我們一邊喝著茶、吃著餅乾，繼續閒聊。此時午後的陽光透過俯瞰格羅夫納街的高聳落地窗，灑進辦公室，感覺格外靜謐。湯米和我一樣，大學時主修數學。他聊起自己在劍橋大學時未完成的博士論文《形式邏輯的形而上學基礎》。我不太確定那是什麼意思，但我告訴他，我年少時曾經痴迷於破解費馬最後定理，他立刻明白我在說什麼。

湯米曾經的客戶包括：試圖收集對手黑料的美國總統競選團隊；以及柏林圍牆倒塌後的俄羅斯聯邦政府，試圖追蹤蘇聯情治機關「國家安全委員會」（KGB）的海外資產。此外，他對俄羅斯寡頭的看法也十分有意思，這些人經常是他的調查對象，有時甚至是他的客戶。他認為寡頭人士並不像外界普遍認為的流氓專橫，多數人其實是科學家或學者，富有文化素養且熱衷慈善，碰巧在對的時間出現在對的地方，而成為權貴。我建議他寫本《哲學家的寡頭指南》，這書名一看就有暢銷書的潛質。

我們約好下次再見，也許可以在諾丁丘的黑十字餐廳喝一杯？可惜的是，我再也沒見過湯米。在馬克堅持之下，此後他與我的所有聯繫都必須透過馬克，以確保任何新發現的資訊都受到律師－委託人保密特權[8]的保護。

7 「把你的肝臟配著蠶豆和美酒吃掉」是出自於電影《沉默的羔羊》中，殺人魔漢尼拔自述的殺人行為，作者意指這裡的危險是僅僅會在高爾夫球上作弊的人，還是真正的危險人物。

8 保護律師及委託人之間的溝通內容不被強制揭露。

湯米還有另一個秘密，我直到數月後才得知。當時，馬克來倫敦參加一場葬禮，我們在葬禮之後見面。那位手掌如砂紙、曾自嘲為「失敗的哲學家」的老人，其實早已癌症末期，與死神進行了註定無法取勝的戰爭。隨著他的離世，那些未曾訴說的偉大故事也一同埋沒於塵世，再也無人知曉。

根據《英國資料保護法》，任何英國公民都有權要求查看他人手中任何關於自己的個人資訊。舉例來說，如果瑪麗懷疑丈夫有外遇，雇用福爾摩斯跟蹤丈夫迪克，迪克有權要求福爾摩斯交出他所擁有關於迪克的個人資料，包括迪克沒穿褲子的照片。但福爾摩斯沒有義務透露他的客戶是誰。

我授權馬克代我提出正式的「資料主體存取申請」，K2隨後給出了一份文件，據說內容十分精彩。我們都是自己故事中的英雄，但第三方敘事往往更加客觀犀利。**這些人到底握有我的什麼把柄？**

長達四十九頁的報告內容既無害，也無趣，甚至還有些恭維。報告中如此描述我：「出色的團隊領導者，擁有豐富卓越的跨國管理經驗，善於協調各區團隊共同合作。薩瑪也是優秀的數據分析師，業界視他為金融工程專家。他是強硬的談判專家，也是八面玲瓏的溝通者，使他成為成功的銀行家與投資人。」

這文筆稱不上如同納博可夫[9]那生動華麗的風格，但至少我沒有被指控是戀童癖。我看完後笑了，但有人歡喜有人愁，我想像著這場陰謀的幕後黑手，滿懷期待地翻閱報告，然後從興奮轉為困惑，再變成憤怒，最後氣急敗壞地打電話要求退款。

我一口氣讀完了報告，卻糾結於引言段落最後用的形容詞。索爾金的信件裡，我曾被形容「可能是危險人物」，雖然荒謬但感覺有些得意。但這次卻被貼上了「八面玲瓏」的標籤，讓我皺起了眉頭。或許因為其中確實有幾分事實？投資銀行家本該做事圓融，而我向來更重視周全體貼和值得信賴。但「八面玲瓏」一詞，卻帶有些許膚淺、甚至虛偽的意味。**我是不是過度解讀了報告的用字遣詞？這可能只是某個退休警探寫下的普通調查報告而已。**

報告的結論是：「除了一些大型交易和高額顧問費之外，他近三十年的職涯大多波瀾不驚。」這句話說得乾脆，毫無諷刺意味，但作為對我職業生涯的總結，無疑十分準確，但也無聊得令人沮喪。若我的人生此刻正在接受審判，面對如此蒼白無力的辯護，我恐怕會感到不

9 納博可夫（Nabokovian）是小說《蘿莉塔》（Lolita）的作者，呼應作者在後面提到的戀童癖。

安。**我總能隨處發掘故事，而我自己本身就是一個故事。如今來到人生下半場，我是否該衝破藩籬，踏入另一個奇思異想的領域？**

極力尋找線索的過程中，K2聘請了外部調查員，對我過去的同事和客戶進行訪談，報告中只稱他們為「消息來源」。一名匿名的客戶評價我「優秀出眾，待人極好」；某位不具名的同事則形容我為「年輕專業人士的榜樣」。我看了有些感動，畢竟連銀行家自己都鮮少說銀行家的好話，可能除了洛伊德．布藍克芬（Lloyd Blankfein）例外，他曾說過「高盛是在為上帝做事」，有些人將這句話視為讚美。

報告中還提到了一篇推測性的新聞報導，其中涉及瓦蒂卡集團與政治人物之間的可疑交易——應該就是那封空穴來風的控訴信所依據的源由。但比這更有趣的是，報告中名為「消失的歲月」這個部分。調查人員對此一頭霧水，無法拼湊出我離開摩根士丹利並創辦貝爾資本（Baer Capital Partners）之後的行蹤。

我本可以告訴他們，我報名了法語和義大利語課程，卻始終沒能學好任何一種。我也可以告訴他們，我試圖閱讀普魯斯特，但從未能讀完第一卷《斯萬家那邊》。我還可以告訴他們，我在高爾夫俱樂部曾兩度打出低於八十桿的成績，贏得了會長獎盃。我甚至可以告訴他們，我在長長的夏日裡，看著兒子在英國各地的夢幻球場打板球。但或許我會告訴他們，「消失的歲月」其實就是我的人生，在過去與未來之間流轉。

但我最想說的是——滾！別再打擾我。

■

安縵璞瑞原本指的是「和平之地」。諷刺的是，正是從這裡，一切開始分崩離析。

當全球最富有的1％人口，陶醉於四季飯店有如《白蓮花大飯店》的奢華服務時，而全世界前0．1％的富人，則沉浸於安縵所營造的極致靜謐。在所有「安縵迷」的心中，包含我那位失敗的哲學家朋友所推崇的寡頭，皆公認創辦人阿德里安．澤查（Adrian Zecha）與建築師艾德．塔特（Ed Tuttle）最完美的作品，正是安縵品牌的首家度假村——位於普吉島的安縵璞瑞。這處度假勝地鳥瞰碧藍的安達曼海，「客房」皆為獨立的泰式木造涼亭，架設於高架樁柱之上，擁有陡峭的尖頂庭閣，宛如隨意撒落的米粒般散佈於山坡間，實則精心設計，完美融入雨林之中，同時享有開闊的海景。寬如短跑跑道、引人注目的石階自接待處蜿蜒而下，一路通往新月形的白沙灘。在此，那些斥資注射肉毒桿菌的客人們，悠閒地躺在藍白條紋的陽傘下，啜飲著冰鎮的普羅旺斯粉紅酒。

新年假期期間，所有客房都會預留給那些紙醉金迷的富豪與超級富豪，每晚房價超過五千美元。許多晚宴都設在私人別墅，其中的主人包括：荷蘭鑽石商女繼承人、香港大亨，以及瑞士鐘錶製造商法蘭克・穆勒（Franck Muller）——他保證自己每年舉辦的年度晚宴絕不讓人失望。

我在聖誕夜抵達後，注意到手機有一連串 Masa 的未接來電。我在走到入境檢查櫃檯前回電給他。我們即將進行願景基金的首筆投資，準備斥資數十億美元收購納斯達克上市的輝達公司大量股份。當時，輝達的晶片已成為機器學習領域的業界標準。然而，Masa 並不是為了這筆交易打給我。他告訴我，他希望我退出願景基金。「只是暫時的。」他趕緊補充道，他收到「可靠消息來源」，印度的執法機關正準備調查我，因為我有個非常具影響力的敵人。由於當時沙烏地與阿聯的投資人正針對基金在進行盡職調查，他不願冒這個風險。

我愣住了。執法機關？對我來說，最近做過算是壞事的行為，大概就是在高爾夫球場的長草區偷偷移動球的位置。而我唯一一次「以身試法」，則得歸功於倫敦漢默史密斯高架橋上那台黑心的歐威爾式超速照相機。**這個在 Masa 耳邊亂嚼舌根的「可靠消息來源」到底是誰？**

Masa 和我討論過這場抹黑行動的最近一次是在印度。他從未質疑過我的誠信，也始終認為我是被一群瘋狗盯上，但我倆都不明白背後的原因。然而這次不一樣，策劃這場陰謀的幕後黑手所射出的導彈，終於擊中了目標。這一切，已經不再只是荒謬鬧劇。

幾小時後，我再次去電Masa向他解釋：他的決定可能會適得其反。我一直是與願景基金投資人互動的核心人物，也在美國和英國的相關實體擔任董事會成員。若我突然退出，這個消息勢必會引發媒體關注，甚至演變成公眾議題。

Masa反駁道，除了願景基金之外，軟銀還有許多工作可以讓我處理，像是如今又重燃希望的斯普林特與T-Mobile合併案。此外，從邏輯上來看，讓我退出願景基金也是合理的，與任何莫須有的威脅無關。

也許，被「驅逐」出願景基金算是我的某種報應——畢竟，我對它的態度始終曖昧不明。儘管Masa一再強調，他仍視我如「家人」，他需要我留在他身邊，但結局已無可避免：願景基金是神聖不可侵犯之物，而我則是可以被犧牲的一員，這無關乎個人，但卻又關乎個人。在我所有「無關血緣與愛情」的人際關係中，孫正義是最特別的存在。但聖誕節翌日，我卻不得不把律師們從他們的家人身邊拖出來，幫我準備退出願景基金，這感覺就像用阿斯匹靈當麻醉劑來進行截肢手術。

倪凱和我一起在普吉島，我們的家人也都隨行。十二月三十日，我們受邀前往私募基金投資人阿尼爾・薩達尼（Anil Thadani）的別墅共進晚餐。阿德里安・澤查在構思安縵璞瑞渡假村時，阿尼爾就已是他的財務合夥人。因此，他在這片海角上獲得了一塊風景絕佳的臨海地段。當晚氣氛如夢似幻，皎潔月色當空，放眼一片靜謐大海——然而，倪凱和我並未與親朋好友熱絡交際，而是關在阿尼爾的玻璃屋書房裡，與我們在台拉維夫的聯絡人阿夫蘭通話。阿夫蘭的神秘消息來源（大概是他的前以色列情報人員網路）告訴他，這場陰謀是軟銀內部的日本員工所為，甚至可能與種族歧視有關。

我腦海裡立刻浮現了幾張熟悉的面孔——吹小號的中村先生、和藹可親的後藤先生，還有我最喜歡的、活潑的田中先生，他曾堅持等到我進到辦公室才願意切生日蛋糕。**不，阿夫蘭，你錯了**。我的日本朋友都是我的朋友，他們不是種族歧視者，更沒有誰狡猾世故到能操縱一場橫跨全球的險惡陰謀。更何況，幕後黑手還花費了上百萬美元，請來紐約頂尖的律師、倫敦昂貴的調查機構和日內瓦形跡可疑的操盤手。不，這背後的金主絕非普通的企業員工，而是更有權有勢的人。

但若非公司內部人士，會是日本社會的其他惡勢力嗎？薩米爾提出了一個有點荒謬的假設——會不會是「日本黑道」（yakuza）？這些人也許對於身居高位的棕膚色外國人感受到威脅，認為這超出了種族包容的底線？尤其如今，願景基金掌握著足以重塑全球科技版圖的巨大影響力。

其他人也有合理動機。倪凱和我投資了中國的滴滴、印度的奧拉和東南亞的Grab，基本上就是打造出了「亞洲反優步聯盟」，導致優步每月損失數千萬美元。當時，關於優步惡質企業文化的新聞四處流傳，包括他們讓員工用來追蹤顧客乘車資訊的「天眼」系統。讓我再度回想起之前會面時，優步主管放話說要「毀掉」我們。

但這一切仍只是猜測，我們需要證據。

■

新年前夕本該是喘口氣的時刻，但在二〇一六年，安縵璞瑞的管理卻迎來了前所未有的挑戰。當年十月，泰皇蒲美蓬安詳離世，享年八十八歲。人們理應慶祝他豐功偉業的一生，但他的繼任者卻宣布全國哀悼一年。不管海景如何壯麗、夜色如何深邃迷人，安縵璞瑞總得維持營收。這也意味著我們這群被囚禁於此的貴客，每人得支付超過一千美元，卻享用一頓無酒精的晚宴，搭配身穿泰式裹裙的泰國美少年在現場演奏哀歌，憂鬱的服務生端上日本和牛和塔斯馬尼亞帝王蟹，伺候著我們這群衣著華麗、精心打扮的賓客。這大概是安縵璞瑞傳奇史上的頭一遭，服務生與賓客們相濡以沫，共同在這場集體、無奈的慘境中默默相對。**去他的新年快樂**。

|14| 滾動錢潮

科技公司何時不再是科技公司？曾幾何時，燈泡與奇異公司曾屬於高科技領域。到了二〇一七年，或許有人會合理質疑谷歌或臉書是否仍值得擁有高科技的標籤。那時，谷歌的搜尋技術已經問世超過十年，而其挑戰新領域的「登月計畫」[10]則被視為對其核心廣告業務的干擾。社群網路在二〇一二年橫空出世，但實用性從那時起便已備受質疑（二〇一八年一月，谷歌和臉書在標普五百指數也被重新歸類至「通訊」類別）。另一方面，輝達卻從未引發過這類質疑，其英文名稱的拉丁字根「invidere」意為「羨慕地看著」，對於一家在二〇二三年五月加入美金兆元俱樂部、取代特斯拉成為避險基金經理人與散戶線上交易新寵的企業而言，無疑再貼切不過。

輝達由臺裔美籍企業家黃仁勳於一九九三年成立。個性認真、不是個放鬆隨性的人，但看上去十分正常，唯一顯而易見的個人特色，便是那件標誌性的黑色皮革機車夾克。

輝達第一款成功的產品是圖形處理器（簡稱GPU）。早期GPU應用主要在遊戲領域。

輝達的GPU晶片讓我們在《決勝時刻》中體驗身歷其境的爆炸場景，在《俠盜獵車手》中感受栩栩如生的碰撞效果。GPU後來發展成通用圖形處理器（簡稱GPGPU），大幅提升各類型電腦的運算能力，並成為機器學習應用的重要動力，使其能處理通常以影像形式呈現的海量數據（例如早期版本的ChatGPT仰賴一萬多個輝達處理器進行運算，而後續版本則需要更強大的運算資源）。亞馬遜雲端運算服務（Amazon Web Services）、微軟Azure和谷歌雲端運算服務（Google Cloud）等超大規模業者（即支援雲端運算的大型資料中心），日益仰賴輝達設計的高價運算晶片，例如售價一萬美元的「安培（Ampere）」A100，以及後來升級版的H100。

如同英特爾推動個人電腦革命，以及思科為網際網路提供基礎架構，輝達在二〇一七年初便已承諾將為人工智慧軍備競賽提供助力。此外，如同英特爾、思科，以及加州淘金熱所用的鏟子與十字鎬製造商，**輝達的商業模式是「中立」的。它的成功並不取決於**OpenAI**的ChatGPT是否優於谷歌的**Gemini**或**Anthropic Claude**；不論哪方勝出，輝達都能賺錢**。

如同安謀，投資界理解這一點，並賦予輝達股票相對的估值。但也如同安謀，Masa認為市場低估了人工智慧帶來的機會，而這還是在ChatGPT爆發熱潮的前五年。他想要全力押

10 「登月計畫」（moonshot）是指谷歌偏離本行的一些實驗性計劃，例如自動駕駛（Waymo），通常代表風險高到進而影響到獲利。

注，收購輝達。儘管價格不菲（包括控制權溢價在內，總價近八百億美元——這家公司七年後的市值將高達二兆美元），但我仍躍躍欲試，甚至比當初收購安謀時更期待。而且，輝達有別於安謀之處在於，它無需轉型，因為輝達掌握的正是未來十年最具變革潛力的技術。這正是Masa最經典的魅力——無可抑制的樂觀與遠見，讓我深深地折服與欽佩。

Masa邀請黃仁勳前往他位於伍德賽德的家中用餐。遺憾的是，黃仁勳先發制人地扼殺了併購的任何希望。人工智慧的領導地位在戰略上對美國至關重要，這也讓輝達成為本世紀最重要的美國企業之一。跨部門機關美國外資投資委員會（簡稱CFIUS）絕不會允許外資收購輝達。

Masa的偉大計畫受挫後，選擇退而求其次。他的願景基金於二〇一七年初悄悄累積買進了小部分輝達股票，規模低於5%的公開揭露門檻。這些股票以融資方式購買，短短幾個月內，輝達股價便開始飆漲，迅速帶來三十三億美元的報酬。■[1]

若他能像科技專家押注特定技術趨勢長達數十年，並持有輝達至二〇二三年，願景基金的獲利將實現驚人的二十多倍增長，足以彌補接下來的諸多損失。然而，這正是槓桿型基金結構的矛盾之處——雖然可以放大獲利，但必須不斷回收資本來滿足投資人，**無法長期持有潛力標的，迫使基金在投資決策上更加短視**。然而，最初幾個月裡，投資獲利豐厚會讓人覺得自己的決策完全正確，進一步強化信心，這筆投資堪稱夢幻開局，正如彭博社形容，這是「一場非比尋常且不間斷的交易狂潮」。

再度投進一顆三分球後，史蒂芬・柯瑞曾表示：「也許我是在自我欺騙，但每次出手時，我總是告訴自己這顆球會進。」■[2]老虎・伍茲肯定會點頭表示心有同感，如同傑克・尼克勞斯拒絕承認自己曾錯失過關鍵的三英尺推桿一樣。偉大運動員的成功皆是自己創造而來，自我欺騙讓他們得以扭轉乾坤，改變賽局結果。

然而，這種方法對投資人來說，卻不太管用。

為何他的名字叫赫曼・納魯拉（Herman Narula）？根據維基百科，他父親有個引以為傲的典型旁遮普（Punjabi）[11]姓名——哈明德・辛格・納魯拉（Harpinder Singh Narula）。我兒時對名字裡帶有「辛格」（Singh）的朋友總是充滿敬畏，這個字的意思為「獅子」，令人聯想到頭戴頭巾、騎著戰馬、手持閃亮錫克短劍的勇士。赫曼原本是否叫哈明德・辛格・納魯拉？如果是的話，他為何要改動這個如此尊貴、霸氣且帶有異國風情的名字？真希望我也有個

11　旁遮普是指印度河中上游眾多支流的一帶地區，橫跨印度和巴基斯坦兩國，主要民族就是旁遮普人。

這麼響亮的名字就好了……

我是因為完全聽不懂這位年輕人在說什麼，所以才在腦海裡開始胡思亂想。

二〇一七年四月的一個週五下午，我坐在倫敦格羅夫納街喬治亞聯棟建築的一樓會議室，此處是軟銀倫敦辦公室所在地。過去幾個月，我猶如一隻薛丁格的貓，分別處於三種狀態——就願景基金的正式架構而言，我是「已死」的；被要求對願景基金投資案提供意見時，我「非正式地存活」；而在管理非願景基金的資產時，我則「正式存活」。

黑眼、黑髮、留著短鬍渣的赫曼目光銳利，坐在我對面。他穿著黑西裝搭配白襯衫，對於千禧世代的新創公司創辦人來說，這倒是有些不尋常，也許是為了投我所好？

赫曼自信十足，反應迅速，語速極快，幾乎是想什麼就說什麼，聰明自負得有些煩人。他擁有劍橋大學電腦科學學位，創業資金來自安德里森霍羅維茲創投公司（Andreessen Horowitz），光是如此強大的背後金主便足以證明他的才華。他逕自說著自己的業務，提到某種「為電玩遊戲、國防機構及元宇宙環境提供虛擬世界」的模擬軟體。他的公司產品名為SpatialOS，是一種分散式雲端平台。我對此概念略知一二，但當我詢問赫曼公司的營收模式時，他流露出略帶鄙夷的神色，這正是千禧世代創辦人面對不明所以的嬰兒潮世代常出現的表情。或許，他的內心和我有一樣的疑惑：**你到底在說三小，兄弟？**

赫曼的新創公司恰好叫做「Improbable」（意指「不可思議」），倒是名副其實。

拉吉夫．米斯拉本該與我們一同開會，但他遲到了。當他終於赤著腳闖進會議室時，便站到桌邊，目不轉睛地盯著赫曼，表情極為專注。接著，他把頭轉向我，然後來回掃視，像在觀看一場乒乓球比賽，直到他臉上閃過恍然大悟的表情。

「阿洛，這傢伙看起來真像你兒子！」他大聲宣布，語氣彷彿拳擊裁判在宣布獲勝者一樣戲劇化。

拉吉夫並非有意要貶低赫曼，而且可以想見，他也許真的一度以為他是薩米爾。不過，對於拉吉夫的心思，我永遠捉摸不透。但我讓情況變得更糟了，我竟大笑了起來。赫曼困惑地看著這一幕。

我的行為不可原諒，尤其是赫曼確實與我兒子年齡相仿，而且相貌英俊。我向他道歉，但覆水難收了。他接下來將注意力完全轉向拉吉夫，開始向他推銷自己的構想。拉吉夫一邊耐心聆聽，一邊抽著電子煙，然後問出與我剛才一模一樣的問題。赫曼每回答完他的問題，拉吉夫便長長地呼出電子煙霧，伴隨著低沉的「嗯——」的聲音。

當日晚間，瑪雅和我在倫敦藝術俱樂部與馬克思．列夫欽及他的妻子奈莉共進晚餐。他們剛從舊金山來訪。

馬克思是我在矽谷所認識的朋友當中最聰明的人，不曉得他能否解釋所謂「支援虛擬世界的分散式模擬軟體」究竟為何是值得投資的點子？或者至少能解釋這到底是什麼？

我們走出俱樂部時，仍在討論赫曼和他的SpatialOS。等待著門口的餐廳人員為我們攔計程車時，馬克思總結，他並不理解這項技術。「你們真該找人來仔細評估一下這項技術，」他說。就在此時，一名一直站在我們正前方的年輕南亞男子轉過身，直視著我。

「嗨，阿洛。」他說。

竟是赫曼。

此時和馬克思在一起，竟成了我的救贖。我曾造訪過班加羅爾一家金融科技新創公司，他們就有一間命名為馬克思的會議室——他對千禧世代的程式設計師而言，就是如此具有影響力。當赫曼滿臉崇拜地盯著馬克思時，我則在一旁觀望，懷疑這究竟是現實世界，還是又一次的虛擬遊戲場景，而我則扮演著日益得心應手的非玩家角色（NPC）。

但我對赫曼的質疑無關緊要，因為處於「非正式存活」狀態本就無足輕重。赫曼到軟銀尋求七千五百萬美元的資金，孫正義卻直接給了他五億，使Improbable的估值達到十億美元，■[3]再度成為一匹幸運的獨角獸。伊卡洛斯[12]再次振翅高飛——這次，他有了來自阿拉伯世界的大翅膀。

自我們在新德里的那場奇遇之後，亞當・紐曼成功從中國私募基金投資公司弘毅投資（Hony Capital）及其母公司聯想控股（Legend Holdings）主導的F輪融資中募集了六・九億美元，估值高達驚人的一百六十二億美元，幾乎是我們同年年初拒絕投資時的兩倍。[4]現在，WeWork 投資人包括高盛、摩根大通、富達投資（Fidelity Investments）、威靈頓管理公司（Wellington Management）和普徠士（T. Rowe Price）。最後三家公司屬於公開市場投資人，投資 WeWork 是為了提前布局，等待即將進行的首次公開募股。這般操作將能確保他們參與「熱門交易」的機會，一旦股票自由交易，價格必然會飆漲。

亞當透過馬克・施瓦茲重新與孫正義取得聯繫。嚴肅、戴著眼鏡、鬍鬚異常濃密的馬克在擔任高盛亞太區董事長期間，與 Masa 建立了深厚關係。

應 Masa 請求，二〇一六年十一月，費雪和我造訪了位於紐約雀兒喜第六大道與十八街轉角的 WeWork 總部——一棟氣派的戰前低矮建築。

大樓內每層樓的樓面寬敞，經過翻修，風格類似時髦的蘇活區工業風閣樓，管線外露、開

12 是希臘神化中的人物，他父親為他裝上翅膀助他逃出克里特島，因為飛得太高，過於接近太陽而使得蠟做的翅膀融化，因而墜落，掉進海裡溺死。

闊的十二英尺高天花板，搭配雙色調的柱子。中央公共區域的視覺焦點是一座加長版的廚房中島吧台。從康普茶緩緩倒入玻璃杯時發出的輕柔氣泡聲，到三五成群的人坐在色彩繽紛的沙發上熱烈交談，WeWork所推崇的都市資本主義集體社區[13]精神展現得淋漓盡致。在WeWorld裡，人人似乎都苗條又快樂，彷彿在櫃台報到時，得先測量體脂與微笑指數，才能獲准進入。羅納和我相視一笑，感覺自己像是來到大學宿舍探望孩子的家長。

邁可·格羅斯是WeWork此次會面的暖場人物，他帶我們參觀了這棟建築。邁可的職稱是營運長或財務長，或兩者皆是。他擁有英俊稚氣的外表，迷人的金髮，看起來與他的公司環境一樣時尚。邁可擔任過摩根飯店集團執行長，該集團的旗艦飯店是位於邁阿密南灘以裝飾藝術風格著稱的德拉諾飯店。我住過德拉諾，飯店大廳裝潢頗為浮誇，房間則小得離譜，完全是風格勝過實用性的極致展現。但我熱愛德拉諾的美學設計，一如我喜歡WeWork所營造的氛圍。

邁可向我們展示一款拙劣的內部社交網路。他試圖證明WeWork具備科技公司的實力，但我無法理解。畢竟**大家都已經在使用臉書、WhatsApp或Slack，誰還需要一個封閉式的圍牆花園？**數週後Masa來訪時，一名員工被安排負責在廚房即時製作鬆餅，好讓烘焙的香氣飄散於整個空間。■[5]羅納和我顯然不值得「鬆餅待遇」，但我嗅到了一絲欺騙的氣息。

亞當從辦公桌前起身迎接我們。他看起來比我記憶中還要高大，烏黑的頭髮更加閃亮，長髮似乎愈發飄逸空靈，近乎透著神聖的光暈——高昂的估值能讓任何企業家看來像救世主。

亞當自我介紹。

「我們以前見過，」我說。「你記得嗎，亞當？在德里？」

「當然，當然！你是待過領英（LinkedIn）的那位吧？」他興奮地說道。

羅納和我交換了個無奈的眼神。

亞當把我錯認成了軟銀的另一位印度裔主管迪普．尼夏爾（Deep Nishar）。迪普曾是領英的技術長，留著一撇如同克拉克．蓋博的小鬍子，而且比我聰明，但那不重要。在亞當眼裡，迪普和我除了種族以外，還有另一個共同點——我們都不是孫正義。

我應該感覺被冒犯，或至少糾正亞當，但說實話，我根本不在乎。

亞當表示，WeWork與越來越多成熟且傳統的企業簽約，銀行正是一例。現今銀行希望尋求更具現代感、強調社群氛圍的空間，讓呆板的金融分析師也能感受科技新貴的氛圍。這點頗合我意，儘管與大型企業的合作流程較為冗長，但它們通常會簽署長期租約，這與WeWork本身也是長期租約相符。

13 作者在這裡將資本主義和以色列集體社區放一起可能有諷刺WeWork的意味，WeWork的概念是以色列集體社區這種共享及合作等帶有社會主義色彩的特色而存在，但WeWork又是透過資本主義市場來賺錢。

然而，除了強調知名創投公司基準資本（Benchmark Capital）也是投資人之一，亞當並未回答我最關心的核心議題——**為何 WeWork 應當被視為一家科技公司來估值？**

亞當建議我們前往華爾街一百一十號，參觀他在市中心展示的新概念——WeLive。無論是真實營運或精心佈置的舞台，WeLive 和 WeWork 一樣，對千禧世代而言都是極具吸引力的選擇——從大學宿舍無縫過渡到都市住宅生活。此處和多數 WeWork 設施一樣，每層樓都有寬敞的公共區域，擺放著舒適的大沙發、必備的大螢幕電視，以及配備咖啡機和零食吧的小型廚房。公寓單位有如辦公隔間一樣狹小，但經過精心裝修，呈現磚牆刻意外露的都會風格。

根據亞當或邁可（我忘了是哪位）的說法，對租客來說，WeLive 的關鍵賣點在於——住在此處，保證你每晚都能有「性生活」，聽來還真讓人疲憊不堪。

平心而論，WeLive 的共居商業模式至少和 WeWork 同樣有吸引力，無限供應的啤酒和性愛確實是一大賣點。WeWork 和 WeLive 也許有機會像星巴克改變咖啡產業那樣，重新定義商業與住宅不動產市場。透過巧妙的品牌塑造與空間規劃，亞當便能為租賃空間收取高昂租金，就像星巴克能用普通的咖啡索取高價一樣。而如同星巴克，租客付費購買的並非只是實體空間，而是一種「體驗」。亞當最主要的成就，便是洞察到這點，並成功建立起一套機制，能在全球市場根據需求複製這種「共享」體驗，這一點確實值得肯定。

但是，提供免費無線網路並不會讓星巴克成為一家科技公司，星巴克也從未如此定位自己。在公開市場上，星巴克的估值從未達到如同軟體企業那種兩位數的營收倍數，原因是軟體公司承諾的是以極低的變動成本（一旦開發出像微軟 Office 這樣的產品後，便可無限出售訂閱服務，幾乎無需額外的生產成本）達到無限的擴展性，但 WeWork 與星巴克一樣，每開設一個新據點都需要支付場地和裝修費用。

羅納和我向 Masa 轉達了我們的看法。他一如既往地禮貌聆聽，但馬克．施瓦茲早已為他安排二〇一六年十二月六日在紐約與亞當會面。

Masa 參觀 WeWork 的行程僅持續了十二分鐘。■[6] 亞當帶他快速地繞了一圈，隨後 Masa 邀請亞當與他同行，兩人搭上黑色休旅車，一路從雀兒喜第六大道向北前往川普大廈。Masa 接下來的行程，正是與總統當選人會面。

我不曉得 WeWork 的鬆餅裡摻了什麼，但 Masa 表現得異常果斷。當黑色凱迪拉克凱雷德在曼哈頓的車流中穿梭時，他在自己那台深受信賴的 iPad 上草擬了一份交易架構，並與亞當一同用蘋果手寫筆簽約——此刻，這支蘋果手寫筆彷彿獲得了神聖光環，正式迎來它作為「金錢誘惑大殺器」的命運時刻。軟銀同意以一百九十五億美元的估值向 WeWork 投資四十四億美元。■[7] 其中，三十一億美元將用於購買 WeWork 的新股與現有股份；而其餘十三億美元，則以Masa經典的「時光機管理」策略為藍本，分別投資於三家合資公司——中國、日本和亞太區的WeWork。■[8] 費雪與施瓦茲將代表軟銀加入WeWork董事會。亞當旗下一家公司套現了三・六億美元，而基準資本投資公司則夠精明地拿走了一・二八億美元，對比其最初投資的一千五百萬美元，這筆交易為他們帶來了優渥的報酬。■[9]

這筆交易被稱為科技界有史以來最大一筆成長型投資。但問題是，WeWork並不是一家科技公司。

既然如此，**為何這位史上最聰敏的科技投資人卻未意識到這種錯誤？**亞當的推銷能力確實令人印象深刻，但或許更關鍵的是他為Masa解決了一個根本問題。如同網際網路和智慧型手機，Masa早已準確預見了人工智慧崛起為科技大趨勢的潛力。可是，他無法將一千億美元全部投資於人工智慧新創公司。他或許早了市場五年，但即便在二〇二三年人工智慧熱潮達到巔峰之時，他依然難以在此領域部署如此大規模的資本（二〇二三年，生成式人工智慧領域的創投總額僅略高於二百六十億美元，其中大部分來自科技巨擘，而非創投投資人。■[10]）。同理，生物技術與機器學習的匯聚正在改變醫學領域，但Masa也不可能將一千億美元全數投入生技新創公司。

還有一點是Masa沒看透的——亞當·紐曼並非他所想的那種人。正如蒙提·派森（Monty Python）的惡搞喜劇《萬世魔星》當中的布萊恩，亞當·紐曼或許長得像耶穌，但他並非救世主。他只是個調皮搗蛋的男孩。

■

「瑞提許在哪？」Masa快步走到我面前問道。

我們人在新德里，和以往的造訪一樣，這次我們也在里拉皇宮飯店頂樓的馬戲團餐廳舉辦了雞尾酒會。當天稍早在泰姬陵飯店喝茶時，那支魅力無窮、銀彈滿滿的蘋果手寫筆又簽下了一筆十四億美元的投資協議，對象是維杰·謝哈爾·沙爾瑪的支付企業Paytm，正是倪凱在三年前拒絕的那家新創公司，如今估值已飆升至驚人的七十億美元。[11]

參加里拉皇宮飯店酒會的人當中，有日益增加的軟銀投資組合公司創辦人、當地實業家和高階官員。但Masa眼裡只有一人，即年僅二十三歲、低調且不修邊幅的OYO飯店創辦人瑞提許·阿加瓦爾（Ritesh Agarwal）。瑞提許在十七歲時創立了OYO，二十歲時獲得十萬美元的泰爾獎學金（由創投家彼得·泰爾設立為鼓勵學子創業）後，便輟學全力創業。

印度的飯店市場向來高度分散，主要由個別業主經營，而非由假日飯店等連鎖品牌主導。OYO的模式類似優步，但提供的商品是經濟型的飯店房間。OYO與平台上的飯店採取聯名經營，而掛上OYO標誌則代表擁有最低標準的衛生清潔與基本設施，例如現煮早餐和無線網路等便利設施。在印度這樣的環境下，OYO的模式幾乎完美地實現了創投界所謂的「產品滿足市場需求」（product-market fit），既解決了業主的房屋閒置問題，也為預算有限的旅客提供更多選擇。軟銀早在二〇一五年便已對OYO投資一億美元，而該公司的表現始終符合其商業模式。

我向Masa指了指瑞提許所在的位置，當時他正站在角落，與奧拉計程車公司創辦人巴維什・艾賈瓦爾交談。瑞提許平日的穿著近乎隨性，甚至顯得有些邋遢，但這次他身穿純灰色西裝，搭配白襯衫。當Masa走近時，他的身體瞬間繃緊，恭敬地鞠躬，然後立正站好，雙手交握放在身後，身體微微前傾，像一個面對嚴厲校長的認真學生，全神貫注地聆聽Masa的每一句話。Masa興致勃勃，雙手不停地比劃，而瑞提許則默默傾聽，偶爾點頭示意。我繼續與其他人寒暄，卻始終留意著他們的互動。不久後，瑞提許開始顯得有些不安，輕輕搖著頭，他的肢體語言與我當初在時尚鑽石珠寶店面對Masa突如其來的慷慨提議時如出一轍。

Masa召喚我過去，瑞提許則低著頭，似乎有些不好意思。Masa將手搭在我肩上，向我概述了他提出的交易方案——軟銀投資五億美元，並將新股的投票權分配給瑞提許，再透過發行認購權證來中和瑞提許被稀釋的股權（即降低持股比例）。而且無需進一步的盡職調查，交易將在四週內完成。

瑞提許不是來尋求資金的，但相同情節一再上演——Masa 給他無法拒絕的提議，甚至預先解決了所有潛在的反對理由——股權稀釋、失去控制權、管理干擾等，全都一一化解。

我建議我們至少與負責 OYO 投資的軟銀團隊討論此事，但 Masa 駁回了我的意見，他驕傲地看著瑞提許，解釋道：「能讓我想起年輕時的自己，就只有他了。」

幾週後，交易正式執行，不過在其他股東強烈反對下，投資規模縮減了一半，估值也往下調了。[12] 願景基金後來又主導了一輪十億美元的融資，將 OYO 的估值推升至五十億美元[13]——這也是另一個不尋常之處，創投投資人通常不會主導其投資公司後續的融資，而是希望有外部資金進場來驗證這家公司的市場價值。否則，也許會如馬克 安德森的生動描述：「你可能會開始覺得自己的狗屎聞起來像冰淇淋。」[14]

OYO 是過多資本扭曲企業發展的典型案例。瑞提許是真正的企業家，充滿熱情，擁有創新理念，並善用科技來為平台上的供應商與顧客解決問題。在印度市場，OYO 的網路效應極為強大，隨著加入的飯店業主與住客增加，整個平台的價值也隨之提升。然而，**當企業獲得過**

多資金時，往往就必須思考如何花掉。理論上，在擁有無限資本的承諾下，瑞提許帶領OYO朝兩個方向發展，但這兩條路都與其初衷背道而馳。OYO的首要目標變成了國際擴張，包含進軍美國和西歐等已開發市場。然而，這些市場與印度不同，早已被大型連鎖品牌主導，而Airbnb也在以驚人的速度擴張，提供了另一種具競爭力的住宿選擇。同時，OYO也開始投資物業裝修與持有，偏離了科技平台最核心的輕資本投入模式。

最終，這家公司變成了過度膨脹的混合體，糾結於科技平台、物業管理與不動產開發，失去了清晰的市場定位。

■

願景基金投資的其他公司，儘管商業模式比Improbable更易理解，仍面臨其他挑戰。「搖擺」（Wag）是以「狗狗版優步」為概念的新創公司，其手機應用程式能媒合狗主人與獨立的寵物保姆。這家位於洛杉磯的新創公司，憑藉著絕妙的推銷技巧——他們的簡報以Masa心愛的貴賓犬照片開場，[15]成功說服了願景基金投入三億美元。然而，駕駛是受法規監管並需要取得駕照的行為，但「遛狗」則是一項模糊不清的技能。此外，遺失愛犬的風險顯然與優步司機遲到所造成的影響大相逕庭。

再試想如果發生這種情況：寵物保姆進入你的公寓接你的愛犬史努比，卻順道躺在你的沙發上喝著你的啤酒，一邊抱著史努比一邊享受你的網飛熱劇？

願景基金還向Zume公司（前身為Zume披薩）[16]慷慨注資了三．七五億美元，使其估值高達二十二．五億美元。Zume的商業模式是由機器人製作披薩，並在配送途中完成烘烤。姑且不論此構想的可笑之處，最重要的問題是：達美樂也有自己的點餐APP，並運用人工智慧演算法來提高配送時間的準確性，難道達美樂就因此變成了一家科技公司？

承此思路，Compass雖自稱「不動產科技公司」，但本質上仍是傳統的房仲業務。他們的仲介或許會使用結合了演算法和大數據分析的精巧APP，但他們畢竟不是機器人。然而，這仍然吸引了願景基金投資了四．五億美元。[17]「以科技驅動」的營建公司卡特拉（Katerra）獲得了八．六五億美元的資金。維韋克．拉馬斯瓦米（Vivek Ramaswamy）創辦的羅伊萬特（Roivant）製藥公司，其企業宣言為「運用科技」來推動藥物開發，於是獲得了十一億美元的投資。[18]能言善道的澳洲人萊克斯．格林希爾（Lex Greensill）則成功說服願景基金向他的供應鏈金融公司格林希爾資本（Greensill Capital）投資高達十五億美元[19]——這次的投資甚至連「科技公司」這個幌子都沒有，基本上，格林希爾資本只是營運資金的提供者，其中僅部分客戶為科技公司。以衛星網路起家的葛雷格・魏勒（Greg Wyler）旗下的一網通訊公司（OneWeb），承諾透過八百顆低軌（低於一千公里）衛星提供全球寬頻網路。然而，因為執行不力最終導致軟銀十億多美元的資本化為烏有[20]（馬斯克也曾與魏勒合作，但最終靠自己的「星鏈」（Starlink）計劃兌現了這個「太空網路」的承諾。按照馬斯克一貫的風格，他的星鏈計劃最終將發射多達四・二萬顆低軌衛星，每顆衛星左右兩翼之間的寬度達三十六英尺）。[21]

在願景基金的投資組合中，叫車服務最終成了單一最大的組成成分。對中國滴滴的總投資額高達一百一十億美元，可能創下了史上民間企業最大一筆投資的記錄。新加坡的Grab也拿到了額外十五億美元投資。[22]而最奇特的案例，則是優步。一般來說，傳統私募基金投資人通常會避免投資競爭對手，以免產生利益衝突。然而對Masa來說，「傳統」這個詞和「正常」一樣，都是一種侮辱。軟銀在與優步和來福車（Lyft）同步進行協商後，儘管願景基金已資助奧拉等優步的競爭對手，最終仍注資優步七十三億美元。[23]對此，優步執行長達拉・霍斯勞沙希（Dara Khosrowshahi）一語道盡了諸多創辦人對願景基金的看法：「我寧願有他們這門『資本大炮』在我身後，好嗎？」[24]

願景基金的投資規模龐大，許多個別投資的金額甚至超過了一般科技創投基金的整體資產。更值得注意的是它的投資速度——其資本部署的頻率猶如政客開支票，營造出一種自我感覺良好的氛圍。

一開始，所有投資仍未顯露任何問題存在的跡象。相反地，由於輝達等成功案例，Masa十分興奮於投資績效已超越他過去44%的紀錄。此時，正好可以套一句巴菲特的老話：「只有當潮水退去，你才知道誰在裸泳。」（此話已是老生常談，但如果你有更好的表達方式，歡迎填空＿＿＿＿＿＿。）

幸運的是，願景基金中還是有許多賺錢的投資是毋庸置疑的。除了輝達之外，還有軟銀以成本價轉讓的25%安謀股權（最終在安謀上市前賣回給軟銀，獲得了兩倍報酬）。對抖音中國母公司「字節跳動」的二十億美元投資，是Masa的經典之作。他早在抖音崛起成為全球社群媒體巨頭之前，就看出字節跳動的人工智慧技術具有差異化優勢，而到了二〇二三年，字節跳動的估值至少是軟銀進場時的三倍。■[25] 此外，由倪凱主導投資十億美元的酷澎後來也轉入願景基金，以及投資六．八億美元的DoorDash[14]，兩者皆因新冠疫情而成為連帶受益者。■[26] 對於麥克爾．魯賓（Michael Rubin）創立的體育授權用品零售商Fanatics，願景基金也投入了十億美元，這筆投資也表現亮眼，極可能帶來數倍報酬■[27]。另外，對通用汽車旗下自駕車業務

14　美國最大的外送平台之一，商業模式類似 Uber Eats。

Cruise的九億美元投資，後來也以二十一億美元出售給通用汽車，實現了可觀的報酬。■[28]之後，由迪普．尼夏爾所主導的諸多投資也都表現極為出色，像是10x Genomics和Relay Therapeutics[15]。

但迪普的投資規模通常僅於數千萬美元，難以在一千億美元的基金規模下實現實質意義上的優異「超額報酬」。雖然安謀、奧拉和Grab等企業都算得上成功，但沒有一家能達到輝達那樣的爆炸性成長——如果當初願景基金能持有更長時間的話。

■

英特爾創辦人安迪．葛洛夫（Andy Grove）在其經典著作《唯偏執狂得以倖存》中，描述了每位領導者最害怕的時刻：**當產業發生劇變，公司必須選擇轉型，否則就會被市場淘汰**。對祖克柏而言，這個「策略轉折點」出現在抖音的用戶參與度超越了臉書和Instagram的時候，迫使他將公司改名，並全力投入元宇宙。

在創投領域中，於產業的創新週期裡保持領先是成功的關鍵，而紅杉資本無疑是其中的佼佼者，其投資的企業包括蘋果、谷歌、Instagram、Airbnb、YouTube、Zoom、PayPal、

WhatsApp和字節跳動。

道格・利昂（Doug Leone）身為紅杉資本全球管理合夥人，在矽谷堪稱王者。然而在二○一七年，這位創投界的傳奇人物開始懷疑自己的事業是否正處於策略轉折點（或許是他投資生涯的第一次）。紅杉第一檔基金成立於一九七四年，當時規模僅一千一百萬美元。到了二○一六年時，矽谷最大的創投基金規模鮮少超過十億美元，任何超過這個數字的基金都被認為過於龐大、難以操作（當時只有銀湖資本等少數大型基金，但較著重於併購，而非創投與成長型投資）。相較之下，軟銀的願景基金規模高達一千億美元，幾乎令人難以想像。

Masa邀我陪同他與道格會面，地點位於軟銀在美國聖卡洛斯的總部——環星路一號。這棟低矮的混凝土玻璃建築，距離一○一號高速公路不超過五十碼，我的辦公室位於大樓北側，透過窗戶便能清楚看到塞在高速公路上那一排動彈不得的特斯拉車隊。聖卡洛斯本身位置尷尬，離舊金山南邊太遠，又離紅杉資本所在的沙丘路不夠近。對Masa如此講究品味的人而言，這個地點的選擇著實奇怪，但他的團隊主要是考量到未來斯普林特與T-Mobile合併後，可能需要更大空間。

道格與我們的會面地點是Masa辦公室，包含四樓整個南側空間，裡面有餐廳、會客室、

15 10x Genomics是一家生物科技公司，位於美國加州。Relay Therapeutics也是一家生物科技公司，位於美國麻州。

帶有私人浴室的寬敞書房和可容納五十人的會議室。從窗外望去，首先映入眼簾的是廣闊的停車場，遠處則是較賞心悅目的紅杉州立公園。

道格年近中年，禿頭、身材壯碩，一身休閒裝扮，穿著藍色牛仔褲與長袖紅藍格紋襯衫。他是白手起家的企業家，第一份工作是在市立高爾夫練習場徒手撿球。Masa 邀請道格在會議室一端的小會議桌前坐下。

道格和多數執行長一樣，不習慣花太多時間寒暄。他開場便直奔主題，語氣激動。他之所以如此憤怒，是因為軟銀近期決定加碼投資 OYO——它亦是紅杉資本投資組合裡的公司。

「你不能這樣做，」道格說，「OYO 根本不需要這筆錢。我們認為擴展到國際間不是個好主意，他們應該先在印度市場能夠獲利。而且，將你的投票權交給瑞提許簡直糟透了，這會把我們邊緣化。」

「你們這樣到處撒錢是行不通的，」他繼續說道，「我們需要合作，共同扶持這些公司成長。」

Masa 絕不會允許自己失態或無禮。他禮貌地點頭，笑容有些勉強，但他不急著回應，等了一會才慢慢開口，因為他清楚自己手握更大的籌碼。

「我尊重您的意見，非常感謝。」他說道，「但我相信瑞提許是才華洋溢的企業家。我也認為OYO有機會超越Airban，我想支持他，幫助他成為全球第一。我們會提供他充足的資金，任何人都無法阻擋他前進。」

這正是Masa投資風格的精髓——釋放像瑞提許這樣的「絕地武士」，與他能「感受到原力」的人合作，挑戰他們勇於追求夢想，並用大量資金助他們一臂之力。**此種策略曾經成功運用在馬雲和阿里巴巴身上。**Masa總是以創辦人夢寐以求的方式來對待他們，而非像傳統創投投資人那樣冷酷謹慎、錙銖必較、對創辦人嚴格監控資金流向，而且每次僅注資數千萬，而非數億美元。

此次會面很快便結束了，道格．利昂離開時，臉上大惑不解。這場談話讓人想到一九六五年美國名人賽時，高爾夫球選手博比．瓊斯看到傑克．尼克勞斯打球時，曾說：「他打的是我全然陌生的比賽。」我猜，道格對Masa的感想可能也與此類似。

道格的前輩——身材瘦削、熱愛文學與慈善的威爾斯人麥可．莫里茲（Michael Moritz）爵士，早在二十年前便與Masa有過交集。如今，他對紅杉合夥人給出的忠告是：「金正恩與孫正義之間，至少有一個區別。前者擁有的是可隨意發射的洲際彈道飛彈；而後者擁有的是用起來毫不猶豫的銀彈，摧毀了創投與成長型基金公司辛苦累積的報酬。正如拳王泰森曾說過，『人人都有計劃，直到他被迎頭痛擊』。現在，是咬掉對方耳朵的時候了。」■[29]

作為備受尊敬的矽谷投資大佬，說出這番話未免顯得過於自以為是、挑釁、甚至原始野蠻。更諷刺的是，由於軟銀推高了科技公司的估值，使得紅杉整體投資組合也跟著水漲船高。而且多虧了願景基金，紅杉下一檔旗艦級的全球成長基金，規模也將達到八十二億美元，[30]比上一檔基金大了四倍以上，這表示不論投資績效如何，每年管理費至少能額外增加一．二億美元。與其「咬掉孫正義的耳朵」，紅衫或許更該向他寄上一封感謝函。

對矽谷的傳統投資機構而言，願景基金的成立猶如《2001：太空漫遊》的黑色巨石，突如其來、充滿威脅性且顛覆產業格局，從天而降在沙丘路[16]的分水嶺上。從二〇一三年到二〇二三年，全球獨角獸企業總市值從一千億美元飆升至五兆美元。[31]為了在這片波濤洶湧的海洋上保有一席之地，紅杉和所有創投機構都需要一艘更大的船，這將是孫正義留給創投界的長遠遺產——十億美元已經落伍了，你知道現在什麼才酷嗎？一千億美元。

16 沙丘路位於美國加州的帕羅奧圖（Palo Alto），是矽谷（Silicon Valley）的心臟地帶，擁有許多知名的風險投資公司，也是許多新創公司想要進駐之地，作者在這裡便是意指矽谷。

15 電信通訊之歌

派瑞絲．希爾頓再度出現，彷彿一顆彗星。我上次見到她，還是在伊比薩島，那顆小藥丸帶來的狂熱夜晚。如今，她又出現了，依舊是那般金髮碧眼、香氣芬馥，眼瞼上的亮片一如她的笑容般耀眼奪目，她也宛如花蝴蝶翩翩往來於接駁巴士走道。**這是否預示著，我的人生又將迎來一陣波瀾？**

那時是二〇一七年八月，我與瑪雅和一群朋友來到伊比薩島，共度一個悠閒的長週末。此刻這輛巴士正載著我們前往一場豪宅派對。而我幾乎整天都在與孫正義通話，討論一筆極具震撼性的交易——或許能讓派瑞絲．希爾頓忍不住脫口而出她的招牌評語：「超棒！」

儘管這筆交易佔據了我的心思，我仍不禁思考起所謂的「派瑞絲現象」。我確信她絕非一般的金髮傻妞，她只是非常擅於扮演這個角色。對多數人而言，「追隨你的熱情」只是陳腔濫調、甚至毫無用處的職涯建議。如果我照做，我現在大概會躺在巴貝多的沙灘上，一邊抽著大麻，一邊讀莎娣．史密斯的小說，聽著史提利．丹樂團的音樂（另外也有人建議「追隨你的天賦」，但結果可能還是一模一樣——依然是沙灘、大麻、音樂和小說）。但我由衷佩服希爾頓女士能將自己熱愛的夢幻生活，打造成一門賺錢生意。至於她Instagram上的二千五百萬名粉絲（包括你現在看到的這位敘事者），我則持保留態度。

金融市場也有自己的「網紅」。投資人總是密切關注著巴菲特等大師級人物的一舉一動，他們的認可（理想情況下，還伴隨著資金和特定的進場價格）能讓任何交易瞬間升值。這正是我與Masa所討論的交易情況。

那天晚上，我們又回到了帕查夜總會，這次是為了參加「花的力量」主題之夜。在電音聖地聽到清水樂團的音樂，彷彿摩薩德情報員出現在克拉里奇飯店一樣的情節，令人感到錯亂。我戴著一條受大衛．福斯特．華萊士啟發的紅色變形蟲圖紋頭巾，脖子上掛著一條粗大的和平墜飾項鍊。但我並未在室內隨著〈驕傲的瑪麗〉搖擺，而是在停車場，手握著一瓶沛綠雅礦泉水，與Masa和傑夫．西恩（Jeff Sine）的雷恩集團進行馬拉松式的電話會議。

我們的會議一直持續到凌晨五點，然後立即登上維斯達專機，先飛往紐約，再轉往丹佛，去見媒體交易界的終極「網紅」——約翰．馬龍（John Malone）。此筆交易錯綜複雜，而且可能是孫正義輝煌事業的終極篇章——收購有線電視巨頭特許通訊（Charter

Communications），並與無線電信業者斯普林特合併，使得軟銀成為了美國通訊業務的最大掌控者。

軟銀進軍美國的「電信通訊之歌」[17]始於二〇一四年，當時美國的無線網路服務糟糕透頂。相較於日本，在美國下載 YouTube 影片或 PowerPoint 簡報的速度慢了四倍。用科技宅的話來說，軟銀行動通訊在東京市中心穩定提供 50 Mbps 的下載速度，但曼哈頓卻僅能達到 10-15 Mbps。郊區的情況更糟，舊金山也好不到哪裡去。

美國有四大全國電信業者——威訊通訊（Verizon）、AT&T、T-Mobile 和斯普林特，而日本只有三家。理論上來說，美國市場競爭更激烈，對消費者而言，通常意味著價格更低、服務更好。然而，70% 以上的產業利潤都流向了威訊和 AT&T，而 T-Mobile 和斯普林特則負債累累、苦苦掙扎。這並非真正的競爭市場，而是兩強壟斷，而獨大的兩家公司均沒什麼動力升級服務——既然賣廉價牛肉就能夠生存，又何必提供高級的菲力牛排呢？

17 作者將美劇《權力遊戲》（Game of Throne）改成 game of phones 來形容孫正義的全球電信業布局，翻譯改寫其原文書名《冰與火之歌》為「電信通訊之歌」。

二〇一一年，擁有T-Mobile控制權的股東「德國電信」同意以三百九十億美元的價格，將T-Mobile出售給AT&T，然而，美國聯邦通訊委員會和司法部阻擋了這筆交易。所幸當初協商時，T-Mobile顧問設定了懲罰性的「婚前協議」，（即交易術語中的「分手費」），規定AT&T必須支付三十億美元現金，貢獻價值十億美元的無線頻譜，並與T-Mobile簽訂「漫遊協議」，讓T-Mobile能以優惠條件購買AT&T的網路容量。[1]這筆意外之財讓T-Mobile重獲新生，在一身粉紅T恤、圓滑的約翰・萊傑（John Legere）領軍之下，T-Mobile發起了價格戰，撼動整個產業。T-Mobile捲土重來，也證明了監管機構當初阻止AT&T交易的決策十分正確。

同時間，斯普林特則不斷在燒錢，用戶大量流失，但它擁有全美最大的無線頻譜資源（即用來傳輸數據的授權無線電波）。關鍵在於斯普林特持有的「中頻段」頻譜，非常適合用來部署第五代行動通訊技術（5G），能讓抖音影片的傳輸速度等同於傳簡訊，幾乎相當於電信界的海濱地產。

孫正義對電信的理解，就如同凱撒大帝看待戰爭。他仔細觀察競爭市場，發現機會，果斷出擊。

他的第一步是收購斯普林特。

軟銀於二〇一三年完成了這件事，當時還與電信大亨查理・厄根（Charlie Ergen）旗下的碟形網路公司（Dish Network）展開收購戰，最終以二百一十五億美元完成交易，其中五十億美元注資斯普林特，一百六十五億美元則歸其股東。[2]

下一步策略，就是推動斯普林特與T-Mobile合併。約翰・萊傑大膽且充滿侵略性的作風，結合斯普林特持有的頻譜資產，可望能催生出一個強大的第三勢力，迫使市場上所有業者加大投資，升級網路，正如十年前的日本市場一樣。

不幸的是，美國聯邦通訊委員會和司法部裡的民主黨官員並不同意，他們反對的理由是——合併可能導致消費價格上漲和失業問題。然而，斯普林特與T-Mobile的合併截然不同於AT&T併購T-Mobile。斯普林特債臺高築，加上股價暴跌，其財務狀況顯然已岌岌可危；如果斯普林特倒閉，將導致更嚴重的失業問題，並進一步衝擊市場競爭。更何況任憑約翰・萊傑如何吹噓，T-Mobile也無法僅憑一己之力與AT&T和威訊抗衡，尤其考量到全國網路升級至5G所需的巨額資本。

受阻的孫正義決定公開發聲，捍衛自己的觀點。

據稱在二〇〇一年時，他曾在日本政府郵電省辦公室裡，因監管糾紛揚言要自焚（當我向他求證此事時，他笑說是真的——只是當時他沒有汽油和火柴）。這次在華盛頓特區，他雖然沒有再度威脅要自焚，但他依然抑制不住怒氣，公開批評了美國聯邦通訊委員會的立場錯誤。「我在矽谷家中說著，天啊，美國怎麼忍受得了這麼糟的網路服務？」他在一場科技會議上如此表示，[3]並重申他致力於改造美國電信業的決心，一如當年在日本所為。

然而，這場戰鬥終究是徒勞。

二〇一四年八月，心灰意冷的軟銀宣布放棄在美國的閃電擴張計畫。我們決定找個地方韜光養晦，靜待時機。新據點就在Masa新家，位於堪薩斯市綠意盎然的郊區米申希爾斯，方便前往位於歐弗蘭帕克的斯普林特總部。

面對未來三年內一百多億美元的債務即將到期，有人主動提供了財務建議，而這個人還真令人意想不到，也令我感到興奮。Masa、倪凱和我圍坐在Masa伍德賽德家中的餐桌旁，開著擴音的電話傳來了債券之王麥克·米爾肯的聲音——如今他已改過自新，專門從事慈善公益。米爾肯建議斯普林特應該看準時機推動債務交換計畫，來減輕財務陷入困境的痛苦。但他不知道，斯普林特的財務問題早已不是這種頭痛醫頭、腳痛醫腳所能解決的範疇。

孫正義決定換將，撤換當時的執行長丹·海斯（Dan Hesse），改由玻利維亞企業家馬塞洛·克勞雷（Marcelo Claure）接手。這位身高六呎六的壯漢，總是一襲黑衣。他是狂熱的足球迷，Masa 引以為傲地稱他是自己的「街頭鬥士」。

順帶一提，我所見過身價超過十億美元的富豪，幾乎每位都擁有自己的球隊，而和藹可親、幹勁十足的馬塞洛也不例外，他擁有的是玻利維亞拉巴斯的的玻利瓦爾俱樂部，以及後來與大衛・貝克漢共同創立的邁阿密國際足球俱樂部。

不過，馬塞洛上任後的第一個重大決策，與大家對街頭鬥士的想像大相逕庭。他並未大刀闊斧，而是選擇了許多美國執行長面臨危機時的作法——聘請了麥肯錫。此外，另一位金融魔術師拉吉夫・米斯拉則將斯普林特的頻譜資產與手機租賃證券化，成功募集到資本，為斯普林特爭取到了一線生機。

與此同時，Masa 將全部精力投入到斯普林特的網路改造計畫。為此，他召來了軟銀內部的「瘋狂科學家」筒井多圭志。然而，這位留著一頭亂髮、戴著眼鏡的技術專家所說的英語令人難以理解，據田中先生表示，他的日語同樣令人困惑。

Masa 深信，斯普林特的網路可以重新設計，不再依賴傳統塔台。電信塔台是一種垂直租賃資產，通常由個別公司持有，然後將塔台上的空間出租給電信業者，用以安裝無線網路核心的天線和無線電設備。如果斯普林特能完全擺脫對塔台租賃的需求，將有機會大幅提升其獲利能力。

然而，這個計畫以失敗告終。有時候，即便是瘋狂科學家也會算錯數字。

此時身手敏捷的萊傑把矛頭對準了步履蹣跚的對手馬塞洛，他發了一則嘲諷的推文——「@marcelo，回去玩你的兒童池吧」，[4] 簡直像極了拳王阿里當年挑釁喬·弗雷澤。只可惜這場較量遠稱不上世紀之戰，因為結局已定，甚至沒有再戰的機會。麥肯錫的債務重整建議和米斯拉巧妙的財務工程，只不過是延緩了斯普林特的終局。Masa雖眼見自己的選手搖搖欲墜，卻仍不願輕易認輸，因為一旦放棄，將摧毀他在日本放款機構中的信譽——而這些機構正是支持他這一連串瘋狂冒險的關鍵。

二〇一六年十一月，事情出現了意想不到的轉機——**川普當選美國總統**，意味著共和黨政府即將上台，而他們對電信產業的監管立場較民主黨寬鬆。

兩年後，斯普林特與T-Mobile合併的理由更加充分。寬頻基礎建設已經成為國家優先要務，但重點並不是為了美國小孩能順暢地觀看抖音影片，而是因為寬頻已是企業營運的必要工具。雖然美國消費者每月的電信資費比日本用戶低，但美國人所付出的每單位數據費用其實更高。此外，儘管同產業公司的橫向合併通常會導致裁員，但以目前情況而言，若市場上的「第四名」斯普林特最終面臨倒閉，將帶來更大規模的失業衝擊。

美國聯邦通訊委員會和司法部新上任的共和黨領袖願意賦予Masa公平的申辯機會，時機終於成熟——在這場日德聯姻的交涉中，雙方終於有機會讓他們的子公司（斯普林特與T-Mobile）在美國國土上合體——**「國家計劃」再度啟動！**

某位缺乏創意的投資銀行分析師，為這筆國際交易設計出了令人哭笑不得的代號系統：將斯普林特編碼為西班牙，將T-Mobile編碼為泰國，將德國電信編碼為丹麥。於是，在這場代號之亂中，Masa和我準備出發前往德國，去見「丹麥」。

■

會議邀請訂於五月二十三日星期二上午九點半，地點是德國電信位於波恩的總部。這天正好是我結婚三十一週年紀念日，但更令人擔心的是會議地點。這樁合併案涉及四家知名上市公司，因此必須謹慎行事，保密至關重要。有人向我保證，會議將安排在「合適的地點」，確切位置將於會議前一小時確認。這安排簡直像在拍動作諜報片，但那段時間，這種秘密操作已經成為日常。

我連夜搭乘蝮蛇號從紐約飛往德國，無眠的飛行時間正好能把巴布．迪倫的《私藏錄音輯》完整聽兩遍。春日清晨，天氣晴朗，我降落在科隆波恩機場，照慣例在當地萬豪酒店稍作梳洗後，我便前往會議地點——瑪麗安費爾斯城堡。這座城堡建於十九世紀中，座落於俯瞰萊茵河的山丘上，周圍環繞著四十英畝的森林。城堡所有人是法蘭克．阿斯拜克（Frank Asbeck），他是太陽能光電大廠「太陽能世界」（SolarWorld）的知名創辦人，德國人稱「太陽王」。瑪麗安費爾斯城堡為哥德式建築，外牆漆成淡黃色，石板屋頂帶著藍灰色調，一座塔樓上方飄揚著一面德國國旗。它的氣質彷彿童話故事《白雪公主》中的城堡，既美麗又帶著些許嚴肅。

我們在鳥瞰萊茵河的城堡露台上見面，陽光燦爛。主人是如王子般迷人的德國電信執行長提姆．霍特格斯（Tim Höttges），個子高大、光頭且幽默風趣。陪同他的還有財務長湯馬斯．丹能費爾特（Thomas Dannenfeldt）、T-Mobile 董事會成員托爾斯騰．朗格姆（Thorsten Langheim），同時也是這場交易的主要撮合者。

提姆對孫正義極為欽佩，並明確表達希望與軟銀建立策略聯盟的意願，這點與 Masa 的想法不謀而合。然而，提姆的同事卻表現得過於強勢。斯普林特儘管財務狀況堪憂，但沒人能像國際貨幣基金組織（IMF）對發展中國家那樣，對孫正義發號施令，絕對不行！孫正義可是翱翔高空的雄鷹，他所到之處，唯有真正的強者才敢涉足，他可不會坐以待斃。Masa 直接指出，他們並不是披著閃亮鎧甲的騎士，而斯普林特也不是什麼等待救援的落難公主！反之，軟銀是目標明確、鎖定美國通訊市場的征服者，而T-Mobile不過是其中一個選項。於是，我們留下了三個愣在原地的德國人。

不到一小時後，Masa與我各自登上了我們的座駕——我搭上蝮蛇號，而Masa則乘坐蝮蛇號的老大姐G650ER離開。

就這樣，天降雄鷹，旋即雄鷹再度振翅飛翔。

那趟飛往倫敦盧頓機場的航班，是我最後一次搭乘蝮蛇號。這架私人飛機由我、費雪和米斯拉共用，然而頻繁調度飛機來回，既麻煩又浪費。最終，我談成了一筆交易，出售蝮蛇號，改與維斯達公務機簽署包機合約，確保機組人員純子小姐繼續保有工作，而我們隨時隨地都有飛機可用。蝮蛇號是我的私人飛機初體驗，對於那架流線造型的美麗座機，我始終懷著一絲不捨；如今，每次踏入維斯達的龐巴迪飛機時，我都會感到一絲愧疚，彷彿自己為了俗艷的小妾，而拋棄了糟糠之妻。

上飛機後，我再度驚訝於Masa的戰術。儘管他當時的處境並不算強勢，但也絕非在虛張聲勢。在「國家計劃」的佈局中，合作夥伴還鎖定了美國有線電視巨頭——康卡斯特（Comcast）和特許通訊，這兩家公司掌握了八成以上的美國家庭寬頻網路市場。

傳統上，有線電視業者透過固網電話、寬頻與影音的「三合一服務」來吸引用戶。這種套餐方案讓消費者同時訂閱多種服務，降低轉投競爭對手的可能性，不僅能減少客戶流失（服務業最致命的痛點），還能將固定成本分攤至更多「營收產生單位」，進一步提升獲利能力。

然而，時移世易，固網電話也逐漸過時，無人問津。提供無線通訊服務對有線電視業者來說至關重要，如此才能打造吸引消費者的新套餐方案。除了無線業務的欠缺之外，有線電視業者還面臨了「剪線潮」的衝擊。除了新聞和體育節目外，幾乎所有娛樂內容都已經從傳統有線頻道的線性播放，轉向隨選串流服務，進一步削弱了有線電視的吸引力。儘管如此，對有線業者來說，這場變革並非全然是壞消息。他們利潤豐厚的高速寬頻服務，如今已成為如同自來水一樣不可或缺的公用事業，意味著他們仍然擁有穩固的市場地位。

為了提供行動通訊服務，康卡斯特和特許通訊不一定非得自己擁有無線通訊公司。替代方案是從無線通訊業者大批購買網路容量，再進行轉售，也就是採用虛擬行動網路服務公司模式。然而，虛擬行動網路服務公司的利潤微乎其微，而且沒有公司願意為競爭對手提供的服務向客戶負責。

電信公司與有線業者相反，他們希望進軍影視和寬頻市場。AT&T耗費巨資收購直播電視集團（DirecTV），試圖結合多頻道影音服務與其核心的無線通訊產品，但最後未能預見串流媒體革命，而以慘敗收場。威訊也曾嘗試收購特許通訊，但這場交易最終破局，據報導是因為威訊的報價「太低」了。法國傳媒大亨派翠克·德拉希（Patrick Drahi）近年收購了美國阿爾蒂斯有線電視（Altice），並試圖擴大美國市場版圖，也被傳是潛在買家之一。

簡而言之，特許通訊儼然已是各界競相收購的目標。

若想收購特許通訊，必須先通過其守門人約翰·馬龍這一關。這位有線電視大佬透過旗下的自由寬頻公司（Liberty Broadband），掌控了特許通訊31%的股份。自由開放派的媒體金融大亨馬龍現年七十多歲，他用四十年的時間打造了一個全球媒體帝國，最早從美國的有線電視整合開始，後來擴展至全球。他旗下的產業涵蓋一級方程式賽車、天狼星衛星廣播公司（SiriusXM）等各大有線電視和媒體。儘管如此，馬龍也非常腳踏「實地」，他擁有美國最大面積的私人土地，名下土地總面積高達二百二十萬英畝。約翰·馬龍之於媒體交易，就如同亞當·紐曼之於銷售界——絕對是史上最強。

我們精心策劃了特許通訊與斯普林特的併購交易，使軟銀能獲得新公司的控制權。根據報導的每股五百四十美元收購價，合併後的「新特許通訊」企業價值（即股權價值加上未償還債務）將超過二千億美元，成為史上最大規模的併購案。[5]

由於斯普林特的估值不到特許通訊的三分之一，若只是單純合併，軟銀將僅持有無足輕重的少數股權。為了取得控制權，軟銀必須投入大量現金。其中六百五十億美元將來自銀行團提供的聯合貸款；剩餘部分則從軟銀的淨資產提供。[6]

最後，這筆交易中最棘手的一環，在於說服自由寬頻將其持有31％的特許通訊股權「轉換」為新公司股權，並授予軟銀代理投票權。如此一來，軟銀就能掌控「新特許通訊」，而無需實際收購自由寬頻的股份，進而大幅降低交易所需的現金投入。更重要的是，約翰・馬龍身為業界舉足輕重的意見領袖，若他願意繼續擔任股東，將被視為對新特許通訊未來發展的強力背書，進一步提升市場信心。

如果說收購安謀像是《捍衛戰士》的獨行俠駕駛F-14雄貓戰機以負4G俯衝對決米格戰機，那麼，這次的併購案簡直像駕著「企業號航空母艦」在馬可・雷明斯的《獵殺紅色十月》的潛艦上翻筋斗。儘管這筆交易提案涉及的規模龐大、錯綜複雜且財務風險極高，但產業邏輯卻無可挑剔。兩家公司合併後，除了資本與成本效率大幅提升外，還能提供業界首創的「四合一服務」，納入自有網路提供的無線網路語音服務，比傳統的「三合一方案」更勝一籌。

如同往常，Masa的思維總是跳脫常規，並顯現出獨創的「第四面向」。理論上，有鑑於斯普林特掌握的頻譜資產，讓它成為唯一擁有「無限網路容量」的無線網路業者。因此，軟銀可以「近乎免費」地將無線網路服務納入套餐中，讓軟銀掌控的「新特許通訊」為原本「舊特許通訊」的用戶提供極具競爭力的價值服務。此種策略完全就是孫正義的經典手法，一如他年少時的「免費咖啡」商業模式，透過「犧牲打」的方式吸引用戶，徹底顛覆美國電信市場。

在這場故弄玄虛、充滿真假訊息戰的併購案中，我們與特許通訊的交涉還有另一個意義——這也是一場精心策劃的戲碼，專為我們的德國觀眾演出。[7]

我的同事艾力克斯．克拉維爾（Alex Clavel）是我在這場併購案和其他重大交易的重要夥伴。他人高馬大、戴著眼鏡且博學多識，畢業於普林斯頓大學，精通中文與日語。一九九四年，我在摩根士丹利時招募了艾力克斯，又在二〇一五年將他挖角過來，成為軟銀的一員。我們親自前往丹佛，與馬龍的核心團隊會面。這個團隊由自由媒體公司（Liberty Media）執行長格雷格．馬菲（Greg Maffei）帶領。馬菲曾任微軟財務長，舉止彬彬有禮、滿頭灰髮。談判中，他堅持為自由寬頻爭取優渥條件，要求無論「新特許通訊」表現如何，都必須保障自由寬頻獲得最低報酬。

雖然我們尚未達成正式協議，但提出具體報價已是一大進展。然而就在七月三十日，《華爾街日報》報導特許通訊和斯普林特洽談合併的消息兩天後，我們集體的興奮之情瞬間被澆了一盆冷水——特許通訊發表了一則駁斥的公開聲明，徹底澆熄了談判熱度。

「我們理解這筆交易對軟銀為何具吸引力，但特許通訊對收購斯普林特不感興趣。」[8]

也許，特許通訊的經營團隊確實對這筆交易心存疑慮；又或是執行長湯姆．拉特利奇憂心自己的地位受到威脅；也可能這其實是「史上最強」的馬龍精心謀劃的談判高招？畢竟，現在唯一能為這筆交易帶來轉機的人，就是約翰．馬龍。

■

Masa與馬龍的關鍵會面定於八月二十三日下午五點，地點是自由寬頻位於科羅拉多州恩格爾伍德的總部。八月二十一日清晨，我拋下了那條紅色變形蟲圖紋頭巾和吊墜項鍊，換上機上依然荒謬的糖果條紋睡衣，準備搭乘維斯達專機，途經紐約飛往丹佛。我登機時精神亢奮，在機上快速讀完了《美國殺人魔》，抵達時更是難以平靜下來。

我們在紐約第七大道上的雷恩集團辦公室忙碌準備了一整天後，翌日清晨六點三十分，艾力克斯、傑夫和他的徒弟克里斯．多尼尼（友善、一絲不苟、前高盛員工）與我四人從泰特伯勒機場出發，飛往丹佛。我們四人圍坐在維斯達專機上吃早餐時，艾力克斯收到了田中先生傳來的一則訊息：

「孫先生的飛機發生機械故障，需要更換零件，將延遲抵達。」

我們並不緊張。畢竟這筆交易關係重大，時間總能重新安排。

不過我們早該料到，我們的英雄可是曾經為了提交併購提案，想搭直升機降落在史都華・錢伯斯遊艇上的人！

隨後又傳來一則訊息——「沒事了，已改道芝加哥前往丹佛，搭美國聯合航空經濟艙」。

當天下午兩點，孫正義終於抵達丹佛因弗內斯希爾頓酒店大廳。他的左肩低垂，掛著一個西裝收納袋，右手則提著公事包，神情嚴肅，彷彿面對一場沒有勝算的戰爭，而他忠誠的隨侍田中先生依舊緊跟在旁。

Masa梳洗更衣時，田中先生向我們生動地講述了一幅令人捧腹的畫面——當他敬愛的老闆蜷縮在座位上沉睡時，他在一旁不斷有禮貌地阻止一名過度熱心的聯合航空空服員，以免她為了讓他享用航空公司那屢獲殊榮的機上餐點，而將熟睡的Masa喚醒，但最終仍是徒勞。或許翻譯過程中遺失了些許細節，但情況大約就是那名空服員在田中再三強烈拒絕後向他保證——餐點不僅獲獎，而且還是免費的。

「如果特許通訊股價來到六百美元，我們得支付多少錢？」Masa問道。

「九十億美元。」克里斯幾乎不假思索地回答，他的眼睛緊盯著筆電螢幕，隨時準備應付下一個問題。

此刻，我們正坐在約翰·馬龍的候客室，Masa凝視著窗外，目光緊盯著一架正在丹佛國際機場跑道滑行的飛機，看來不過一支七號鐵桿的距離。克里斯正在回答，若軟銀承諾為自由寬頻提供最低報酬，所涉及的潛在財務曝險將是多少。這些，正是我在伊比薩時與Masa討論過的數字。

問題繼續。

「若是三百美元呢？」Masa目光專注地問道。

「二百三十億美元。」多尼尼立刻回應。

傑夫和我對看了一眼，忍不住搖頭驚嘆。我們兩人在金融界的資歷加起來超過六十年，早已習慣處理大額數字，但從未聽過數百億美元能如此隨意地被拋出來討論。

Masa偏好對稱的談判陣容。既然馬龍會協同馬菲出席，傑夫或我勢必要有一人退場，以維持對等。我自願退出。傑夫曾與馬龍交手過，而且我相信他不僅能完美表達我的想法，甚至能發揮得更加出色。話說回來，我還能說什麼呢？問馬龍到底要買多少土地才夠嗎？

時候到了。傑夫起身，停頓了一下，然後說出了我心中的想法。

「你現在要去和約翰·馬龍會面，」他對Masa說道，「如果你同意這筆交易，就等於賭上了軟銀的未來。一旦你感到任何遲疑，就直接離開。」

Masa點了點頭，但他並沒有看向傑夫，而是繼續凝視著窗外那架飛機，此刻它離我們已經縮短到一支挖起桿的距離。

■

當晚，丹佛國際機場的私人航廈熙熙攘攘。修好的650ER已緊隨著Masa的聯合航空班機從東京飛抵；我的維斯達停放在附近；而馬塞洛·克勞雷的斯普林特專機則是最後一架抵達的飛機。他從堪薩斯市飛過來，堅持在丹佛與我們會面，我向他宣布協商結果——孫正義與約翰·馬龍已經握手達成交易。

當晚，我們選在一家丹佛郊區購物中心裡的義大利餐廳用餐。晚餐本該是一場慶祝，但Masa卻顯得小心謹慎。當大家用當時能找到最棒的巴羅洛紅酒舉杯時，Masa似乎若有所思。**他是在擔心贏家詛咒嗎？或是他只是仍未從過去二十四小時的辛苦談判中恢復？**兩家公司合併後，Masa屬意馬塞洛擔任執行長，現在他似乎也有些心事重重，這也無可厚非——併購的債務讓公司沒有任何容錯空間，稍有差池可能就會出大問題。諷刺的是，過去態度強硬的傑夫和我，這次反倒成了這筆交易的啦啦隊。我們都是交易癮君子，能促成這筆別開生面的併購案，讓我們興奮無比。

但這一切最終都無關緊要。經過數週的來回拉鋸後，我們確信，特許通訊執行長湯姆拉特利奇顯然不為所動。特許通訊一年前才剛以七百八十七億美元收購了時代華納有線電視（Time Warner Cable），整合如此龐大的業務已經讓管理層焦頭爛額，拉特利奇根本無意再接手狀況不佳的斯普林特。

交易破局的第一道訊號，是交易細節被洩露給CNBC的大衛・法柏（David Faber）。■9 操控媒體來推動自身的目的，是併購談判中常見的戰術。法柏每年都能與向來低調神秘的馬龍進行獨家專訪，因此，他的消息來源幾乎毫無疑義。也許是自由寬頻的團隊意識到這筆交易即將夭折，刻意向市場釋放訊號，表明不僅有人願意為特許通訊支付高價，甚至承諾五年後將以更高價格收購。

他們在自抬身價，這是市場上司空見慣的操作手法。

法柏聯繫軟銀，要求我們對此發表評論。此時否認已毫無意義——我們清楚他的消息來源。於是我決定順水推舟，要求法柏也要報導他的消息來源刻意忽略的「不願面對的真相」：此筆交易中，軟銀計劃以每股十美元的價格，將斯普林特賣給「新特許通訊」，遠比斯普林特當時的交易市值高出了50％。我們試圖把醜小鴨包裝成白雪公主，但自由寬頻並不在意，馬龍也已拿到了他的「保證報酬」，這筆交易對他而言已無懸念。至於我們？我們還有另一個盤算——因為我們清楚，德國人一直在觀望和聆聽。■[10]

■

撇開自尊與監管法規不談，斯普林特與T-Mobile理應合併仍然極具說服力。對斯普林特而言，這關乎生存；對T-Mobile而言，這是問鼎市場寶座的絕佳機會。此外，隨著共和黨政府上台，來自華盛頓特區的訊號持續閃爍綠燈，時機已然成熟。

新一輪的談判由兩家公司的執行長親自發起。馬塞洛卯足勁，正式進入對戰模式，萊傑也收起一貫的嘲諷性格，嚴肅應戰。雙方都感覺必須加快腳步，重新投入談判。經過四天的馬拉松協商——前兩天在舊金山的美富律師事務所，後兩天在紐約的沃奇爾立普頓律師事務所，兩邊終於敲定了合併細節，並於二〇一八年四月正式對外宣布。

考量到監管與政治阻力，新的 T-Mobile 承諾在合併後三年內投入四百億美元於網路建設，比 T-Mobile 與斯普林特過去三年的總投資額高出46%。新網路將於全國提供快十五倍的網速，並承諾三年內不會漲價。隨著網路建設推進與偏鄉零售據點擴張，預計將創造二十萬個新就業機會。每年營運成本預計削減六十億美元，新公司總部設於西雅圖，由萊傑領導，合併後，企業總價值將高達一千四百六十億美元。■[11]

德國人在這場談判中始終佔據優勢，但最終，Masa 仍在這場美國電信業的歷險中，達成了一筆公平且成果豐碩的交易。軟銀最終持有新 T-Mobile 24%的股份，這家新公司不僅成長動能強勁、管理穩健，更將成為美國電信市場的關鍵催化劑，推動各家業者進行大規模網路升級。這筆交易難得達到了「雙贏」的結果——贏家不僅是那些肥貓交易者，所有股東與美國消費者同樣受惠。

我們達成協議後不久，有人拍下了一張照片：我站在馬塞洛與萊傑中間，雙臂摟著兩人，萊傑照慣例穿著黑色西裝外套搭配粉紅T恤，笑著在我頭上比出「V」字勝利手勢。或者，他比的是兔耳朵？誰也說不準萊傑的心思，但這張照片完美迎合了自我宣傳的慾望——上億買賣加上重要人物雲集。於是，我毫不害羞地主動將照片分享至推特和領英。

我喜歡這張照片，誰不喜歡呢？

|16| 獵人與廚子

有句古老的投資格言：**當計程車司機開始談論某檔股票時，便是該賣出的時候了。**

我的優步司機駕駛著一輛黑色鷗翼式車門特斯拉，行駛於陽光燦爛、交通壅塞的美國一〇一號公路上。人工智慧科技公司C3.ai和網路安全服務供應商CrowdStrike的大型廣告牌提醒著我，這裡是矽谷。如同每次行駛在一〇一號公路上，我又開始思考起自駕飛行計程車和懸浮式超級高鐵隧道，**這裡住著世界上最聰明的人，為何他們不去解決真正的問題，反倒是建立了無聊的社群網路？**

我焦急地看著手錶，擔心自己會遲到。我本來應該計劃得更嚴謹，但此時自責似乎也毫無意義，冥想也無濟於事，我的思緒如同高速公路一樣混亂。漫無目的地瀏覽了幾分鐘電子郵件後，我勉強開始與優步司機交談。

我討厭與陌生人攀談，而正如瑪雅說過，每當我開口時，總是會不自覺地說錯話。然而，我最近發現自己的優步評分是家裡最低的，倒不是我愛和孩子們比高下，誰不想受人喜愛呢？

也許是印度教育和華爾街職涯的遺毒，讓我對排名有著莫名執念。

薩米爾和艾莉亞都是紐約人，或許是因為美國人都愛給高分評價罷了。但他們堅稱，問題在於我只把優步司機當成司機。「那小費呢？用錢買不到喜歡嗎？」我問道。瑪雅建議我聽從孩子們的意見，而我一如既往地照做了。

若是在倫敦，對話內容通常會是天氣或足球；但在矽谷，話題通常離不開科技。當我告訴司機我在軟銀工作後，他唯一想聊的就是他的特斯拉股票。

「嗯，伊隆是個怪人，但他確實是個天才，」我回應。「特斯拉也的確是一家好公司。但問題在於，通用汽車去年賣了一千萬輛車，賺了一百二十億美元；而特斯拉只交車交了十萬輛，虧損了二十億美元。特斯拉真的該漲嗎？」

司機毫無反應。**我是否又惹人厭了？**

「如果你認為特斯拉應該以科技公司的方式估值，那車輛就必須具備經常性收入，如同軟體服務一樣。」我不屈不撓地繼續說道。「試想，全自動駕駛的特斯拉在車主閒置時，由特斯拉公司進行租賃，而事實上，車輛在超過90%的時間裡都是閒置的。一旦這種模式成真，你的工作也將不保了。因此，持有特斯拉股票，或許正是對你未來收入的一種避險手段！」

「我不曉得，老兄。我還是打算再買一些，它一直在漲，就像開了自動駕駛模式一樣！」

他終於開口，笑著說道。

我放棄了。

特斯拉和多數科技股一樣，都是「擁擠的交易」。此時買進，猶如一九七〇年才發現披頭四一樣了無新意。但如果你因此覺得我比我的優步司機更聰明，那可就錯了。那趟車程之後，特斯拉在五年內漲了近十倍，彷彿披頭四又成了下一個披頭四一樣。

但這一切都改變不了一個事實——我快遲到了。

■

二〇一八年一月的寒冷清晨，我搭乘優步緩緩向北駛，前往舊金山市中心。

在債券狂熱的一九八〇年代，最能體現時代精神的活動，莫過於德克索投資銀行（Drexel Burnham Lambert）於比佛利山莊舉辦的年度盛會——掠食者舞會，而這場盛會的主持人，正是麥克．米爾肯。當時的市場顛覆者，正是那些不擇手段吞併企業的「企業掠奪者」，而這群掠奪者在此與米爾肯的垃圾債券投資人混跡一堂——這些投資人，正是為掠奪行動提供銀彈的金主。

我沒能受邀參加掠食者舞會，但現在，我是它二十一世紀版的舊金山摩根士丹利科技大會的主講嘉賓。

我的目標是強調軟銀股價受到嚴重低估，折價幅度高達50％，未能反映其基本資產價值。這個觀點再簡單不過，你不需要擁有財金博士學位就能明白，用五美元買入價值十美元的東西是筆好生意。Masa作為軟銀的最大股東，股價長期被低估讓他深感挫折。為何軟銀的股票總是遭到市場低估？其中確實有些技術性因素，例如：隱含的應納稅額；但對專業投資人而言，「不透明」才是最令人擔憂的問題。儘管我一向欣賞孫正義以「瘋子」自居的幽默自嘲，但對那些管理加州教師或紐約消防員退休基金的受託人來說，他的風格難免讓人有所顧忌。更何況他的溝通方式也的確獨樹一格，像是那張「下金蛋的鵝」投影片，雖然廣受喜愛，但無疑不太傳統。

對於股價被低估的公司，實施庫藏股和（甚至極端情況下）私有化都是標準作法，但兩者都需要大量現金。舉例來說，巴菲特的波克夏海瑟威會在股價低於資產價值時買回自家股票，但波克夏海瑟威是AA評等的公司，財務靈活度也遠勝於軟銀。

我們內部不斷爭論如何在新投資和實施庫藏股之間配置資金，但與此同時，像摩根士丹利這類投資人關係的活動依然至關重要。

與會者將是來自股票型共同基金或避險基金的分析師與投資組合經理人。我一眼就能分辨他們的差異——穿著美國服飾品牌抓絨連帽衫的，通常見識淺短；而穿著諾悠翩雅喀什米爾連帽外套的，往往能提供更具深度的見解。

同台講者和我一樣，都是上市科技公司的高層主管。我們不會跨越德克索這種掠食者眼裡那條模糊的法律界線，但我們的使命也並非拆解企業。不過，我們當中確實有人是掠食者。**你的資料正是獵物，越來越常被用來訓練人工智慧模型**；演算法暗地裡捕獲你的「心理佔有率」[18]，作為出售給廣告商的商品。

儘管如此，這並不意味著我們是邪惡的，甚至連一半邪惡都算不上。我們只是貪婪，而在許多人眼中，貪婪是一種美德。我也認識谷歌的高層團隊，他們人都很好，也幫助我們搜尋跟購物。年少時，我曾在德里的酷暑午後，騎著腳踏車跋涉五英里，只為前往美國教育基金會查詢美國大學的資料。一九八〇年代那群資產掠奪者對我卻毫無幫助。此外，電影《華爾街》的經典反派角色戈登·蓋柯身穿繡著全名字母縮寫的橫條紋雙色法式袖口襯衫，而祖克柏則是穿著T恤和連帽衫。我明白，正如虛構人物蓋柯象徵著失控的華爾街，電影《社群網戰》的祖克柏也代表了矽谷囂張放縱的縮影。雖然祖克柏不如蓋柯那般張揚，但他的穿著傳達出一模一樣的訊息——去你的，老子忙著改變世界，而且我比你有錢。

屆時，台下會有一千多名觀眾聽我演講，因此，當天早上我猶豫著該穿什麼。我試穿了一件海軍藍小羊絨連帽衫，價值一千二百美元，但最後選擇放棄，改穿合身的海軍藍運動外套，營造出略帶總統風格的打扮。我總覺得，穿那件連帽衫像在刻意迎合什麼。

這種不自在，對我來說再熟悉不過。

我終於勉強趕上了演講的時間。

會場位於舊金山市中心皇宮飯店富麗堂皇的大宴會廳。這座佔地一萬平方英尺的華麗會場有著挑高圓頂和鑲嵌水晶吊燈，以巴洛克風格佈建，宛如俾斯麥向德意志君王宣告統一德國的舞台。然而在矽谷，真正的王者是谷歌，而它當天的執旗手正是財務長露絲·波拉特（Ruth Porat）。我很欽佩露絲，我們曾在摩根士丹利共事，我親眼見證她如何從容不迫地處理複雜交易、應對嚴苛的客戶，同時一邊抗癌，一邊撫養三名幼子。

然後，還有伊萬·史皮格（Evan Spiegel）——這位代表了新世代科技企業家的色拉布

18 是指某種商品在消費者心中的知名度是否成為了最先聯想到的品牌，而不是真正的市佔率，比如，一般人聽到電動車就會聯想到特斯拉，但特斯拉不見得是全球銷售量最好的。

（Snap）創辦人，正熱衷於推銷內建攝影鏡頭的Snap智慧眼鏡。我們總習慣將矽谷與無害、內向、呆萌的宅宅們聯想在一起，並想像這些人將他們的「宅男天賦」轉化為飛行車等酷炫發明。但如今的矽谷創業家，多半是千禧世代的科技新貴——他們與超模約會，嘲笑嬰兒潮世代的銀行家佩戴動輒三百美元的愛馬仕領帶，但自己卻穿著要價三百五十美元的義大利名牌T恤。他們或許不在意年終獎金多寡，但他們深知，自己夠不夠「酷」，全憑當前的公司估值來決定。

我匆忙走上台，準備接受另一位前同事暨摩根士丹利全球科技投資銀行主管德魯．古瓦拉（Drew Guevara）的訪談，我們將以「爐邊對談」的形式進行。

德魯和我已經事先順過稿，大多數問題都符合我的目標，以推廣軟銀股票為此行重點。會場內的投資人掌控著數兆美元的資金，所以我的演講內容用了他們熟悉的專業術語，如分類加總估值法、股東權益報酬率、貸款成數等。但他們來此，並不是為了聽我發表什麼玄妙的高見——畢竟，我也沒那種智慧。大家真正感興趣的，是孫正義的想法和他的下一步行動。當我以軟銀對輝達投資二十億美元，短短數月便獲利八十億美元，來說明願景基金內建槓桿的威力時，我能清楚看見觀眾眼中閃爍著錢的符號。

對談結束後，德魯邀請現場投資人提問，問題相當踴躍，有人問了斯普林特與T-Mobile合併後的展望，也有人詢問軟銀的庫藏股計畫。但真正值得關注的，卻是那些「**無人敢問的問題**」。無人提及科技股估值過高或風險管理的問題；無人憂心共乘市場的經濟模式過於脆弱；無人質疑軟銀對WeWork的四十四億美元投資——這是有史以來對新創公司的單筆最大投資，卻無人敢問WeWork究竟與科技業有何關聯。因為，在牛市裡，沒人會問尖銳的問題。

我經歷過一九八〇年代的槓桿收購熱潮、一九九九年的網路泡沫、二〇〇八年的房市崩盤，而故事的劇本總是如出一轍——**我們看著傻瓜在市場跳舞，心想著只在一旁看更傻，於是我們忍不住加入群舞，結果音樂戛然而止**。

一九九九年時，摩根士丹利讓自家的資深銀行顧問成立內部科技投資基金，目的是為了留才，讓那些高薪的銀行家不至於跳槽去能賺更多錢的創投或科技新創公司。這個計畫確實奏效了，但卻充滿諷刺與悲劇色彩。

網路泡沫破裂時，這場投資成為了金融界的滑鐵盧——我們的資本蒸發了90%。對有些人來說，這表示他們還得再辛苦工作幾年，才能還清漢普敦的豪宅貸款。而對所有人來說，則是感覺自己「蠢透了」，這種羞辱與賠錢本身一樣令人痛苦。

我們理應更具判斷力，更懂得警惕泡沫。我曾讀過查爾斯．麥凱（Charles Mackay）的經典著作《異常流行幻象與群眾瘋狂》，這本十九世紀的專書研究歷史上的投資泡沫與群眾狂熱現象。但諷刺的是，麥凱自己卻沒能識破所處時代的最大泡沫——而且還發生在他的家門口。一八四〇年代，英國人執迷於當時新興的破壞式創新技術——鐵路。麥凱斷然否認「鐵路投資」與「荷蘭鬱金香狂熱」[19]之間的相似性，但最終眼睜睜目睹鐵路泡沫破裂，造成的損失相當於今日超過四千億美元。這場災難的規模，甚至遠超過了他在書中詳述的任何投資泡沫。

我始終學不會教訓，那些明星級的避險基金經理亦然。當市場陷入「非理性繁榮」時，我們其實跟押寶特斯拉股票的優步司機沒什麼差別，同樣都受到市場動能驅使，正如托爾斯泰筆下的偉人與君王，均受制於歷史的洪流而無法掙脫。**在牛市中，「錯失恐懼症」成為主導市場的力量，比任何迷幻藥都來得強烈，催化著個人智慧轉為集體瘋狂**。

■

這天以一場愉快的晚餐對話作結，地點位於會場附近的泰姬陵坎普頓廣場飯店私人包廂。與會者中，不乏多位知名避險基金經理，其中一位是低調的紐約老虎全球管理公司創辦人蔡斯・柯爾曼（Chase Coleman）。

晚宴臨近尾聲，一位坐在我對面右邊最後一個座位的亞洲紳士猶豫地舉起了手，他戴著眼鏡、身形高䠷，先是進行自我介紹，雖然我不記得他的名字或所屬機構，但他的口音卻讓我印象深刻——清晰、帶有牛津劍橋風格，完全出乎意料。

他說：「剛才的討論很有趣，我瀏覽了你們的網站，看到 Masa 提出的企業使命是『人人都幸福』。請問，他是真的奉行科技烏托邦的理想，還是這其實只是一場統領全球的遊戲？」

「好問題，」我微笑回應，「請容我反問一句——為何不能兩者皆是呢？」

大家都笑了，這就是牛市裡人們的反應。

■

在科技投資領域，老虎全球管理是唯一在膽識上能與軟銀匹敵的基金，最終它大舉買進軟銀股票，另一家成功的對手蔻圖資本（Coatue Management）亦然。

摩根士丹利活動結束數週後，我來到紐約，準備與老虎全球的合夥人暨私募股權業務共同創辦人史考特・施萊弗（Scott Shleifer）會面。

19 十七世紀發生於荷蘭的一場經濟泡沫，也是歷史上最早的投資泡沫之一，當時，鬱金香球莖的價格在短時間內被炒作到天價，後來市場突然崩盤，許多投資者因此破產。

老虎全球的辦公室位於紐約西五十七街九號，其北向的景觀或許是世上最壯麗的市景之一。同棟大樓裡，還有私募巨頭科爾伯格－克拉維斯－羅伯茲（通常簡稱KKR）和阿波羅全球管理公司，這棟大樓宛如現代版的奧林匹斯山。那日早晨，天清氣朗，我從老虎全球的辦公室眺望，整個中央公園的景色盡收眼底，還有遠處的喬治華盛頓大橋，晨光映照在中央公園以西的雙塔公寓上──世紀大廈、雄偉大廈和聖雷莫大廈，美得令人屏息。

史考特年輕、精力充沛、詼諧，一雙目光銳利的黑眼。他要我簡短介紹一下軟銀，但當我講到安謀時，他突然打斷了我──

「我不在乎安謀，姑且把它稱作焙果吧，」他不屑地說道。

焙果？我愣了一下才意識到，他是在暗示孫先生最珍視的資產毫無價值。

當我談到斯普林特時，他再次重複了同樣的話，這次語氣更不耐煩。

「斯普林特就是個該死的焙果，這點我百分之百確定。」

低調沉穩的蔡司和高調張揚的史考特究竟如何同在一個屋簷下共存？

史考特唯一關心的軟銀資產，就是願景基金的投資。考量到槓桿效應和30%的附帶收益（即所有投資人必須支付給軟銀的分潤），願景基金資產每上漲一美元，對軟銀來說價值就超過五美元。我的「超值價值」論點──用五美元買進價值十美元的資產，對史考特來說無聊透頂。另一方面，軟銀作為高槓桿的私募科技投資公司，才是真正令投資人熱血沸騰之處。

諷刺的是，老虎全球和蔻圖資本其實都是所謂的「虎崽」，源自於著名價值投資人朱利安．羅伯森（Julian Robertson）所創立的老虎基金。羅伯森的成功來自於低買高賣的價值投資理念，然而，一九九八年，他判斷科技股價格過高，押注做空，結果慘敗。他的分析正確，但時機錯誤。科技股持續飆升，投資人拋棄了羅伯森，最終迫使他在二〇〇〇年三月清算了自己的基金——就在網路泡沫破裂的前夕。當時，蔡司．柯爾曼與蔻圖創辦人菲利浦．拉方特（Philippe Laffont）還是老虎基金的年輕後輩，他們應該目睹了這場災難。是否正因如此，讓他們決定順應牛市、不再逆勢操作？我無從得知。但不論如何，「聰明錢」如今也加入了這場盛宴，換言之，那些夏天在海濱豪宅度假、擁有私人灣流飛機的投資大佬們現在也進場了。他們向來成群結隊地行動，而當你看到他們開始買進時，所釋出的訊號與計程車司機提供的「內線消息」恰恰相反。投資人也爭相解讀這些基金每季向美國證券交易委員會（SEC）提交的13F報告，試圖從中尋找投資機會。市場動能隨之增強，就像雪球滾下山坡般越滾越大。

正如我最喜愛的詩人所言：「你無需天氣預報員來告訴你風往哪裡吹。」如同二〇〇〇年和二〇〇八年一樣，清算的時刻即將到來。這種結局，從未例外。

我們的「家族」（Masa經常如此稱其高層幹部）內部，此時需要來一次介入措施，而最適合主導這場介入的人選，自然是陪伴他二十年的老戰友。然而，當我向費雪提起這個話題時，他只是聳了聳肩，用全球通用的肢體語言表達了他的「無可奈何」。

即便如此，我還是向Masa提出了私下會談的請求，不僅是為了自己能問心無愧，更為了思索我的未來。我們約在Masa的新居會面，位於加州伍德賽德的山家路。

Masa一直想在矽谷擁有一處永久據點，因此，他於二〇一二年在加州馬場買下了一塊九英畝的土地，離他七十多歲的好友賴瑞．艾利森的家不遠。賴瑞的莊園佔地二十三英畝。**這是巧合，還是與人類細胞的二十三對染色體相關？矽谷創辦人似乎對這類帶點科學象徵的細節，總是特別講究**。賴瑞的湖濱別墅仿造十六世紀日本皇居建造，為了打造出理想的居所，他耗費了九年時間、二億美元和一千萬磅岩石。

幾年前，倪凱和我與Masa曾在賴瑞家中共進午餐。賴瑞當時解釋，這座湖濱別墅的每棟建築，都是根據不同時期的日本皇居風格打造，目的是用來收藏他的日本藝術品與古文物。此處的風格相較周圍林立的馬術莊園，形成了強烈的違和感，就像你預期見到戴著牛仔帽的約翰・韋恩，結果卻在路上碰到了身穿和服的坂本龍馬。「為何不直接在日本買座真正的皇居？」我趁機低聲問了Masa。毫不意外，賴瑞在京都也擁有兩座真正的日本皇居。

Masa的新家氣派非凡，又極具品味，這聽起來或許矛盾，但他卻能以無與倫比的風格完美平衡奢華與優雅，這或許是他不為人知的一項才華。如果是品酒行家或藝術策展人，踏入這座宅邸，分別見到酒窖與藝術收藏時，或許都會感受到一陣悸動。然而最令我印象深刻的，卻是一塊帶有靛藍色紋理的義大利白色卡拉卡塔大理石藝術品。這件作品被放置在一個讓人不得不近距離觀賞的位置，使你能仔細凝視那蜿蜒於純白石材中的淡藍色紋理，宛如塞・湯伯利（Cy Twombly）在珍珠白的畫布上信手塗鴉的線條。在如此美麗的藝術品上小便，似乎是一種褻瀆，但令人瞠目結舌的是，這恰好就是它的設計初衷——它被擺放在廁所，本就是供人「方便」之用。

田中先生在門口迎接我，我照慣例換上了室內拖鞋，走向客廳，Masa已經在那裡等我。

我先向他表達了我對他的忠誠，以此作為開場。

「聽到這番話，我真的很高興，」他微笑著回答。「這對我來說，非常重要。」

然而，隨著我開始談及我的擔憂——交易速度、槓桿規模和日益增長的風險，他的笑容逐漸淡去。

「Masa，我希望你明白，我加入軟銀是因為你的願景。但有些投資，我真的不懂為何它們是人工智慧公司，有些甚至連科技公司都算不上。也許我們應該考慮投資谷歌或微軟。畢竟，每當人工智慧領域有重大突破，他們都會去收購這些技術，就像當年谷歌收購深腦公司一樣。」（深腦公司由天才科學家德米斯・哈薩比斯創立，目標是「解決通用人工智慧問題，然後用它來解決世上所有問題」。該公司於二〇一四年被谷歌收購。）

他聽著，表情毫無變化，偶爾點點頭。但我最後那句話，終於引起了他的反應。

「對啊，也許我們應該成立另一檔基金，專門投資像谷歌和微軟之類的公司！」他突然興奮起來。

但接下來，他語氣一轉，像在背誦早已準備好的台詞。

他說：「你知道，每個家庭裡，總有獵人和廚子。我們需要廚子，他很重要。但對我來說，獵人才是最重要的。我對獵人的看重，永遠多過廚子。」

如果Masa的使命是讓人人都幸福，那廚子不是更有價值嗎？獵人能讓人快樂嗎？好廚師能讓所有人臉上展露笑容，如同發明家豐富了大眾的生活——古騰堡用印刷術改變世界，愛迪生發明了燈泡。而且，獵人真的比廚子快樂嗎？

但Masa並不打算展開哲學辯論。他說的其實是我，**孫正義把我比作廚子**，甚至不是「主廚」（Chef）——法文讓一切聽起來更高級，但他只叫我「廚子」。

裸身烹飪的傑米・奧利佛和滿嘴髒話的戈登・拉姆齊讓「主廚」的形象變得酷炫，但在Masa口中，聽來卻很傷人，彷彿我從輝煌的戰士階級「剎帝利」被貶為工匠階級的「吠舍」。

我完全可以提出反駁。畢竟我也在華爾街闖出了一片天——那片獵場的生存法則可是弱肉強食。不想餓死，你只能靠自己打獵，有時甚至只為了娛樂而狩獵。

但或許他說得有道理。獵人總是渴望著某些東西——**金錢、權力或單純追求刺激**。但我不是，至少現在不再是了。我已經擁有夠多財富，而權力只是幻象，閱讀（哪怕不是驚悚小說）已經夠讓我興奮。更重要的是，我沒有他的風險胃納。我多希望自己也能無懼風險，像他一樣無所畏怯，但我辦不到。

「你就像家人一樣，我希望你能永遠在我身邊。我希望每天都能和你交換意見，就像我跟羅納，他也許很快就要退休了。」他繼續說道。

但隨後他語氣加重地強調。

「你是個聰明人，但你必須更像個獵人。」

他親自送我到門口，但在此之前，我又去參觀了那壯麗的小便斗——可能是最後一次了。

臨走前，在我向他鞠躬道別之前，我問了他一個問題。

「Masa，也許我是個廚子，但我們至少可以有共識，我是米其林三星的吧？」

他仰頭大笑。我總能讓他發笑。

回程路上，我又坐進一輛黑色鷗翼式車門特斯拉，從長期堵塞的一〇一號公路一路向北駛往聖卡洛斯辦公室的方向。我發了一封信給Masa，感謝他的款待，並提議安排一場電話會議討論策略。但我太沉浸在自己的世界，忘了提出最根本的重點。

盛宴已經結束，獵人和廚子的時代已經過去。現在，我們需要的是比這兩者更低一階的人——我們需要善後的清理團隊。

一如往常，Masa立即回覆了我。他依然帶著那種有點不知天高地厚的自信，再度重申，我們將一起改變人類的發展。

孫正義果真是前無古人，後無來者，就像《大亨小傳》裡的蓋茲比一樣，是我這輩子遇過最滿懷希望的人。

17 蝴蝶效應

數學可以有無窮的趣味。喬治．布爾的代數將所有心智活動簡化為二元形式，而約翰．馮紐曼的賽局理論則將人類行為的動機數學化。混沌理論甚至更進一步地解釋宇宙中的因果關係——在決定性的非線性系統中，一個狀態的微小擾動，如何可預期地在另一狀態引發重大的效應。帝王蝶的橙色翅膀輕輕扇動、土星B環的微調、前世的小過失，這些顯然就是我們人生中會遇到倒楣事的起源。但這種「蝴蝶效應」是有固定比例的嗎？當蝶翅狂亂扇動時，是否會掀起一場驚天動地的風暴？

二〇一七年，此種效應似乎被放大到極致，讓那些擁有完美肌膚的金髮網紅和穿著粉紅T恤、圓滑的執行長都成了無足輕重的配角。一切的開端，來自那條令人心碎的訊息——我叔叔傳來的WhatsApp訊息。時候到了，該是搭上那趟痛苦的長程航班歸鄉的時候了。

■

步入五十歲後，一個沒有我們存在的世界，已不再只是思想實驗。年邁的矽谷創投家與創辦人，吹噓的話題已從獨角獸企業的驚人估值，變為令人自豪的健檢報告——年輕的前列腺、低膽固醇和高睪固酮等。然而，當他們踏入六十歲時，才驚覺不論如何抗拒衰老，最終仍逃不過那不可避免的結局，死亡似乎是一種無法接受的妥協。正如不同時代的物理學家與沙文主義數學家，他們如普羅米修斯般挑戰自然法則，甚至試圖戰勝死亡；而身為科技人，我們亦拒絕承認生命之舞的本質就是難以預料又無比複雜。

我們甚至不願停下來思考：如果亞馬遜雨林中的一隻蝴蝶振翅，能在德州掀起颶風，那麼干預生命的循環，究竟會帶來何種後果？

所幸，那位愛抽大麻的諾貝爾物理學家理查·費曼曾言：「生物科學中，沒有任何線索顯示死亡為必然。」彼得·泰爾則深信，死亡是「可解決的問題」。以奇點理論聞名的雷·庫茲威爾則相信，未來透過無線網路連接的智慧奈米機器人，將能持續修復或替換人體老化的細胞，而機器器官將能讓人體永續運轉。[1] 谷歌旗下甚至有家聚焦長壽科技的子公司——加州生命公司（Calico），不過它的科技總監最近退休了，不禁令人有些存疑。

對長壽的執念並非矽谷獨有。哈佛醫學院遺傳學教授大衛·辛克萊（David Sinclair）提出強而有力的主張，建議將老化列為可治療的疾病（大概是為了讓他的「療法」能獲得醫療保險理賠）。辛克萊創辦的生技公司「塔利健康」銷售一組每日四顆的長壽膠囊，據稱能延緩細胞衰老。我不確定這是否有效，但既然攸關生死，何妨一試呢？於是，我每月乖乖支付一百二十九美元的訂閱費，同時內心掙扎著究竟哪件事更離譜？是我服用該產品三個月後，生理年齡反倒增加了四歲？還是我仍持續付款？

但僅僅延長生命，真的是合理的目標嗎？這正是我與家母和兩位兄弟共同面臨的困境。當時我們在德里甘拉姆爵士醫院的加護病房，陪伴著我奄奄一息的父親。他曾是這家慈善醫院的主席，如今卻僅剩下一具空殼。諷刺的是，玻璃隔間病房的隔壁，躺著一名肝硬化末期患者——此種疾病正是家父畢生作為科學家與醫生所專注研究的疾病。

我及時趕到了，這聽來難以置信，但他確實在等我。他勉強撐起身體，只為了抱著我，告訴我他多麼以我為榮。父親從未這樣擁抱過我，隨後再次虛弱地倒下。

若這是一部拙劣的寶萊塢電影，醫院的這一幕約莫會是我開始皈依宗教並開始祈禱的時刻。然而現實情況是，我們一家不得不面對更艱難的問題——何時關掉維生系統？或許，醫學界應該走出那種希波克拉底式[20]的執念，不再一味延長生命，而是開始思考如何讓生命有尊嚴地謝幕。

20 希波克拉底是古希臘著名的醫學家，他的行醫倫理守則是「不傷害病人」。

母親選擇讓他離開。她也在醫院裡準備了自己的生前遺囑，我在一旁若有所思地看著，並帶著沉重的心情簽了字。我應該也立一份，但萬一我改變主意了呢？無論如何，我都得準備一份，否則，等到了那一天，某個被誤導的人工智慧系統在我的火葬儀式上選了Abba樂團作為背景音樂，那我該怎麼辦？我猜，不怎麼辦，因為我都死了。

我在父親的病床旁讀了很多書，直到兩週後，我們讓他安然離去。我讀了托爾斯泰的《伊凡．伊里奇之死》、阿圖．葛文德（Atul Gawande）的《凝視死亡》，這些書都試圖從形而上和形而下的面向探討死亡。然而，大多時候，我只是盯著父親頭頂那台儀器上，閃爍著一連串明亮而跳躍的綠色折線，彷彿它正寫下一個故事，而那令人焦慮的電子嗶嗶聲則是它的配樂。正如理查．費曼在六十九歲時不幸被癌症奪去生命時所意識到的一樣，所有生命的故事終將落幕。終有一刻，那些跳動的折線將變得平直，嗶嗶聲也將變得漫長而令人心碎。那一刻，我第一次深刻體會到，為何人需要相信這些明亮跳動的線條會在宇宙某個角落持續閃耀，那嗶嗶聲會在某處回響。

父親的靈魂會昇華嗎？他或許已經獲得這樣的超脫。那我呢？我的靈魂恐怕只會像果戈里筆下的阿卡奇．阿卡基耶維奇．巴什馬奇金[21]**，在梅菲爾區的街巷遊蕩，尋求報復，或為下一筆獎金而焦躁不安，或乾脆闖進新龐德街的諾悠翩雅店面櫥窗，搶下那件漂亮的麂皮滾邊海**

軍藍羊駝大衣。

火葬儀式使用原始古老的露天柴火火葬，地點在德里洛迪路火葬場。我陪伴父親的遺體，從醫院搭上一輛搖搖晃晃的救護車，同行的還有我的叔叔和兩位兄弟。這場人間喜劇仍在持續上演——我們的救護車途中竟還得停下來加油，確切來說，是加柴油。

翌日早晨，我和小弟尼基爾再次來到火葬場。他比我小十五歲，我對他既像父親，也像兄長。猶記他五歲時，我曾帶他去看《森林王子》，而如今我依然帶著他，卻是截然不同的目的——來領取我們父親的遺骸。

按照印度教傳統，逝者的骨灰應當撒進恆河聖水，通常是在喜馬拉雅山麓的聖城瑞詩凱詩或哈里德瓦附近。我原以為要領回的是骨灰，結果卻領到了骨頭。關於這項儀式的意義，眾說紛紜。**究竟是能幫助靈魂順利轉世？還是讓亡者從永無休止的輪迴中解脫？**我試圖尋找答案，但和印度諸多事物一樣，我得到的不是共識，而是熱烈的爭論——就像印度人跨世代的永恆辯論：誰是最偉大的板球對抗賽選手？加瓦斯卡還是坦都卡？

21 出自俄羅斯作家尼古拉果戈里的小說《外套》。

前往火葬場的路上，尼基爾和我一致認為：我們必定會被痛宰，買到貴得離譜的骨灰罈。然而，現實卻比我們預期的更荒謬百倍：一名滿身汙垢帶著同情眼神的工作人員向我們遞來了兩個塑膠鏟子和一個粗麻布袋。那兩把綠色聚氨酯鏟子已經褪色且布滿刮痕，可見的裂縫中嵌著無數聖人與罪人的ＤＮＡ；至於那個麻布袋……就是個該死的麻布袋。

尼基爾和我互看了一眼，然後搖了搖頭。

「我們要請他幫忙嗎？」他試探地問道，察覺到我內心的不適。

「不、不，我可以。」我撒謊道，勉強擠出一個疲憊的笑容。

我們開始撿拾父親的遺骨，並親手清洗焦黑的骨頭碎片後，小心翼翼地放入那個麻布袋。除此之外，我們還找到了他生前植入的心臟整流去顫器（ＩＣＤ），一個金屬製、閃爍著光點的中國製裝置。

尼基爾拿起那個心臟整流去顫器，聚精會神地細看，像在試圖解析它的內部構造。

我也被他的專注吸引了過去。

「不曉得這玩意能不能重複使用？說不定還能讓其他人的心臟繼續跳動。」我這麼說道。

■

當天稍晚，我們飛往德拉敦的喬利格蘭特機場，準備前往瑞詩凱詩。麻布袋此刻躺在我那只黑色途米登機箱裡，裡面通常頂多裝幾件換洗衣物與盥洗用品。**喬利格蘭特這個奇怪的名字從何而來**？我問了空服員，她咯咯笑了起來，這反應讓我想起了文子小姐，當時我在汐留辦公室問起27樓時，她也是相同反應。不過，這位空服員答應幫我去問問其他同事，然後他們一群人也轉頭看著我咯咯發笑。**即便在我的祖國，大家依然覺得我是個怪人**。

我的潛意識似乎把「對機場名稱的執念」當作了創傷療法——我就是放不下這個問題。根據網上的資料，喬利．格蘭特是一位功勳卓著的印度空軍飛行員。雖說這不是傳統的印度名字，但話說回來，錫克教家長經常給他們高大、包著頭巾、滿臉鬍鬚的兒子取些「心肝」（Sweetie）或「快樂」（Happy）之類的可愛小名，那叫有歡樂之意的「喬利」（Jolly）又有何不可？我的朋友拉胡爾曾就讀附近的杜恩公學，也許會知道答案，於是我傳訊問他。據他回覆，喬利．格蘭特不是一個人，而是來自尼泊爾王室或英國政府的一筆撥款，但他也不確定是哪一個。我放棄追問了（直到二〇二三年，ChatGPT才給出了一個合理解釋——喬利格蘭特其實是當地村莊「Jauligrant」的英文化名稱）。

我們在下午抵達了目的地，一處距離瑞詩凱詩上游數英里的小型私人住宅區，有點類似度假村。我們沿著石階緩步來到河床邊。「哀悼科技」（Grief-tech）如今在矽谷非常熱門，灣區新創公司「智慧來世」（HereAfter AI）主打「記憶的永存之地」，協助人們打造逝去親人的人生故事化身。但「化身」（avatar）一詞源自梵語，而古代吠陀學者早在數千年前就已深諳哀悼技術。當我溫柔而充滿愛意地、一點一點親手將那些焚燒過、被洗淨的遺骨，釋放進冰冷的流水，看著它們緩緩蔓延於水面，最終消失在河流深處，我從未經歷過比這更深刻的療癒體驗。那一刻，我深切感知，自己剛剛完成了人類文明最古老的儀式，並因著這樣震撼的領悟而感到無比謙卑——人類情感的本質，自古以來未曾改變。

■

然而，討厭我的繼續討厭我，抹黑我的也依然在抹黑。

布萊利·霍普（Bradley Hope）是《華爾街日報》倫敦辦公室一名調查記者，他因揭露高盛與馬來西亞首相涉入一個馬來西亞發展有限公司（1MDB）醜聞，而成為白領犯罪界的明星人物。■[2] 二〇一七年五月，霍普向代表軟銀的倫敦公關公司芬斯伯里詢問了一連串問題，表示他正「著手撰寫一篇報導，內容關於印度執法局於三月展開的調查，該調查主要針對軟銀及其多位高層涉嫌投資不當行為」。

指控內容聲稱倪凱和我以及我們手下的軟銀團隊，密謀收受回扣，藉由軟銀對印度新創公司的投資謀取私利。但這是毫無根據的指控，輕而易舉就能駁斥。而且這篇指控的措辭使用的是印度英文，控訴我「品行不端」，彷彿我是得了天花一般，並將內容廣泛發給各大新聞媒體。然而，多家新聞機構主動聯絡軟銀，明確表示他們看穿了這其中的陰謀，這不過是一場惡意的抹黑。

至於《華爾街日報》為何認真看待此事？根據其主編傑拉德．貝克（Gerard Baker）表示，願景基金的成立是金融市場史上的重大事件。因此，無論這些指控有沒有實質依據，我被排除於願景基金之外的事實本身就具有新聞價值。最終他們以〈軟銀面臨指控，公司回應這是蓄意破壞行為〉為標題，刊登了這篇報導。軟銀隨後發表了強烈抗議的聲明，支持我並駁斥這些指控為「虛假指控」，是基於「謠言與惡意抹黑」。

我讀到霍普的這篇文章時，正是五月一個陽光燦爛的早晨，我當時正在戶外參加艾莉亞的哥倫比亞學院畢業典禮。家母特地從德里飛來，坐在我身旁。我很高興見到她，儘管經歷了難以想像的喪夫之痛，她依然堅強無比。我只希望自己當時能不那麼心煩意亂，專注於她的來訪。日後，我或許能原諒那些抹黑者大部分的所作所為，但這件事，我永遠無法釋懷。

我寫了一封慷慨激昂的郵件給《華爾街日報》，指出「當誹謗中傷的謊言是刊登在《華爾街日報》上，就會上了一層體面的光環」，並指責霍普「嚴重損害了自己作為新聞工作者的誠信」。

然而，傷害已經造成。雖然《金融時報》等主流媒體對此保持距離，印度的一些無名網站，諸如《人民記者》等，卻樂於刊登聳動標題的報導，例如：〈軟銀財務長阿洛．薩馬面臨重大指控〉。如果我曾夢想自己的名字能登上新聞頭條（雖然我從未有過這種幻想），那至少應該是因為榮獲費爾茲獎或布克獎，結果是這種報導？或許我身邊的人根本不會瀏覽這些網站，但問題在於網路時代的「蝴蝶效應」。由於我的名字出現在新聞標題裡，於是谷歌的搜尋演算法也樂於助攻，冷酷無情地把這篇文章推上搜尋結果首位。從此，我開始養成一個頻繁且不健康的習慣——在網路上「海巡」自己的相關消息。每次盯著螢幕，我都感覺彷彿有人在我家門口拉了一坨屎，但我卻無力清理這場爛攤子。

我低估了霍普的執著。我的律師馬克．麥克杜格爾指出，這篇文章很可能只是霍普的一種策略，意在讓自己成為這場醜聞調查的首選爆料對象。果不其然，不到幾週後，霍普便聯繫了德安華調查公司，聲稱自己掌握了一些線索，並堅持要「盡全力一試，看看能否挖出點什麼」。

一一一。

板球運動員把「一一一」這個數字稱為「尼爾森」，並認為這是極其不祥的數字。這件事與尼爾森勳爵（Lord Nelson）有關，據說他在特內里費島失去了一隻胳膊，在科西嘉島失去了一隻眼睛，最後陣亡於一八〇五年的特拉法爾加戰役，據說當時他還缺了一條腿（當然，這只是個帶點黑色幽默的故事，史實並未完全證實這些細節）。

我的板球生涯中，從未因「尼爾森」問題而受挫，或許是因為我從未在單局比賽中得過那麼多分。但父親過世後的一百一十一天，我想起了這個詛咒——又一則訊息，又一趟長途飛行，又一場徹夜守候。這次，輪到了我的母親。這次，沒有關於呼吸器的煎熬抉擇，只有電話在凌晨兩點響起時，我在德里里拉皇宮飯店那間浮誇又充滿壓迫感的房間裡，痛哭失聲到無法自已（我從此再也沒有住過這間飯店）。瑪雅陪在我身旁，而我不斷重複著一個愚蠢問題：為什麼是她？父親選擇放棄，可是她不一樣。她花了兩年時間照顧他，現在她只想要過點屬於自己的生活。她雖已七十六歲，但她曾對我說，她還期待著至少再享受十年美好日子。

翌日清晨，我們再次來到洛迪火葬場，隨之而來的，又是那場令人膽戰心驚的拾骨儀式。

瑪雅知道我有多傷心，於是請薩米爾和艾莉亞從紐約趕來陪伴我。薩米爾陪著我和尼基爾去了火葬場。

我不確定他能否承受這一切，也不確定自己是否可以。但他顯得鎮定自若，與我們一同撿拾遺骨。他在骨灰堆中找到了我母親的鈦合金髖關節，歷經烈焰的考驗，卻分毫無損。

相同的旅程，同樣降落在那座名字充滿趣味的機場，然後前往瑞詩凱詩郊外相同的河畔住所。只不過，這次由薩米爾拉著那只熟悉的黑色途米登機箱，裡面裝著我母親最後的遺骸。我告訴他要小心。

同樣冰冷的流水，但這一次，療癒感卻少了許多，只有深沉的悲慟。

我哀痛得無法言語。前往追思會的會場時，我請薩米爾代我發言。這對他來說不太公平，但他平靜地點了點頭，二話不說地接下了這項責任。在百餘名親友面前，他毫無準備，但他直接對著我說，我母親的遺愛與存在，並不在那只黑色行李箱，她在這裡——長存在她七個孫子女的笑容裡。

■

我的黃金獵犬愛麗恰好與金髮女神愛麗・麥克法森同名。在牠的狗生之中，有件大事發生在某個夏日晴朗的海德公園，偶然到讓人不禁懷疑我們是否真的活在虛擬世界裡。那天，愛麗像往常一樣追逐著慢跑者，只是這一次，跑者剛巧是愛麗・麥克法森。顯然，這就是金髮長腿美女的日常——在公園裡慢跑。我隨後道了歉，彼此自我介紹，接下來便是兩位「金髮美女」之間的親切互動。

愛犬愛麗也是我最忠實的高爾夫球夥伴。當我打出壞球時，牠會撿起我揮出的草皮；當球掉進樹林裡時，牠會興沖沖地叫著衝進去，開始尋找除了我的球之外的各種東西。我看著牠在薩里郡的昆伍德高爾夫俱樂部奔馳時，想起了史努比在漫畫《狗日子》的經典難題：「我的人生沒有目標，沒有方向，沒有意義，沒有目的……但我卻很快樂。這到底怎麼回事？我到底做對了什麼？」

對於那些尋求涅槃之路、不想追蹤ＢＭＩ指數和淨資產，也不想苦苦追尋虛無飄渺的「人生意義」的人，狗提供的線索遠比二萬五千多本標題中帶有「幸福」字眼的自我成長書籍還多。

那年十月，某種神秘的自體免疫疾病縮短了愛麗本就短暫的生命。傷心欲絕的瑪雅緊握著牠的手，陪牠在赫特福德郡的英女皇動物醫院安然長眠。

我不在場，也從未有機會向牠道別——當時，我在東京出差。

■

把死亡如此殘酷無情用優美文字來書寫，是否合適？為何我能生動描繪出我的愛犬與我倆的關係，卻無法清晰表達自己對父母的感情與思念？這是我永遠揮之不去的矛盾習題，而答案既簡單又複雜。

母親的愛，永遠最純粹，永遠毫無條件。即便那些抹黑者所言屬實，我真的是滿肚子壞水的犯罪主謀，她也不會在意。這世上再也沒人會用那樣的眼神看我，那融合了寵愛與讚賞的神奇目光，我需要那種充電般的自我肯定，如今比以往任何時候都更加需要。她的弟弟、我的舅舅，總是告訴我，母親多麼期待我的來電。這話聽起來很美好，但我總是太過忙碌，從未撥出那通電話。

我與父親之間，有太多沒說的話。當我選擇不從醫時，我們的關係便產生了變化。我是他的長子，也是最聰明的天之驕子。他是否曾因此受傷、失望，甚至憤怒？臨終之際，他說他以我為榮——這句話究竟有什麼含意？我又做了什麼值得自己驕傲的事？或許，歐巴馬的話[22]並非陳腔濫調。我也許和孫正義一樣，一生都在試圖滿足父親的期待——儘管我從不知他的期待是什麼。

如今，父親與母親都已離世，誰還記得曾經的我？四歲時，我被德里現代學校拒收，校長語重心長地向我心煩意亂的二十五歲母親解釋，她的兒子可能有點遲緩。這樣的故事，還有誰會記得？無論你多大年紀，當你的雙親離世，你的童年也不復存在。

每個移民都會面臨文化與國族認同的掙扎，我也不例外。根據英國普通法，「居籍」主要取決於你的父親——這是一種過時且帶有父權色彩的定義，但它觸及了一個根本事實：**你的歸屬來自你的父母**。而如今，我的父母雙亡，我又屬於哪裡？這又是另一個矛盾——我擁有三處住所，卻無家可歸。

我時常想起他們，用我希望的方式記住他們——母親身穿鮮黃色紗麗，在我的婚禮上翩然起舞，當她發現我在看她時，露出一抹羞澀而燦爛的微笑；父親在德里的寒冷冬夜裡，坐在室內的小型暖爐前，身上披著披肩，手裡拿著一杯蘇格蘭威士忌加蘇打水，嘴裡默默哼著他最愛的印度電影《純潔的心》裡那些哀傷旋律。

一如我生命中的其他大事，我與父母的記憶也有一首歌——巴布·迪倫晚年在〈流星〉一曲裡，用那沙啞滄桑的嗓音唱出的悲傷疑問：「我是否偏離了方向？還是跨越了只有你能看見的那條界線？」

太多問題，太多話語，來不及說出口。如今，儘管死者在社群媒體依舊「存在」，但祂們已然不會回電。

22 作者曾在第十章提及，美國前總統歐巴馬曾說：「每個男人不是試圖達到父親的期望，就是試圖彌補父親的過錯。」

18

一個人需要多少土地？

在梅根・馬克爾（Meghan Markle）之前，最後一位讓英國王室陷入動盪的美國人是溫莎公爵夫人華麗絲・辛普森（Wallis Simpson）。但辛普森的情人是為她遜位的國王，而非第五順位的王位繼承人。辛普森雖不像梅根那樣精通媒體操作，她卻用了一句令人難忘的名言，完美詮釋了英式的諷刺幽默——「人永遠不會太有錢，也不會太瘦」。

現今是「咆哮的二〇年代」重現的時代，這句話似乎頗有預示意味。安迪・沃荷為了氧化效果而用尿畫的巴斯基亞肖像畫作，以四千萬美元高價在佳士得拍賣成交，而糖尿病患者藥物胰妥讚之類的GLP-1類似物，也因有助於減重而變得和ChatGPT同樣炙手可熱。■1

辛普森這句有點憤世嫉俗的妙語，或許也成了蘭瑟霍夫集團（Lanserhof Group）創辦人的靈感來源。這家企業在巴伐利亞黑森林、提洛爾阿爾卑斯山和北海敘爾特島設有三家水療中心，每天供應排毒浴鹽、淨化茶和粗粒小麥麵包——此種麵包至少需咀嚼三十次，而且咀嚼過程還有一群猶如《飛越杜鵑窩》護理長拉契特的守衛嚴密監控。

其他歐洲水療中心同樣主打如此嚴格的腸胃淨化療法，但蘭瑟霍夫透過時尚簡約的設計和高超的市場行銷，成功奠定了其在年度奢華行程中不可或缺的地位。它與聖巴瑟米和阿斯本，或聖特羅佩與庫爾舍維勒齊名。然而，如果你體內沒有毒素，那麼，忍受如此折磨人的排毒療程究竟有何意義？

蘭瑟霍夫體驗其中的一個面向，可用極低預算或甚至毫無成本來複製。例如：晚上六點吃完「晚餐」後，在家享受衣著舒適且哪都不去的閒適，或在壁爐旁放空或閱讀的難得時光。

■

過去一年多，我接連失去了父親、母親和愛犬。我成了莎士比亞筆下的悲劇經典範例，悲痛得難以言喻；但馬克．麥克杜格爾堅持，若我請假，無疑會被視為心裡有鬼。因此，我進退兩難，心情像哈姆雷特，行動卻像凱撒。

抹黑者依然逍遙法外，他們依舊身分成謎。我收到了一封匿名、荒謬的「抓包」信，威脅我在兩週內請辭，否則就要揭露我涉嫌隱瞞的利益衝突。所謂確鑿的罪證，是軟銀從一家印度創投基金購買了OYO飯店一小部分股權，而我曾投資此檔基金十萬美元，其中僅有一小部分投入了OYO。撇開財務重大影響不談，這筆投資是我加入軟銀之前完成的，同時後續也已申報，並自行迴避OYO相關決策。煩人的是，這類無聊的威脅往往雷聲大雨點小，最後經常不了了之，但這次更詭異了，信件的郵戳竟來自德國漢堡？

在「電信通訊之歌」落幕後，馬塞洛．克勞雷接任軟銀集團營運長，成為了我的好友與夥伴。願景基金的投資狂潮持續進行，我曾試圖推動WeWork與Airbnb結盟，共同發展規模宏大的WeLive共享生活業務，但強壯有力的布萊恩．切斯基是個腳踏實地的人，而瘦削的亞當．紐曼卻．天馬行空、不切實際。孫正義買下了堡壘投資集團（Fortress Investment Group），這家公司由自稱「金融業垃圾回收員」的彼得．布里傑（Peter Briger）經營。我與彼得由於同樣熱愛巴布．迪倫而一拍即合，後來我加入了堡壘的董事會。擔任安謀董事會成員期間，讓我有過不少有趣經歷，有一次在慈善晚宴上，我旁邊的座位名牌僅寫著「安德魯」，結果發現這位貴客竟是約克公爵（Duke of York）。此外，在我堅持不懈地推動下，軟銀最終決定讓負責日本行動業務的日本軟銀公開上市；上市後，我協助日本軟銀鞏固對日本雅虎的控制權，這是一筆錯綜複雜的多方交易，管理團隊至今仍對此心懷感激。索菲科技的執行長安東尼．諾托（Anthony Noto）十分積極進取，我在他的鼓舞之下，加入了該公司的董事會。這家公司是「倪凱時代」的軟銀投資，當初投入了十億美元，如今成為大獲成功的案例。最後，我終於有幸能與傑米・戴蒙見面，地點就在Masa伍德賽德家中舉行的一場私人小型晚宴上，傑米在席間分享了他與喉癌搏鬥的經歷。這一切，都讓我感覺彷彿老鷹合唱團的名曲《加州旅館》中已退房的住客，卻遲遲無法離開。

二〇一九年一月的冷冽清晨，我和瑪雅降落在因斯布魯克機場，準備前往奧地利蘭斯。我們的行李中只有家居服和書籍。我為蘭瑟霍夫之行準備的閱讀清單包括托爾斯泰的短篇小說集，其中一篇寓言〈一個人需要多少土地〉被詹姆斯・喬伊斯（James Joyce）稱為「世界文學迄今最精彩的故事」。[2]

托爾斯泰的這篇寓言以兩姊妹爭論各自的生活品質開場。姊姊讚揚自己精緻的都市生活，而妹妹則稱頌自己的田園生活遠離了壓力與誘惑。妹妹的丈夫柏翰聽完，認同妻子的觀點，但補充道：「我唯一的不滿，就是擁有的土地不夠多。」（若我當時與托爾斯泰同在一個寫作研習班，我會建議他加入一位比柏翰擁有更多土地的鄰居。）

魔鬼一直在暗中偷聽，現在終於找到了下手的機會。

於是，柏翰的不動產投資生涯由此開展。他先與一位擁有三百英畝土地的村婦談判，並決定買下其中三十英畝。他賣掉了自己的小馬和蜜蜂，加上家族的積蓄，成功湊足了五成的頭期款，餘額則分兩年償還——柏翰如今發現了「槓桿」這項令人上癮的工具——他開始借更多錢來購買種子，播種在新購得的土地上，短短一年內就大豐收。

接下來，是充滿紐約川普風格的故事，其中涉及了競爭、訴訟、區域擴張等等，當然還有更多槓桿交易。我們的主角累積了一千三百英畝的土地和萬貫家財，包含華麗的宅邸和高級伏特加。但他仍然想要更多。

柏翰遇見了一位商人，對方告訴他，巴什基爾人的遙遠部落據說擁有一大片沃土。柏翰得知後興致勃勃，決定前去遊說巴什基爾人，準備哄騙他們交出自己的上好土地。

巴什基爾部落長老提出了一項非比尋常的交易——只要支付一千盧布，柏翰可以獲得他在一天內（從日出到日落）圈起的所有土地，但有個條件——柏翰必須在日落前回到起點，否則他將失去全部的押金。

柏翰滿懷活力與自信，在日出時啟程。隨著他越走越遠，眼前的土地變得愈發肥沃，誘惑著他不斷前行，逐漸超出最初設定的範圍。他擔心錯過更加豐饒的土地，因而不願停下休息，一心只想走得更遠。

然而，當他終於決定折返回起點時，路途卻變得愈發艱辛。他筋疲力竭、口乾舌燥，甚至開始感到恐懼，但仍強迫自己繼續前進。看著太陽逐漸落入地平線，他憂心的不是死亡，而是被人恥笑。他告訴自己：「若我現在停下來，他們一定會說我是白痴，走了大半天卻一塊地都沒拿到。」

故事若被好萊塢改編，此時大概會響起卡爾．奧福的〈噢，命運女神〉作為配樂，音樂逐漸激昂，直至如雷霆般的高潮。柏翰終於趕在太陽完全落下前，在最後一刻回到了起點。然而，就在踏上終點的瞬間，他雙腿無力地癱倒在地，當場死亡。

一個人需要多少土地？托爾斯泰以故事的結尾回答了自己標題中的提問——柏翰的隨從拿起一把鏟子，為他的主人挖了一座墳，不多不少剛剛好六英尺。

托爾斯泰與埃米爾．左拉和巴爾扎克一樣，比我更深諳貪婪與幻滅的本質，正如吠陀神諭早已洞悉生命的循環與放下的智慧。儘管維多利亞時代的詩人威廉．歐內斯特．亨利風格浮誇，但他確實觸及了一項真理。**去他的蝴蝶，我是自己命運的主宰，靈魂的舵手。**

| 終章 |

老兄安在

出售資產時，「傻瓜保險」（Schmuck insurance）不失為一種明智之舉。二〇〇三年，音樂產業因Napster和YouTube異軍突起而備受衝擊，時代華納決定撤資華納音樂集團。不過，時代華納執行長迪克・帕森斯（Dick Parsons）協商以固定折價價格買回華納音樂15%的股權，作為出售協議的部分條件。他解釋：「萬一音樂產業又再度崛起，我們也不會因為賣掉它而變成傻瓜。」[1]

「傻瓜保險」發揮作用時，往往能創造難得的雙贏局面——即便在數學上未必成立，至少在情感層面是如此。本著這種精神，我在離開軟銀時買進了一些它的股票。雖然這筆投資僅占我在職期間曝險的一小部分，但如果股價上漲，依然足以為我的財富添色。

儘管我的離職協議算公平，離職公告也不乏溢美之詞，但整個過程卻平淡無奇，甚至有些令人失望。就像分手時，對方的第一反應不是挽留，而是客氣地問你要不要帶走那台新買的果汁機（最後，我選擇帶走林利辦公桌和李卡德那幅西藏僧侶畫像）。

另一方面，我的離職時機似乎恰到好處。

■

二〇一九年，軟銀的故事主要由離譜又滑稽的 WeWork 鬧劇主導——這場鬧劇後來被蘋果的串流平台 Apple TV 拍成影集《新創玩家》。

軟銀最初投資四十四億美元後，亞當試圖向 Masa 推銷一項可能是史上最異想天開的投資計畫。他不再滿足於辦公空間的租賃與轉租，而是想進一步加大資本密集度，直接購買大樓。他的計畫是在同一時間把所有事全都做起來。為此，他需要額外的七百億美元資金。Masa 原本打算出資高達二百億美元收購現有投資人的股份，但市場兼財務長後藤先生最後插手了此事。面對股東的疑慮和日本放款機構的壓力，Masa 將軟銀的出資大幅削減至二十億美元，並將其納入一項五十億美元的複雜資金計畫。而該計畫依然維持 WeWork 先前談妥的四百二十億美元估值，比它在二〇一七年的估值高出了一倍以上。[2]

我曾在東京親眼目睹亞當向 Masa 推銷他的構想，並驚嘆於他的膽大妄為。除了這場龐大的不切實際之外，他還有一些更加天馬行空的「副業」，例如：他妻子蕾貝卡創辦的

WeGrow，這所學校意圖用教授瑜伽和靈性成長取代數學和莎士比亞；或是Wavegarden——其商業模式幾乎就是照字面來解讀，專門「造浪」。亞當其他的離譜行徑還包括：搭乘他的灣流G650ER私人飛機攜帶大麻跨境，或以五百九十萬美元將「We」這個品牌商標權賣給WeWork（此筆交易獲得董事會批准，但因為引起公憤，後來又被退回）。■[3] WeWork企業的使命，正如他們呈交給美國證券交易委員會的S－1表格（這是一份不容許任何不實陳述的法律文件）所述，他們的使命是「提升世界的意識」。WeWork簡直就是在說：「我們的目標是讓全世界嗨翻天，如果我們沒辦到，儘管來告我們。」

幾乎同樣離譜的是，以華爾街之王傑米．戴蒙為首的華爾街精英企業爭相競逐，將這場夢幻泡影推向公開市場，甚至承諾WeWork首次公開募股估值將超過五百億美元。但這家公司在二〇一八年虧損了十九億美元，到了二〇一九年上半年又大虧了九．〇五億美元。■[4] 與幻想「WeWork是家科技公司」同樣可笑的，還有那些荒謬滑稽的財務指標，例如：「社群調整後利潤」——靈感來自矽谷那些坑蒙拐騙的「調整後盈餘」，刻意排除了股票獎酬等成本，與那些試圖「忽略」房貸與稅款的家庭預算毫無二致。

紐約大學教授史考特．蓋洛威（Scott Galloway）直言不諱地表示：「任何認為WeWork估值超過一百億美元的華爾街分析師不是在撒謊，就是笨蛋，或兩者皆是。」■[5] 但他錯了，這些銀行家既沒有撒謊，也不是笨蛋，他們只是不老實罷了。我也許也會做一樣的事——這就是遊戲規則。如果客戶想要五百億美元的估值，你就承諾五百億美元。**畢竟群眾的瘋狂難以預料，也許你能僥倖成功，但若是失敗了，就把責任推給市場，或（在這個例子中）推給那位邊抽大麻、邊喝著唐胡立歐一九四二龍舌蘭酒的客戶**。

在這場可預見、令人尷尬的首次公開募股失敗後，軟銀接管了WeWork。亞當將公司交給軟銀的馬塞洛．克勞雷，然後拿了七．七億美元離開，搖身一變成為億萬富豪[6]。更令人難以置信的是，他延續WeWork的「社群交流概念」創辦了新公司「Flow」，竟成功獲得安德里森霍羅維茲創投公司投資，在尚未產生任何營收的情況下，即躋身「獨角獸企業」之列。

亞當沒做任何違法的事，甚至算不上不道德。**他只是輕輕逗弄了資本主義的荒謬之處**（若他最初的點子「寶寶護膝服」能成功，那這場鬧劇會更有意思）。

Masa沒有推卸責任，也沒有責怪自己的團隊——某種程度上，這群人就像丁尼生的詩句中，忠於職守的輕騎兵。他甚至也沒有怪罪亞當．紐曼，反而坦承：「也許我比亞當更該負責任，因為我鼓勵他更積極進取。」他這種大方認錯與自我反省的態度，不僅化解了媒體對他的批評，也削弱了外界一再將他描繪為「曇花一現的投資人」的不公平形象。

《彭博商業周刊》於二〇一九年十二月二十三日出刊的封面，是一堆熊熊燃燒的成捆百元美鈔，標題則寫著「來自軟銀的佳節祝賀」。此外，沙烏地阿拉伯記者賈邁・哈紹吉遭到謀殺後，願景基金與沙烏地阿拉伯的資金關係成了一個沉重包袱，外界開始質疑軟銀「過於魯莽的企業文化」。

然後，新冠疫情來了。

我和許多人一樣，也曾相信將人類大多時間「冷凍」在家，將導致生活方式的永久轉變，並加速線上會議、遠距醫療等技術的普及。事實上，此種轉變確有先例。二〇〇三年嚴重急性呼吸道症候群（SARS）疫情爆發，讓中國阿里巴巴旗下的淘寶（Taobao）電子商務平台迅速崛起；二〇一六年，印度政府推行備受爭議的「廢鈔」政策，則引發了電子支付的爆炸性成長。這些變革不僅發生了，而且影響持續至今。

「現代貨幣理論」這個迷人的謊言，主張央行可以無限制印鈔，政府可以毫無後果地無限支出，在疫情後更是大行其道。免費資金助長了零利率政策（ZIRP）下的資產泡沫，讓市場的估值被拉高到極限，如同迷幻藥撐起了伊比薩俱樂部的舞池一般。

後來情況出現戲劇性的逆轉，軟銀股價從二〇二〇年四月的殘酷低點上漲了一倍。我因為自己太早賣出而感到扼腕，不過「傻瓜保險」稍微提振了我的投資組合表現和心情——當然，這正是它存在的意義。

在這場集體狂熱中，軟銀向一百八十三家企業投資了三百八十億美元，[7]創下創投史上單一年最高投資紀錄，其中大部分投資集中在下半年。

對所有市場參與者而言，成長型投資人在瘋狂「亂槍打鳥」的市場中爭奪標的時，執行速度是最大賣點，而盡職調查則被大幅縮減。例如：老虎全球便拒絕擔任董事會職位，甚至將投資後的管理諮詢外包給顧問公司。

在這個重現一九二〇年代的時代，誕生了一群全新的投機者——迷因投資人。**這些人究竟是「聰明錢」還是「笨錢」**？這個虛擬投資社群的領袖，選了一個絕妙且帶有諷刺意味的網名「超值股神」（#DeepFuckingValue）。有別於巴菲特喜愛冰雪皇后冰淇淋，超值股神更執著於偏愛一邊沾著香檳吃雞柳條（迷因股術語：談論股票市場收益、利潤或賺錢），一邊在他的YouTube頻道「咆哮小貓」（Roaring Kitty）上慶祝股市最新一波的「暴漲」。他在自家地下室進行交易，直播時頭上總是綁著一條紅頭巾——我不明所以，可能因為看起來很酷？這群自稱「鑽石手」的投資人聲稱，基本面分析不重要，他們有自己的賺錢方式，例如：狗狗幣。

散戶投資基地「華爾街賭博論壇」（WallStreetBets）正是讓超值股神一舉成名之地，其創辦人如此形容這場投機狂潮：「嬰兒潮世代問千禧世代，『你是成長型投資人還是價值型投資人？』結果，千禧世代回道，『我是迷因投資人，而且我要痛宰你們！』」[8]

二〇二一年二月，我在部落格上發文警告：超值股神可能會落得跟電影《大賣空》那位邁阿密脫衣舞孃相同下場。她靠著95%的槓桿買了六處房產，象徵著當時市場的瘋狂——最終，她的美夢變成了一場噩夢。當完全不可能聯手的參議員泰德·克魯茲和眾議員亞歷珊卓·歐加修-寇蒂茲，竟然共同支持一項荒謬主張——允許年輕投資人與避險基金經理一樣，不必受到任何約束地進行高風險投機操作時，我不需要與優步司機閒聊，也能得知這世界已全然失控。當你看到槍支與利劍落入孩童之手，你就知道「大雨將至」。於是，我出清了手中所有資產，除了我的「傻瓜保險」以外——畢竟，這就是「傻瓜保險」的意義。還有一枚比特幣，畢竟你永遠無法預知未來的事。

那斯達克指數在二〇二〇年上漲了46.6%，二〇二一年又漲了26.6%。私募與公開市場往往呈現相互影響，因此，創投市場在二〇二一年誕生了五百九十六家獨角獸企業，遠高於二〇二〇年的一百九十八家，以及二〇一六年願景基金成立前的六十四家。[9]

一如預期，隔年全球市場大崩盤——不僅那些熱衷炒幣的年輕小子遭殃，就連我老虎全球那些大人物朋友們也沒能倖免。老虎全球的公開與私募市場基金總計虧損四百一十億美元。蔡斯・柯爾曼沒有重蹈他的導師朱利安・羅伯森在一九九九年和二〇〇〇年的覆轍——當時羅伯森被市場上的「牛群」（多頭投資人）碾壓。相反地，柯爾曼卻犯了羅伯森拚命避免的錯誤——這次，他被「熊」（空頭投資人）活活撕裂。（他的合夥人史考特・施萊弗於二〇二三年宣布請辭，畢竟他的投資報酬遠低於那「該死的焙果」。）[10]

無論是誰，都很難從這樣的一年中恢復過來，甚至可能永遠無法翻身。當你的投資在一年內暴跌56%，如同老虎全球旗艦避險基金二〇二二年的表現，接下來的時間，你必須獲得127%的漲幅才能彌補損失。這不是投資組合理論，只是最基本的算術。扣除手續費等成本之後，可能還需要十年才能回本——當然，前提是市場維持在牛市，而且投資人還願意留在市場不撤資。但遺憾的是，投資人往往會選在谷底時抽身。此外，對明星級基金經理人來說，最受挫的時候，往往也是旗下資產管理規模最高之際。不難想見，投資人總是追逐績效，資金不斷流入，本身就意味著基金規模不斷膨脹。而簡單的報酬率計算往往忽略了一個事實：**市場崩潰之時，這些基金經理所損失的財富，可能比他們過去所賺的錢還多**。一九九八年，長期資本管理公司（Long-Term Capital Management）倒閉時的情況正是如此。這家公司曾擁有兩位諾貝爾經濟學獎得主，匯集了或許是史上最聰明的一群人，但依舊難逃破產命運。

「聰明錢」和「笨錢」的諷刺對立，既階級化又過於簡化，而且全然錯誤。在牛市中，所有的錢都是聰明錢。但每隔十年左右，市場總會用血淋淋的現實提醒我們——投機市場其實只是一場「笨與更笨」的遊戲。

■

二〇二二年八月，Masa懷著對希臘悲劇的精神（即便沒有完全熟悉其實際文本）有了深刻的理解，懊悔地宣稱：「過去的獲利表現讓我過於沾沾自喜，我為此感到羞愧。」[11]當時，願景基金公布當季驚人的虧損，高達二百三十億美元。Masa也表示，這次財報會議將是他的「告別演出」（截至二〇二三年三月三十一日會計年度，虧損數字進一步擴大至三百二十億美元）[12]。一如既往，Masa此番自白也伴隨著一張風格獨特的投影片：一位沉思的武士。但這次不是坂本龍馬，而是日本史上第一位幕府將軍德川家康。畫面中的德川家康低垂著頭，肘靠著膝蓋，手支著下巴，神情憂鬱，乍看之下類似羅丹的《沉思者》，只不過他臉上的表情，與其說是沉思，更像是受到便秘的折磨。這幅自省的畫像，是德川家康在一五七三年的「三方原之戰」慘敗後所委託繪製，希望以此自我告誡。Masa語帶反省地補充：「我們在六個月內虧損了六兆日圓。我希望永遠記住這件事，並以此為警惕。」[13]

勝利也好，失敗也罷，Masa的數字總是講究著對稱的美感。二〇一六年，每一分鐘募資十億美元；二〇二二年，每一個月虧損一兆日圓。

正如二〇〇〇年的朱利安．羅伯森，孫正義退居幕後的諷刺之處在於——他其實是對的。二〇二二年，ChatGPT-3問世，徹底驗證了他早年堅持的信念：人工智慧將成為下一波科技創新的催化劑，堪比英特爾8080晶片誕生、網際網路崛起和iPhone問世。二〇二三年五月二十四日，輝達——這家Masa五年前就想「賭上全部身家」收購的公司，單日上漲了25%，躋身「兆元俱樂部」，成為全球第五家市值破兆的科技巨擘，再一次證明了Masa卓越的趨勢洞察力。到了二〇二四年二月，輝達市值突破兩兆美元，超越亞馬遜和谷歌（順帶一提，給動能投資人[23]的殘酷事實與溫馨提醒：若你在二〇〇〇年的高點買進思科，二十四年後，你可能仍處於虧損）。

Masa心中的超人是達文西，我也贊同他的看法。人工智慧在智力層面超越達文西，幾乎已是無可爭議的事實，但問題是「它」在創造力方面能與達文西匹敵嗎？像ChatGPT之類看似精湛的模型，但實際運作卻是透過分析過去數據來預測接下來會出現的字彙、符號或像素。

23 投資方式是根據股票價格變動趨勢，以市場動能來做為買賣決策依據的投資者。

從本質上來看，這樣的機制排除了真正的「原創性」，「像霍克尼」[24]並不等於「下一個霍克尼」。Dall-E生成的「克林姆風格的貓咪親吻圖」，**真的能帶給我站在米蘭，親眼欣賞到達文西的《最後的晚餐》，那種震撼人心的沉醉感嗎？**或者，這些人工智慧作品能否像孫正義的投影片，或安迪沃荷用尿創作的繪畫那樣，帶給人既目眩又驚嘆的衝擊？原創性即便有時帶著荒誕色彩，依然能激發人的情感。在這場人類與機器的競賽中，或許這是我們最後的堡壘。

■

願景基金的表現可能不如薩爾曼所預期，但隨著原油價格在二〇二二年飆升至每桶一百二十美元時，我猜想他應該也不太在乎了。

二〇一六年，薩爾曼曾親自造訪矽谷，而現在，是矽谷主動跑來晉見。曾經對他冷言冷語的科技巨頭，如今都爭相湧向他舉辦的年度論壇「沙漠達沃斯」。沙烏地公共投資基金如今無需軟銀扶持，已能在科技投資領域獨當一面——諷刺的是，它幾乎肯定會超越Masa原本的兆元資產管理目標。二〇二四年三月，據媒體報導，沙烏地公共投資基金似乎受到Masa的啟發，成立了一檔四百億美元的鉅額人工智慧基金。■[14]此外，沙烏地公共投資基金曾被自己招募的明星選手菲爾·米克森（Phil Mickelson）形容為「一群可怕的混蛋」，[15]但其逐步掌控全球高爾夫球產業的腳步並未因此受阻——買什麼足球隊？寡頭與阿聯酋財團早做完了，乾脆直接掌控整個運動產業好了。也許他們下一個目標會是板球——這項運動起源於英國，在印度發揚光大，最後可能掌握在沙烏地手中？

正如我的偶像巴布·迪倫所言：「錢不會說話，它只會詛咒。」

■

軟銀投資組合中的公司表現不佳，未能善加利用這位金主前所未有的慷慨資助。

WeWork在二〇二一年十月公開上市後試圖重振旗鼓，但最終在二〇二三年十一月申請破產——四年間蒸發了四百七十億美元的市值[16]，其中軟銀大虧一百多億美元，創下單一私募投資的最高虧損紀錄。更離奇的是幾個月後，亞當·紐曼這位狂妄的大幻想家（他還能有比成為「全球首位萬億富豪」和「世界總統」更誇張的夢想嗎？），竟現身表示有意從破產狀態收購WeWork。

24 大衛·霍克尼（David Hockney）是一位英國畫家、攝影師和版畫家。

如果真的讓他成功，他那輝煌的履歷上，還能再添上一個「大諷刺家」的全新頭銜。

Zume先是從「機器人製作披薩」轉型為「永續包裝」公司，最終仍在二〇二三年六月關閉。[17]「以科技驅動」的營建公司卡特拉也宣告倒閉，導致願景基金損失超過十億美元。[18]滴滴在中國政府宣布「致富未必光榮」後，股價從十五美元暴跌至三美元以下，而願景基金已投資滴滴超過一百一十億美元。OYO進行企業重組，大幅縮減過度擴張的國際業務，並裁員數千人。[19]格林希爾資本申請破產，導致願景基金十五億美元的投資血本無歸。[20]山姆・班克曼－佛里德（Sam Bankman-Fried）的加密貨幣交易所FTX於二〇二二年十一月宣告破產並進行重組，軟銀也損失慘重。[21]即時通訊新創公司IRL曾以十二億美元估值獲得軟銀注資一・五億美元。[22]但我從未聽說過IRL，這是有原因的。二〇二三年六月該公司遭踢爆，他們所謂的二千萬名用戶，其中有95％竟然是假的。線上房貸公司Better Home獲得軟銀注資十八億美元，但公開上市後股價暴跌95％。奇怪的是，該公司甚至在提交給美國證券交易委員會的文件中坦承，其創辦人暨執行長維沙爾・加格（Vishal Garg）「對公司的生產力與財務績效造成不利影響，並破壞了部分第三方合作關係」。[23]「智慧眼鏡」新創公司View的估值一度高達二十億美元，曾獲得願景基金十一億美元投資，但在二〇二三年裁員25％，最終於二〇二四年四月申請破產。[24]

維韋克・拉馬斯瓦米創辦的羅伊萬特製藥公司曾獲得願景基金十一億美元的投資，但他後來選擇參選美國總統。我不想評論他的新川普主義政治觀點，但我倒是欣賞他堅持自己的名字「Vivek」的發音要與「cake」押韻。

赫曼・納魯拉的「不思議世界」（Improbable Worlds）轉向聚焦「人工智慧、元宇宙與區塊鏈技術的匯流」。顯然一個元宇宙不夠，該公司還計畫打造「可互通的Web3元宇宙網路」。

由此看來，這些「獵人」們最終並未替孫正義帶回勝利的果實。

■

投資界紛紛揣測，孫正義是否不會再揮舞他那神奇又肆意的蘋果手寫筆了？我們是否再也看不到他那令人摸不著頭緒的趣味投影片？我自己也常被問到這類問題，而我的回應是：我依然相信他——更具體地說，我依然持有軟銀股票。此外，Masa拔擢了我過去的副手——艾力克斯・克拉維爾和納夫尼特・戈維爾（Navneet Govil）來監督願景基金，這讓我對軟銀更有信心。而歷史似乎也站在Masa這邊——畢竟，除了他自己曾成功東山再起之外，德川家康的黃金歲月也是在吃了最慘烈的敗仗之後才開啟。

毫不意外地，二〇二三年夏至，英國《金融時報》以激動的語氣宣告：「我們又哭又笑、歡呼並手舞足蹈！」歷經了一段「淚水連日不止」的低潮期後，孫正義在軟銀年度股東大會上正式宣布：「是重新進攻的時候了。」這場大戲的資金來自於曾經神聖不可侵犯的阿里巴巴持股（巔峰時期價值曾高達二千億美元，最終賣出時，累計增值了七百二十億美元[25]），賣出後，軟銀獲得了三百五十億美元資金。現在，那支蘋果手寫筆的銀彈已裝填完畢，準備再次改變世界。否則，他們還能為了什麼而存在呢？

Masa最新的神秘投影片上，出現了一隻魚缸裡的金魚，疑惑地盯著一個問號。「你想當一條金魚嗎？」我們的孫先生向世上所有質疑人工智慧的人拋出這個提問。一如既往的奇思妙想，他的最新計畫代號為「伊邪那岐」（Izanagi），以日本的創世神來命名，**他這次要創造的是一個能與輝達競爭的晶片帝國**。計畫規模呢？一千億美元。[26]

無論結果如何，孫正義那驚人的活力與遠見，始終令我深受啟發。

■

Masa的復興之路，首先從「新」T-Mobile開始——這家公司兌現了承諾，成功撼動美國無線電信市場的雙頭壟斷局面，重塑了整個產業生態。自從與斯普林特合併後，T-Mobile股價在三年內上漲了50%以上。更重要的是，二〇二三年十二月，T-Mobile的股價突破了合併協議中預設的績效門檻，讓軟銀額外獲得了七十六億美元的意外之財。[27]這一切，多虧了交易團隊當初在合併協議中的精妙設計——看來，真正能贏得勝利的，不是獵人，而是廚師。

安謀也迎來了勝利。雖然物聯網的故事破滅（看來「連網烤麵包機」並不如我們想像中那麼酷），但Masa試圖推動安謀與輝達合併，不過，從反壟斷角度來看，這筆交易從一開始就註定會夭折。Masa憑藉著他堅定不懈的策略布局與卓越的營運能力——這其實是他最被低估的才能，迅速調整安謀的業務方向，將其重新定位於高效節能的人工智慧處理器市場，以迎合網路邊緣運算的龐大需求。二〇二三年九月，安謀成功上市，成為當年度全球最大的首次公開募股案件。安謀上市首日，股價上漲近25%，市值是軟銀在二〇一六年收購時的兩倍。沒人比我還要興奮，這不單單是為了我的「傻瓜保險」而已。

而最精彩的還在後頭。二〇二四年二月八日，安謀公布了亮眼的財報，並上調財測後，股價猶如超新星般爆炸飆升，短短三天內，漲幅高達95%，市值增加七百二十億美元，足以彌補WeWork、Zume、搖擺（狗狗版優步）和卡特拉（科技營建公司）的許多損失。安謀股權價值突破一千五百億美元，幾乎是軟銀在二〇一六年收購價的五倍——雖是未實現損益，但潛在獲利已超過一千億美元，著實驚人。

而故事，仍在繼續發展。

■

至於祖克柏，他展現了令人欣慰的成熟與自覺。他坦言：「我這輩子失敗過、丟臉過無數次，這已經成了我的核心競爭力。」更令人印象深刻的是，他聲稱自己完成了高強度的「墨菲挑戰」（Murph Challenge）——全程身穿負重背心，跑步一英里，做一百次引體向上、二百次伏地挺身、三百次深蹲，最後再跑一英里。而他竟然可以在四十分鐘內完成，差不多就是我在海德公園繞著九曲湖晨跑的時間。

我始終認為，祖克柏最好的辯護應該是：如果臉書真如人們所想如此強大，那他應該比披頭四更受歡迎。社群媒體的影響力，與其說展現了臉書的強大，不如說暴露了人性的脆弱。正如莎娣．史密斯（Zadie Smith）所形容，網路世界充滿了「虛假的歡樂、刻意營造的友好、自我吹捧和巧妙偽裝的虛情假意」。■[28]但或許，祖克柏根本不在意能否深得人心，他寧可待在自己親手打造的虛擬世界。

對祖克柏來說，幸運的是，馬斯克成功取代了他，成為矽谷最容易被當成笑柄的科技億萬富豪。我一直欣賞馬斯克致力於解決人類的重大問題的主張，也正因如此，我不禁對於他那些幼稚行徑感到失望。在Instagram推出推特的競爭對手後，自封「科技之王」的馬斯克居然開始跟祖克柏互嗆，要來一場籠中格鬥。隨後，馬斯克的態度變得更為強硬——可能連他的某個部位也一起變硬，他在下一則推文中，竟直接提議來一場「真正的比老二大小的比賽」。[29] 諷刺的是，他也在此時籌備推出自己「挺人類」的人工智慧新創公司。

當矽谷的男人淪落到只依靠掛在身上的兩顆東西來思考時，或許女性才是人類在這場人工智慧競賽中的最後希望。

數學家紐曼（不是WeWork那個紐曼——**不曉得前者會怎麼看待後者？**）曾預言，科技人將成為我們的新神祇，若他的預測需要被驗證，那麼，我在二〇二四年四月，親眼見證了這一刻。那是一場絕妙的盛典：瑪格．羅比（Margot Robbie）和布萊德利．庫柏（Bradley Cooper）在好萊塢舞台上，將三百萬美元獎金和基礎物理學突破獎頒給了原子鐘發明家香取秀俊（Hidetoshi Katori）與葉軍。這場頒獎典禮又稱為「宅男界的奧斯卡」，由科技億萬富豪尤里．米爾納舉辦。眼見那一幕，讓我忍不住心想，若我年少時看到法拉．佛西和約翰．屈伏塔站在台上，頒發數學突破獎給某個解出微分幾何難題的邋遢宅男，我的人生會不會因此而改變？米爾納很了不起，讓科學變得光鮮亮麗，但馬斯克在活動上「賽巴爾德式」（Sebaldian）的發言，引發了更嚴峻的思考。他說：「科技推動文明進步，拯救生命，讓生活變得有趣……但希望它不會毀了我們。」■[30]

我不太擔心人工智慧毀滅世界。正如我們對自駕車的態度一樣，談到人工智慧可能對人類造成傷害時，我們對機器的標準往往遠比對人類自己還要嚴苛。但是，人工智慧讓我最不滿之處，是它猶如潛伏於大腦中的寄生蟲般，告訴我接下來該讀什麼、該聽什麼。舉例來說，Spotify 的演算法永遠不可能推薦索韋托街頭的鄉鎮音樂給保羅・賽門，但這卻是他經典專輯《恩賜之地》（Graceland）的創作靈感來源。**當人工智慧限縮了我們的求知慾時，它就已經贏得了這場讓人類變笨的陰謀**。

（警告：如果演算法推薦你閱讀《年邁金融家的回憶錄》，作者名為「錢老二」的話，請直接忽略它。告訴它閉嘴、住口、塞回去、見鬼、去死、滾蛋。然後，改讀托爾斯泰或果戈里。）

■

二〇二三年三月，提供網路安全服務的帕羅奧圖網路公司（Palo Alto Networks）在傑出的新執行長帶領下，歷經五年的卓越表現，達成了一個也許只有我注意到的重要里程碑——其股權價值超越了軟銀。這家公司的董事長暨執行長就是倪凱，他的表現無疑非常出色。他的薪酬方案全以績效為基準，預計將刷新非創辦人高階主管的薪酬紀錄。就這樣，故事繼續。

我曾開玩笑說，遲早有一天《人民記者》網站會發表一篇標題聳動的報導，指控倪凱為了炒作對俄羅斯網路攻擊的恐慌，親手挑起烏克蘭戰爭。我倆都笑不出來，五年過去了，這個話題仍然過於敏感。

■

二〇二〇年二月，我和瑪雅在德里舉辦了一場小型晚宴，為瑪雅慶生。然而，當晚我有些心神不寧，不斷滑著手機，頻繁查看最新通知。當《華爾街日報》的APP通知報導上線時，我和瑪雅一起讀完了這篇文章。

那是布萊利．霍普的調查報導，刊登在報紙頭版，以推理小說般的筆觸詳細揭露了一場針對倪凱和我的「人身攻擊和惡意抹黑行動」。

霍普事前曾聯繫我尋求評論——我沒有回應，所以我大概知道報導的架構。即便如此，當真相躍然紙上時，仍然讓人心驚。那些說現實比小說更離奇的人，大概沒讀過《班傑明的奇幻旅程》，但在我的世界裡，這件事也已經夠詭異了——一名受僱的義大利商人，因為未拿到承諾的報酬而翻臉；對方在日內瓦自命不凡的信徒；全球調查公司的倫敦分支機構；可疑的印度操盤手；惡名昭彰的美國王牌律師團隊；駭客攻擊；以及一場企圖用性醜聞來勒索的陰謀。

令人失望的是，在這場風波中，我沉默並勇敢地承受了這一切，但無人賞識。

讀完報導後，我問瑪雅：

「為何只給倪凱設下美人計？拜託，我還不夠重要嗎？」

我們都笑了。她與我一起經歷了這場驚心動魄的故事，現在至少我們能用自我調侃來一笑置之，感覺還不錯。

根據《華爾街日報》的說法，這不是種族歧視陰謀、也不是企業報復或商業糾紛。相反地，報導中指控了某個人，但他極力否認所有指控。我不會點名，原因是我無法證實真實與否；而更重要的是，這已無關緊要（是的，我深知小說中如此模稜兩可的處理手法不被接受，但現實狀況又實在複雜得煩人）。我不需要「平反」，所有我重視的人都明白真相。再者，我的 Apple Watch 和 Oura 智慧戒指都顯示了，我的生活很美好。儘管我確實懷念蝮蛇號、拉塔希紅酒和田中先生，但至少我現在每週能讀完一本書，還有更多的閱讀時間，我唯一遇見的億萬富豪是《繼承之戰》裡的角色，我的 Apple Watch 再也沒有地下特務傳來的閱後即焚訊息，我的皮膚依然緊緻，無需注射肉毒桿菌。我仍然敬佩「那個人」的響亮名號，但我並不想變成果戈里筆下的阿卡奇．阿卡基耶維奇．巴什馬奇金，那個因一件外套遭竊而心生怨恨、化身幽靈報仇的可憐人。我不求復仇，只求解脫。願我洗淨後的白骨，順流漂浮於恆河之後，只因此生已足矣。

二〇二一年九月初的一個溫暖夜晚，我來到了格林威治村西十街一座美麗的紅磚排屋。

我在門前苦惱著，困惑地研究這扇向外開啟的奇特大門，同時幾位千禧世代的年輕詩人與故事創作者慵懶地倚坐在門廊台階上，好奇地打量著我。**這傢伙是誰？**他們肯定邊抽著菸，邊這麼想，或許腦海中已經浮現出一個適合作為故事開端的有趣線索。其中一人戴著貝雷帽——後來我得知，他是來自佛蒙特州的街頭詩人，也是狂熱的托洛斯基主義者（Trotskyite）[25]。

25 托洛茨基主義（Trotskyism）是馬克思主義的一個流派，由俄國人列夫．托洛茨基（Leon Trotsky）所主張。

這讓他看起來有點怪異，但就像唐．亨利在〈夏日男孩〉裡唱的，「一輛凱迪拉克上，貼著死忠嬉皮樂迷的死人頭貼紙」，真正違和的，恐怕是我自己。

幸好，電子門鎖辨識了我的學生證，讓我看起來不像個心虛的冒名頂替者。再加上背上的背包，多少增添了一點可信度。

一進門，映入眼簾的是一排美國作家的黑白肖像照，包含托妮．莫里森、索爾．貝婁等，這提醒了我，自己為何而來。我們來此，是為了像古希臘詩人莎芙一樣，寫出「比肉身更赤裸、比骨骼更強大、比神經更靈巧」的語句。這話聽來確實偉大，但寫作這行最可怕之處在於，它不像金融業，你永遠無法確知自己的作品到底好不好——尤其是詩歌，更甚於小說。但這些年輕人教會我，這一點也不重要。寫作是我們存在與觀察世界的方式，至於能否獲得實質回報？那不是重點。

我來到了莉莉安．弗農創意寫作之家，這座建築是格林威治村最後殘存的波希米亞遺跡，如今則是紐約大學藝術創作碩士班的據點，也是我人生「下半場」的起點。或許起步稍晚，但我還指望大衛．辛克萊神奇的長壽膠囊能幫助我找回失落的時光。

我的課由赫赫有名的哈瑞．昆祖魯（Hari Kunzru）主講，教室位於一樓的內部房間。此處的氛圍與華爾街會議室截然不同，沒有木製牆面、沒有掛滿嚴肅老頭的油畫，也不像矽谷那種極簡風格的辦公室，牆上掛著一九八〇年代的蘋果廣告。教室裡擺著幾張搖搖晃晃的金屬椅，椅面是仿木材質，四張布滿刮痕的美耐板長桌，被擺成方形。灰色地毯上帶著陳年汙漬，而米色牆面上掛滿了更多作家的黑白肖像。

那位戴著貝雷帽的托洛斯基主義者坐在面對門口的位置，我與他對上了眼。他或許對我笑了笑，但由於戴著口罩，我看不太出來。

我在他旁邊坐下。

「嗨，我是班，」他自我介紹。

「你是一年級新生嗎？」我問道，以為這句話依然是學生之間用來破冰的問題。

「第二年……你剛入學嗎？」

「對，我上次進教室裡當學生，已經是三十五年前的事了。」我答道。

「哈！我本來不太敢問，不過很酷。」

班問我過去從事什麼職業，我原本考慮給個模糊的答案，比如企業高管之類的，但聽來太遜了。更何況，戴一張面具已經夠了，何必再戴一張？

當我告訴他自己是投資銀行家時，他立刻別過頭去，開始和坐在另一側的人聊天，而我則尷尬地擺弄起我的 iPad。

過了幾分鐘，班再次轉向我。

「但你現在在這裡是想成為一名作家，這很酷啊，」他說。「你有在寫些什麼嗎？或正在進行什麼計畫？」

「還沒，我是說……我有過許多經歷，我想藉著寫作來試著理解這一切，也許釐清這些事對我的影響和意義？」

「我懂、我懂！」他用力點頭，「很棒啊，基本上，大家都是如此。」

大家？那些想出讓機器人在卡車裡製作披薩的傢伙？那些設下美人計的密謀者？還有那個看來像耶穌、卻發明了嬰兒護膝服的怪咖？

不，班。在我的世界裡，大家審視自己生活的唯一目的，就是為了想辦法賺更多錢。

誌謝

抄襲自己的人生最大挑戰在於，這其中涉及了真實的人物。此外，企業高層的回憶錄往往充滿了不加掩飾的自我吹捧、令人厭煩的說教和讓人昏昏欲睡的枯燥內容。我決心不踏上這條老路，在紐約大學的寫作工作坊，我的同學們說服了我，認為我的故事值得講述。因此，首先，我要向他們表達最深的謝意。成為這個社群的一員，是我將永遠珍惜的回憶。

特別感謝幾位啟迪人心的老師——Hari Kunzru、Jonathan Foer、Darin Strauss、Parul Sehgal、Leigh Newman和永遠筆耕不息的David Lipsky，他們都為本書貢獻了諸多寶貴意見。

此外，感謝我的編輯Tim Bartlett，謝謝他的耐心與見解；我的經紀人Lynn Johnston，謝謝你相信我；Kevin Reilly、Gabrielle Gantz、Michelle Cashman、Laura Clark、Ginny Perrin、Hannah Dragone、Lauren Riebs和Meryl Levavi，感謝你們讓一切得以成真。最後，感謝我的家人，他們在這段歷程中隨時隨地為我加油並提供反饋。

我仍然無法確定自己的作品到底如何，但若沒有大家的幫助，結果肯定糟糕許多。

參考文獻

■ 序章 腦洞大開

1. Benjamin Labatut, The Maniac (New York: Penguin Press, 2023), 250.

■ 01 生來出逃

1. Lawrence Malkin, "Procter & Gamble's Tale of Derivatives Woe," *The New York Times*, April 14, 1994.
2. Neil Weinberg, "Master of the Internet," *Forbes*, July 5, 1999, https: //www.forbes.com/forbes/1999/0705/6401146a.html?sh=5056042c1e17.
3. Bruce Einhorn, "Masayoshi Son's $58 billion Payday on Alibaba," *Bloomberg*, May 9, 2014.
4. Pavel Alpeyev and Takashi Amano, "SoftBank President Arora Receives Pay Package of $73 Million," *Bloomberg*, May 26, 2016.

■ 02 極樂小藥丸

1. Emily Glazer and Kirsten Grind, "Elon Musk Has Used Illegal Drugs, Worrying Leaders at Tesla and SpaceX," *The Wall Street Journal*, January 6, 2024.
2. Kirsten Grind and Katherine Bindley, "Magic Mushrooms. LSD. Ketamine. The Drugs That Power Silicon Valley," *The Wall Street Journal*, June 27, 2023, https://www.wsj.com/articles/silicon-valley-microdosing-ketamine-lsd-magic-mushrooms-d381e214.

■ 03 機場測試

1. James Barton, "SoftBank May Acquire America Movil's Mexican Assets," *Developing Telecoms*, November 3, 2014, https: //developingtelecoms.com/telecom-business/telecom-investment-mergers/5539-softbank-may-acquire-america-movil-s-mexican-assets.html.
2. Brooks Barnes and Michael J. de la Merced, "In SoftBank, DreamWorks Animation May Have A Suitor," *New York Times*, September 29, 2014, https: //www.nytimes.com/2014/09/29/business/media/japanese-company-is-said-to-bid-for-dreamworks-animation.html.
3. "SoftBank and Legendary to Form Strategic Partnership," *PR Newswire*, October 2,2014, https: //www.prnewswire.com/news-releases/softbank-and-legendary-to-form-strategic-partnership-277892671.html.
4. SoftBank Annual Report, 2000.
5. Rishi Iyengar, "Warren Buffett Is Investing in Paytm, His First Indian Company," *CNN Business*, August 27, 2018, https: //money.cnn.com/2018/08/27/technology/paytm-warren-buffett/index.html.
6. Jon Russell, "SoftBank Snaps Up Korean Global Video Site DramaFever to Increase Its Entertainment Focus," *TechCrunch*, October 14, 2014, https: //techcrunch.com/2014/10/14/softbank-snaps-up-korean-video-site-dramafever-to-increase-its-entertainment-focus/.
7. James B. Stewart, "Was This $100 billion Deal the Worst Merger Ever?" *New York Times*, November 19, 2022, https: //www.nytimes.com/2022/11/19/business/media/att-time-warner-deal.html?smid=nytcore-ios-share&referringSource=articleShare.

■ 04 人人幸福

1. Allan Weber, "Japanese-Style Entrepreneurship: An Interview with Softbank's CEO, Masayoshi Son," *Harvard Business Review*, January–February 1992, https: //hbr.org/1992/01/japanese-style-entrepreneurship-an-interview-with-softbanks-ceo-masayoshi-son.
2. SoftBank Group Website, https://group.softbank/en.
3. Guinness Book of World Records, https: //www.guinnessworldrecords.com/world-records/94151-largest-loss-of-personal-fortune.
4. Charlie Rose, March 10, 2014, https: //charlierose.com/videos/23495.
5. Martin Fackler, "SoftBank to Buy Vodafone's Japan Cellphone Unit for $15 Billion," *New York Times*, March 18, 2016, https: //www.nytimes.com/2006/03/18/business/worldbusiness/softbank-to-buy-

vodafones-japan-cellphone-unit-for.html.
6. SoftBank Group Website, "SOFTBANK to Acquire Vodafone K.K., to Establish Mobile Communications Business Alliance with Yahoo! JAPAN," press release, March 17, 2006, https://group.softbank/en/news/press/20060317.
7. Kana Inagaki and Leo Lewis, "SoftBank Mobile Arm to Be Valued at Almost $63 Billion in IPO," *Financial Times*, November 30, 2018.

■ 05 無邊無際的草莓田
1. SoftBank Group Website, "Origin of Our Brand Name and Logo," https://group.softbank/en/philosophy/identity.
2. Elon Musk, Twitter, February 6, 2020.
3. Mike Wall, "Elon Musk Floats 'Nuke Mars' Idea Again," *Space .com*, August 17, 2019, https: //www.space.com/elon-musk-nuke-mars-terraforming.html.

■ 06 臉書時間
1. Meta Website, "Facebook Receives Investment from Digital Sky Technologies," May 26, 2009, https: //about.fb.com/news/2009/05/facebook-receives-investment-from-digital-sky-technologies/.
2. "Bytedance Is Said to Secure Funding at Record $75 Billion Value," *Bloomberg News*, October 26, 2018.
3. Elon Musk, *Saturday Night Live*, NBC, May 8, 2021.
4. Scott Galloway, "America's False Idols," *The Atlantic*, September 22, 2022.

■ 07 精靈之城
1. Walter Isaacson, *Elon Musk* (New York: Simon & Schuster, 2023), 354.
2. "Vanguard Cuts IPO-Bound Ola's Valuation by 52% to $3.5 Billion," *Fortune India*, August 2, 2023, https: //www.fortuneindia.com/enterprise/vanguard-cuts-ipo-bound-olas-valuation-by-52-to-35-bn/113597.
3. Alex Sherman, "Blind Optimism and Masa's Yes-Men Led SoftBank to Overvalue WeWork, Sources Say," *CNBC*, September 25, 2019.

■ 08 除了錢，其餘免談
1. Tim Brugger, "SoftBank Taps 19 Banks For $20 Billion Loan to Pay for Sprint Deal," *The Motley Fool*, September 12, 2013, https: //www.fool.com/investing/general/2013/09/12/softbank-taps-19-banks-for-20-billion-loan-to-pay.aspx.
2. Will Partin, "The 2010s Were a Banner Decade for Big Money and Tech—and Esports Reaped the Rewards" *Washington Post*, January 28, 2020, https: //www.washingtonpost.com/video-games/esports/2020/01/28/2010s-were-banner-decade-big-money-tech-esports-reaped-rewards/#.
3. Sophie Knight, Ritsuko Ando, and Malathi Nayak, "SoftBank Buys $1.5 Billion Stake in Finnish Mobile Games Maker Supercell," *Reuters*, October 16, 2013, https: //www.reuters.com/article/idUSBRE99E0ID/.
4. Ingrid Lunden, "SoftBank Ups Its Stake In Supercell to 73% as Sole External Shareholder," *TechCrunch*, June 1, 2015, https: //techcrunch.com/2015/06/01/softbank-buys-another-23-of-supercell-shares-now-owns-73-of-the-mobile-gaming-giant/.
5. SoftBank Group Website, "Tencent to Acquire Majority Stake in Supercell from Soft-Bank," press release, June 21, 2016, https://group.softbank/en/news/press/20160621.
6. Maggie Hiufu Wong, "25 Years On: Remembering the Glory Days of Hong Kong's Old Kai Tak Airport," *CNN Travel*, June 23, 2023, https: //edition.cnn.com/travel/article/hong-kong-kai-tak-airport/index.html.
7. Alyssa Abkowitz and Rick Carew, "Uber Sells China Operations to Didi Chuxing," *The Wall Street Journal*, August 1, 2016, http: //www.wsj.com/articles/china-s-didi-chuxing-to-acquire-rival-uber-s-chinese-operations-1470024403.
8. Reed Stevenson and Takashi Amano, "SoftBank Proceeds from Alibaba SelldownRise to $10 Billion," *Bloomberg*, June 3, 2016, https: //www.bloomberg.com/news/articles/2016-06-03/softbank-proceeds-from-alibaba-selldown-rises-to-10-billion.

■ 09 這位大哥，你有事嗎 ?
1. R. G. Grant, "Bombing of Tokyo," *Britannica*, last updated January 4, 2024, https: //www.britannica.com/event/Bombing-of-Tokyo.
2. "SoftBank President Arora to Buy $480 Million of Company's Shares," *Reuters*, August 19, 2015, https: //www.reuters.com/article/idUSL3N10U34Q/.
3. Peter Elstrom and Pavel Alpeyev, "SoftBank Investors Call for Internal Probe of No. 2 Arora," *Bloomberg*, April 21, 2016, https: //www.bloomberg.com/news/articles/2016-04-21/softbank-investors-call-for-internal-probe-of-president-arora-in9tcg8v.

■ 10 變數突如其來
1. Mitsuru Obe, "Japan Banks Lend to SoftBank While Selling Its Bonds to Baseball Fans," *Nikkei Asia*, December 23, 2019, https: //asia.nikkei.com/Business/SoftBank2/Japan-banks-lend-to-SoftBank-while-selling-its-bonds-to-baseball-fans; Robert Smith, "SoftBank Has Become Whale of Japan's Retail Bond Market," *Financial Times*, May 21, 2019, https: //www.ft.com/content/24c4a8a8-7885-11e9-bbad-7c18c0ea0201.
2. Soulaima Gourani, "Pain and Suffering Are Crucial For Your Growth And Success," *Forbes*, March 14, 2024.
3. Barack Obama, *The Audacity of Hope: Thoughts on Reclaiming the American Dream* (New York: Crown, 2006).
4. "SoftBank's Son Stands Up to Anti-Korean Bigotry in Japan," *Nikkei Asia, August* 27, 2015, https: //asia.nikkei.com/NAR/Articles/SoftBank-s-Son-stands-up-to-anti-Korean-bigotry-in-Japan.
5. Jayson Derrick, "Remember When Yahoo Turned Down $1 Million to Buy Google?" *Yahoo! Finance*, July 25, 2016, https: //finance.yahoo.com/news/remember-yahoo-turned-down-1-132805083.html.
6. "Yahoo's Billion Dollar Blunders with Google, Facebook, Microsoft, and Netflix," *YourStory .com*, May 9, 2023, https: //yourstory.com/2023/05/yahoos-billion-dollar-blunders-google-facebook-microsoft-netflix; Chris Gaithers and Dawn Chmielewski, "In YouTube Deal, Google Beats Yahoo at Its Own Media Game," *Los Angeles Times*, October 11, 2006.
7. Erin Griffith, "Nikesh Arora Resigns at SoftBank," *Fortune*, June 21, 2016, https://fortune.com/2016/06/21/nikesh-arora-resigns-at-softbank/.

■ 11 預見未來的水晶球
1. Anita Raghavan, "SoftBank-ARM Deal Brings Together Morgan Stanley Alumni," *New York Times*, July 19, 2016, https: //www.nytimes.com/2016/07/19/business/dealbook/softbank-arm-deal-brings-together-morgan-stanley-alumni.html.
2. Arash Massoudi, "How Masayoshi Son Brought Arm into SoftBank's Embrace," *Financial Times*, July 19, 2016, https: //www.ft.com/content/cf6c0be0-4dd4-11e6-8172-e39ecd3b86fc.

■ 12 你超前了，老兄
1. Lewis Page, "Suicide Bum Blast Bombing Startles Saudi Prince," *The Register*, September 21, 2009, https: //www.theregister.com/2009/09/21/bumbombing/.
2. "Industry Diversification and Job Growth in Saudi Arabia," *Harvard Kennedy School Growth Lab*, https: //growthlab.hks.harvard.edu/applied-research/saudi-arabia.
3. "Saudi Budget Looks Positive but Deficit Will Stay Large," *FitchRatings*, January 5, 2016, https: //www.fitchratings.com/research/sovereigns/saudi-budget-looks-positive-but-deficit-will-stay-large-05-01-2016.
4. Bradley Hope and Justin Scheck, *Blood and Oil* (London: John Murray, 2020), 109.
5. Masayoshi Son, interview with Carlyle cofounder David Rubinstein, Bloomberg TV, *Bloomberg*, October 11, 2017.
6. Eric Johnson, "Benchmark's Bill Gurley Says He's Still Worried About a Bubble," *Vox.com*, September 12, 2016, https: //www.vox.com/2016/9/12/12882780/bill-gurley-benchmark-bubble-venture-capital-startups-uber.

7. "Ex-Citi CEO Defends 'Dancing' Quote to U.S. Panel," *Reuters*, April 8, 2010, https://www.reuters.com/article/idUSN08198108/.
8. "Masayoshi Son Prepares To Unleash His Second $100 billion Tech Fund," *The Economist*, March 23, 2019, https://www.economist.com/business/2019/03/23/masayoshi-son-prepares-to-unleash-his-second-100bn-tech-fund.
9. Arash Massoudi, Kana Inagaki, and Leslie Hook, "SoftBank Uses Rare Structure for $93 Billion Tech Fund," *Financial Times*, June 12, 2017.
10. "Japanese Billionaire Masayoshi Son, Larry Ellison, Apple, Saudi Arabia All Bet On $100 Billion Vision Fund," *Forbes*, April 5, 2017.
11. Madhav Chanchani and Archana Rai, "India will get at least $10 billion investment from SoftBank: Masayoshi Son," *The Economic Times*, December 6, 2016, https://economictimes.indiatimes.com/small-biz/startups/india-will-get-at-least-100-billion-investment-from-softbank-masayoshi-son/articleshow/55803071.cms?-from=mdr.
12. Ryan Knutson and Alexander Martin, "When Billionaires Meet: $50 Billion Pledge from SoftBank to Trump," *The Wall Street Journal*, December 7, 2016, http: //www.wsj.com/articles/donald-trump-says-softbank-pledges-to-invest-50-billion-in-u-s-1481053732?st=36zigyjzs8a5cld&reflink=articlecopyURLshare.
13. Donald J. Trump, Twitter, December 7, 2016.

■ 13 第一滴血

1. Seth Hettena, "The Cleaner," *The American Lawyer,* October 1, 2008.
2. John le Carré, *Tinker, Tailor, Soldier, Spy* (New York: Knopf, 1974).

■ 14 滾動錢潮

1. Mayumi Negishi, "SoftBank Sells Entire Nvidia Stake," *The Wall Street Journal*, February 6, 2019, https: //www.wsj.com/articles/softbank-sells-entire-nvidia-stake-11549462246?st=f3ji6zsbh0e9lkj.
2. Nick Friedell, "Curry's 61-foot 3-pointer Longest FG This Season," *ABC News*, March 19, 2019, https: //abc7news.com/sports/currys-61-foot-3-pointer-longest-fg-this-season/5204323/.
3. Jeremy Kahn, "SoftBank Leads $502 Million Investment in U.K. Tech Startup," *Bloomberg*, May 11, 2017, https: //www.bloomberg.com/news/articles/2017-05-11/softbank-leads-502-million-investment-in-u-k-tech-startup.
4. PitchBook Data.
5. Eliot Brown and Maureen Farrell, *The Cult of We* (London: Mudlark, 2021), 167.
6. Brown and Farrell, *Cult of We*, 167.
7. Alex Konrad, "WeWork Confirms Massive $4.4 Billion from SoftBank and Its Vision Fund," *Forbes*, August 24, 2017, https: //www.forbes.com/sites/alexkonrad/2017/08/24/wework-confirms-massive-4-4-billion-investment-from-softbank-and-its-vision-fund/?sh=5875c4ad5b3c.
8. "WeWork Receives $4.4 billion Investment from SoftBank Group and SoftBank Vision Fund," *Business Wire*, https://www.sttinfo.fi/tiedote/62863473/wework-receives-44-billion-investment-from-softbank-group-and-softbank-vision-fund?publisherId=58763726.
9. Eliot Brown and Maureen Farrell, *The Cult of We* (London: Mudlark, 2021), 174.
10. PitchBook Data.
11. Saritha Rai, "Paytm Raises $1.4 Billion from SoftBank to Expand User Base," *Bloomberg*, May 18, 2017, https: //www.bloomberg.com/news/articles/2017-05-18/paytm-raises-1-4-billion-from-softbank-to-expand-user-base.
12. Jon Russell, "Budget Hotel Pioneer OYO Raises $250M Led by SoftBank's Vision Fund," *TechCrunch*, September 7, 2017, https: //techcrunch.com/2017/09/07/oyo-raises-250m/.
13. Alex Wilhelm, "SoftBank's Vision Fund Leads $1B Investment into Indian Hotel Company OYO," *Crunchbase*, September 25, 2018, https: //news.crunchbase.com/venture/softbanks-vision-fund-leads-1b-for-indian-hotel-company-oyo/.

14. Tad Friend, "Tomorrow's Advance Man," *New Yorker*, May 11, 2015, https: //www.newyorker.com/magazine/2015/05/18/tomorrows-advance-man.
15. Raymond Zhong, "Wag, the Dog-Walking Service, Lands $300 Million from Soft-Bank Vision Fund," *New York Times*, January 13, 201, https: //www.nytimes.com/2018/01/30/business/dealbook/softbank-vision-fund-wag.html.
16. Katie Roof, "SoftBank Deal Values Food Startup Zume at $2.25 Billion," *The Wall Street Journal*, November 1, 2018, https: //www.wsj.com/articles/zume-a-food-robotics-and-logistics-startup-cooks-up-2-25-billion-valuation-in-softbank-deal-1541099560.
17. "Compass Attracts $450 Million Investment from the SoftBank Vision Fund," *PR Newswire*, December 7, 2017, https: //www.prnewswire.com/news-releases/compass-attracts-450-million-investment-from-the-softbank-vision-fund-300568288.html.
18. "Roivant Sciences Raises $1.1 Billion in Equity Investment Led By SoftBank Vision Fund," *PR Newswire*, August 9, 2017, https: //www.prnewswire.com/news-releases/roivant-sciences-raises-11-billion-in-equity-investment-led-by-softbank-vision-fund-300501758.html.
19. Giles Turner, "SoftBank Said to Write Down $1.5 Billion Greensill Holding," *Bloomberg*, March 1, 2021, https: //www.bloomberg.com/news/articles/2021-03-01/softbank-is-said-to-write-down-1-5-billion-greensill-investment.
20. Jackie Wattles, "SoftBank-Backed Satellite Startup OneWeb Files for Bankruptcy," *CNN Business*, March 28, 2020, https: //www.cnn.com/2020/03/28/tech/oneweb-softbank-bankruptcy-scn/index.html.
21. Elizabeth Howell and Tereza Pultarova, "Starlink Satellites," Space .com, n.d., https://www.space.com/spacex-starlink-satellites.html.
22. Jon Russell, "Grab Confirms $1.46B Investment from SoftBank's Vision Fund," *Tech-Crunch*, March 5, 2019, https: //techcrunch.com/2019/03/05/grab-vision-fund/.
23. Seth Fiegerman, "Uber Sells 15% Stake to SoftBank," *CNN Business*, December 28, 2017, https: //money.cnn.com/2017/12/28/technology/uber-softbank-investment/index.html.
24. Theodore Schleifer, "Uber's Dara Khosrowshahi Sums Up Perfectly How CEOs Feel About Taking Money from SoftBank," *Vox*, February 14, 2018, https: //www.vox.com/2018/2/14/17014762/uber-softbank-dara-khosrowshahi-goldman-sachs.
25. Zheping Huang and Jane Zhang, "ByteDance Offers Investors a Buyback at $268 Billion Valuation," *Bloomberg*, December 6, 2023, https: //www.bloomberg.com/news/articles/2023-12-06/bytedance-offers-to-buy-back-5-billion-worth-of-shares-scmp.
26. Jon Russell, "SoftBank Invests $1B in Korean E-commerce Firm Coupang at a $5B Valuation," *TechCrunch*, June 3, 2015, https: //techcrunch.com/2015/06/02/coupangzillion/; Eliot Brown, "DoorDash Is Set to Deliver SoftBank a Big Hit," *The Wall Street Journal*, December 2, 2020, https: //www.wsj.com/articles/doordash-is-set-to-deliver-softbank-a-big-hit-11606906803.
27. Tripp Mickle and Liz Hoffman, "Web Retailer Fanatics Raises $1 Billion from SoftBank's Vision Fund," *The Wall Street Journal*, August 8, 2017, https: //www.wsj.com/articles/web-retailer-fanatics-raises-1-billion-from-softbanks-vision-fund-1502219551.
28. David Welch and Sarah McBride, "GM Buys SoftBank's $2.1 Billion Stake in Cruise Self-Driving Unit," *Bloomberg*, March 18, 2022, https: //www.bloomberg.com/news/articles/2022-03-18/gm-buys-2-1-billion-softbank-stake-in-cruise-self-driving-unit.
29. Sebastian Mallaby, *The Power Law* (New York: Penguin Press, 2022), 347.
30. Polina Morinova, "Sequoia Capital Is on Track to Raise $8 Billion for Its Monster Fund," *Fortune*, April 27, 2018, https: //fortune.com/2018/04/27/sequoia-capital-global-fund/.
31. Jessica E. Lessin, " 'Pressures Remain': Coatue Prepares Tech Founders for the Road Ahead," *The Information*, June 29, 2023, https: //www.theinformation.com/articles/pressures-remain-coatue-prepares-tech-founders-for-the-road-ahead.

■ 15 電信通訊之歌

1. Mike Isaac, "AT&T Drops Its T-Mobile Merger Bid in $4B Fail," *Wired*, December 19, 2011, https: //www.

wired.com/2011/12/att-tmobile-merger-ends/.
2. SoftBank Group Website, "Completion of Acquisition of Sprint," press release, July 11, 2013, https://group.softbank/en/news/press/20130711.
3. Michael J. De La Merced, "The Biggest Champion of a Sprint-T-Mobile Deal: Soft-Bank Chief," *New York Times*, June 5, 2014, https: //archive.nytimes.com/dealbook.nytimes.com/2014/06/05/the-biggest-champion-of-a-sprint-t-mobile-deal-softbanks-chief/.
4. John Legere, Twitter, July 24, 2015.
5. David Faber, "SoftBank Willing to Re-engage Charter Communications on Deal, Sources Say," *CNBC*, November 6, 2017.
6. Alex Sherman, "SoftBank Said to Have $65 Billion in Funds for Charter Deal," *Bloomberg*, July 31, 2017.
7. Ryan Knutson and Dana Cimilluca, "Sprint Proposes Merger with Charter Communications," *The Wall Street Journal*, July 28, 2017, https: //www.wsj.com/articles/sprint-proposes-merger-with-charter-communications-1501284899.
8. Greg Roumeliotis and Liana Baker, "Charter Communications Says 'No Interest' in Buying Sprint," *Reuters*, July 31, 2017, https: //www.reuters.com/article/us-charter-commns-m-a-sprint-corp-idUSKBN1AG066/.
9. "Faber Report: What to Make of Sprint, Charter and Masa Son," *CNBC*, July 31, 2017, https: //www.cnbc.com/video/2017/07/31/faber-report-what-to-make-of-sprint-charter-and-masa-son.html.
10. Faber, "SoftBank Willing to Re-engage Charter Communications."
11. Edmund Lee, "T-Mobile Absorbs Sprint After Two-Year Battle," *The Wall Street Journal*, April 1, 2020, https: //www.wsj.com/articles/t-mobile-absorbs-sprint-after-two-year-battle-11585749352.

■ 17 蝴蝶效應

1. Richard P. Feynman, *The Pleasure of Finding Things Out*: *The Best Short Works of Richard P. Feynman* (New York: Perseus Books, 1999), 100; Kamelia Angelova, "Peter Thiel: Death Is a Problem That Can Be Solved," *Business Insider*, Feb. 9, 2012, https://www.businessinsider.com/peter-thiel-death-is-a-problem-that-can-be-solved-2012-2; Tim Newcomb, "Humans Are on Track to Achieve Immortality in 7 Years, Futurist Says," *Popular Mechanics*, March 13, 2023, https: //www.popularmechanics.com/science/health/a43297321/humans-will-achieve-immortality-by-2030/.
2. Bradley Hope and Tom Wright, *Billion Dollar Whale* (New York: Hachette 2018).

■ 18 一個人需要多少土地 ?

1. Sebastien Raybaud, "Warhol's Portrait of Basquiat Garners US$40 Million at New York Sale," *The Value*, Nov. 15, 2021, https: //en.thevalue.com/articles/christies-new-york-20th-century-art-evening-sale-andy-warhol-basquiat.
2. Donna Tussing Orwin, *The Cambridge Companion to Tolstoy* (Cambridge: Cambridge University Press, 2002), 209.

■ 終章 老兄安在

1. Shira Ovide, "The Benefits of Deal 'Schmuck Insurance,' " *The Wall Street Journal*, June 13, 2011, https: //www.wsj.com/articles/BL-DLB-33622.
2. David Gelles, "SoftBank Bets Big on WeWork. Again," *New York Times*, January 7, 2019, https: //www.nytimes.com/2019/01/07/business/softbank-wework.html.
3. Eliot Brown, "How Adam Neumann's Over-the-TopStyle Built WeWork," *The Wall Street Journal*, September 18, 2019, https: //www.wsj.com/articles/this-is-not-the-way-everybody-behaves-how-adam-neumanns-over-the-top-style-built-wework-11568823827; Annie Palmer, "WeWork CEO Returns $5.9 Million the Company Paid Him for 'We' Trademark," *CNBC*, September 4, 2019, https: //www.cnbc.com/2019/09/04/wework-ceo-returns-5point9-million-the-company-paid-for-we-trademark.html.
4. Samantha Sharf, "WeWork Files IPO Plan, Showing First-Half Losses Grew 25%," *Forbes*, August 14, 2019, https: //www.forbes.com/sites/samanthasharf/2019/08/14/wework-ipo-sec-s1/?sh=1a40c7444f08.
5. Scott Galloway, "NYU Professor Calls WeWork 'WeWTF,' Says Any Wall Street Analyst Who Believes

It's Worth over $10 Billion Is 'Lying, Stupid, or Both,' " *Business Insider*, August 21, 2019, https: //www.businessinsider.com/nyu-professor-calls-wework-wewtf-and-slams-bankers-2019-8.

6. Rohan Goswami, "Here's How Much WeWork Co-founder Adam Neumann Made Before Company's Bankruptcy," *CNBC,* November 6, 2023.
7. Eliot Brown, "SoftBank Emerges as a Big Loser of the Tech Downturn. Again," *The Wall Street Journal*, August 2, 2022, https: //www.wsj.com/articles/softbank-tech-downturn-startups-losses-vision-fund-masayoshi-son-11659456842.
8. Jack Hough, "Reversion to the Meme: GameStop, WallStreetBets, and the New Rules for Stock Trading," *Barron's, January* 28, 2021, https: //www.barrons.com/articles/reversion-to-the-meme-gamestop-wallstreetbets-and-the-new-rules-for-stock-trading-51611861219.
9. Jordan Rubio, "Charting How the Unicorn Baby Boom Turned Bust in 2022," *Pitchbook*, December 14, 2022.
10. Hema Parmar and Gillian Tan, "Tiger Global's Scott Shleifer Steps Down as Head of Private Investing," *Bloomberg*, November 2023.
11. Leo Lewis and Eri Sugiura, "Masayoshi Son 'Ashamed' of Focus on Profits After Soft-Bank Logs Record $23Bn Loss," *Financial Times*, August 8, 2022, https: //www.ft.com/content/8d84b488-8f97-4742-ab46-154d3b312a82.
12. Arjun Kharpal, "SoftBank Posts Record $32 Billion Loss at its Vision Fund Tech Investment Arm," *CNBC*, May 11, 2023, https: //www.cnbc.com/2023/05/11/softbank-full-year-2022-earnings-vision-fund-posts-32-billion-loss.html.
13. Gearoid Reidy, "SoftBank's Shogun Has a Rare Moment of Contrition," *Bloomberg*, August 8, 2022, https: //www.bloomberg.com/opinion/articles/2022-08-08/softbank-ceo-masayoshi-son-has-a-rare-moment-of-contrition.
14. Maureen Farrell and Rob Copeland, "Saudi Arabia Plans $40 Billion Push Into Artificial Intelligence," *New York Times*, March 19, 2024, https://www.nytimes.com/2024/03/19/business/saudi-arabia-investment-artificial-intelligence.html.
15. Dylan Dethier, "Mickelson Claims His 'Scary M-f-' Chat Was Off the Record. Here's What We Know," *Golf Magazine*, October 13, 2022, https: //golf.com/news/phil-mickelson-alan-shipnuck-interview-saudi-comments/.
16. Rohan Goswami, "WeWork, Once Valued at $47 Billion, Files for Bankruptcy," *CNBC*, November 6, 2023, https: //www.cnbc.com/2023/11/07/wework-files-for-bankruptcy.html.
17. Sarah McBride, "Fallen Pizza Startup Zume Shuts Down After Raising Millions," *Bloomberg*, June 2, 2023, https: //www.bloomberg.com/news/articles/2023-06-03/fallen-pizza-startup-zume-shuts-down-after-raising-millions.
18. Cory Weinberg, "Bankrupt Startup That Blew $2 Billion from SoftBank Sues Ex-CEO, Board Directors over 'Self-Dealing,' " *The Information*, April 25, 2022, https://www.theinformation.com/articles/bankrupt-startup-that-blew-2-billion-from-softbank-sues-ex-ceo-board-directors-over-self-dealing.
19. ET Bureau, "Oyo to Shut Doors on 2400 Indian Staffers, May Let More Go in March," *The Economic Times*, January 15, 2020, https: //economictimes.indiatimes.com/small-biz/startups/newsbuzz/oyo-to-shut-doors-on-2400-indian-staffers-may-let-go-more-in-march/articleshow/73237497.cms.
20. Eshe Nelson, Jack Ewing, and Liz Alderman, "The Swift Collapse of a Company Built on Debt," *New York Times*, March 28, 2021, https: //www.nytimes.com/2021/03/28/business/greensill-capital-collapse.html.
21. Min Jeong Lee, "SoftBank Is Said to Expect About $100 Million Loss on FTX Stake," *Bloomberg*, November 11, 2022, https: //www.bloomberg.com/news/articles/2022-11-11/softbank-is-said-to-expect-about-100-million-loss-on-ftx-stake.
22. Rohan Goswami, "SoftBank Sues Social Media Startup It Invested in, Alleges It Faked User Numbers," *CNBC*, August 4, 2023, https: //www.cnbc.com/2023/08/04/softbank-sues-social-media-startup-irl-alleging-fake-user-numbers.html.
23. Ortenca Aliaj and Eric Platt, "How SoftBank's Bet on US Mortgage Lender Better Backfired," *Financial*

Times, December 21, 2023.
24. "Smart Glass Startup View to Go Private and Declare Bankruptcy," *The Real Deal*, April 3, 2024.
25. Eliot Brown, "SoftBank's Gain on Alibaba over 23 Years: $72 billion," *The Wall Street Journal*, May 11, 2023, https: //www.wsj.com/livecoverage/stock-market-today-dow-jones-05-11-2023/card/softbank-s-gain-on-alibaba-over-23-years-72-billion-mUstxx3qn5K41CZbFAvm.
26. Gillian Tan, Min Jeong Lee, and Ian King, "Masayoshi Son Seeks to Build a $100 Billion AI Chip Venture," *Bloomberg*, February 16, 2024.
27. Sam Nussey, "SoftBank Gets $7.6 Billion T-Mobile Stake Windfall, Shares Soar," *Reuters*, December 27, 2023, https: //www.reuters.com/business/finance/softbank-shares-jump-6-after-exercising-t-mobile-option-2023-12-27.
28. Zadie Smith, "Generation Why?" *The New York Review*, November 25, 2010, https://www.nybooks.com/articles/2010/11/25/generation-why/.
29. Bess Levin, "If You've Got The Ruler, Elon Musk Has the Dick," *Vanity Fair*, July 10, 2023, https: //www.vanityfair.com/news/2023/07/elon-musk-mark-zuckerberg-dick-measuring-contest.
30. Sarah McBride, "Kim Kardashian and the Scientists," *Bloomberg* Tech Daily, April 16, 2024.

線上讀者問卷 TAKE OUR ONLINE READER SURVEY

看似光鮮的追逐，
往往終究是一場虛無。

——《金錢陷阱》

請拿出手機掃描以下QRcode或輸入
以下網址，即可連結讀者問卷。
關於這本書的任何閱讀心得或建議，
歡迎與我們分享 :)

https://bit.ly/3ioQ55B

金錢陷阱

The money trap : lost illusions inside the tech bubble

作　　者　阿洛・薩瑪 Alok Sama
譯　　者　張嘉倫 Jessie Chang

責任編輯　鄭世佳 Josephine Cheng
　　　　　蕭書瑜 Maureen Shiao
責任行銷　鄧雅云 Elsa Deng
封面裝幀　高偉哲 Kao Wei Che
內頁排版　譚思敏 Emma Tan
校　　對　葉怡慧 Carol Yeh

發 行 人　林隆奮 Frank Lin
社　　長　蘇國林 Green Su

總 編 輯　葉怡慧 Carol Yeh
版權編輯　黃莀肴 Bess Huang
行銷經理　朱韻淑 Vina Ju
業務處長　吳宗庭 Tim Wu
業務主任　鍾依娟 Irina Chung
　　　　　林裴瑤 Sandy Lin
業務祕書　陳曉琪 Angel Chen
　　　　　莊皓雯 Gia Chuang

發行公司　悅知文化　精誠資訊股份有限公司
地　　址　105 台北市松山區復興北路99號12樓
專　　線　(02) 2719-8811
傳　　真　(02) 2719-7980
網　　址　http : //www.delightpress.com.tw
客服信箱　cs@delightpress.com.tw
ISBN : 978-626-7721-06-3
建議售價　新台幣４９０元
首版一刷　２０２５年05月

國家圖書館出版品預行編目資料

金錢陷阱 / 阿洛・薩瑪(Alok Sama)著；張嘉倫譯. -- 初版. -- 臺北市：悅知文化 精誠資訊股份有限公司, 2025.05
　面；　公分
譯自：The money trap : lost illusions inside the tech bubble
ISBN 978-626-7721-06-3 (平裝)
1.CST: 薩瑪(Sama, Alok) 2.CST: 商人 3.CST: 商業管理 4.CST: 回憶錄

492.71　　14005822

建議分類｜心理勵志